U0135265

计算机科学与技术丛书

Flutter跨平台开发实战

向治洪◎编著

清華大學出版社
北京

内容简介

本书总共分为14章，分为入门、进阶和实战三部分，主要围绕Flutter开发的基础知识点和实战案例进行讲解。第1～9章是Flutter入门与基础，这部分内容主要由Flutter框架介绍、环境搭建、Dart基础语法、Flutter常用组件、事件处理、动画、路由与导航、网络请求和数据管理等内容构成；这部分内容是进行Flutter应用开发的基础，是学习Flutter必须掌握的基础认识。第10～12章是Flutter开发进阶，这部分内容主要由Flutter混合开发、主题与国际化和Flutter Web、Flutter Desk等内容组成，是Flutter开发的进阶知识点；这部分内容更加偏向于应用工程化的开发与实战，也是开发Flutter项目开发需要掌握的技能。第13～14章是Flutter项目实战，这部分内容主要由实战应用开发以及打包与发布构成，是Flutter基础知识的综合运用和总结；学习此部分内容之后，读者将具备独立开发上架Flutter商业应用的能力。

作为一本从入门到实战的书籍，本书既可作为Flutter初学者的入门书籍，也可作为移动开发技术人员及培训机构的培训资料。

本书封面贴有清华大学出版社防伪标签，无标签者不得销售。

版权所有，侵权必究。举报：010-62782989，beiqinquan@tup.tsinghua.edu.cn。

图书在版编目(CIP)数据

Flutter跨平台开发实战 / 向治洪编著 . —北京：清华大学出版社，2024.3
（计算机科学与技术丛书）
ISBN 978-7-302-65777-4

Ⅰ. ① F… Ⅱ. ①向… Ⅲ. ①移动终端－应用程序－程序设计 Ⅳ. ① TN929.53

中国国家版本馆CIP数据核字(2024)第051061号

责任编辑：崔　彤
封面设计：李召霞
版式设计：方加青
责任校对：李建庄
责任印制：刘海龙

出版发行：清华大学出版社
网　　址：https://www.tup.com.cn，https://www.wqxuetang.com
地　　址：北京清华大学学研大厦A座　　**邮　　编：**100084
社 总 机：010-83470000　　**邮　　购：**010-62786544
投稿与读者服务：010-62776969，c-service@tup.tsinghua.edu.cn
质 量 反 馈：010-62772015，zhiliang@tup.tsinghua.edu.cn
印 装 者：三河市龙大印装有限公司
经　　销：全国新华书店
开　　本：186mm×240mm　　**印　　张：**19.25　　**字　　数：**446千字
版　　次：2024年3月第1版　　**印　　次：**2024年3月第1次印刷
印　　数：1~1500
定　　价：69.00元

产品编号：104511-01

众所周知，传统的原生 Android、iOS 开发技术虽然比较成熟，但多端重复开发和开发效率低下也是很多企业不愿意接受的，而不断崛起的跨平台技术让企业看到了希望，“一次编写，处处运行”不再是难以企及的目标。

作为 Google 开源的一套跨平台开发框架，Flutter 既支持移动应用开发，又支持 Web、桌面和嵌入式平台应用的开发，真正帮助开发者通过一套代码即可高效构建多平台应用。并且，自 2018 年 12 月发布 Flutter 1.0 版本以来，越来越多的公司开始采用 Flutter 技术进行跨平台移动端应用开发，Flutter 也逐渐进入移动应用开发者的视野，越来越多的开发者也逐渐投入 Flutter 的学习和开发中。

“路漫漫其修远兮，吾将上下而求索”，通过 Flutter 跨平台技术的学习和本书的写作，我深刻地意识到学无止境的含义。2019 年，我出版了第一本 Flutter 应用开发书籍，正是那时候开始，我一直关注着 Flutter 技术的发展。多年以来，Flutter 进行了多个版本的更新，之前的知识已经过时，升级显得很有必要，于是在 2023 年我对 Flutter 知识体系重新进行了梳理并升级，于是有了本书。

本书是一本实战类型的书籍，旨在帮助开发者快速掌握 Flutter 跨平台开发技术，并将 Flutter 技术快速地运用到实际项目开发中。同时，本书摒弃了传统软件开发类书籍逐个知识点介绍的编排模式，而采用“案例诠释理论内涵、项目推动实践创新”的编写思路，既讲解项目的实现过程和步骤，又讲解项目实现所需的理论知识和技术，让读者掌握理论知识后会灵活运用，并在新项目开发中拓展创新。相信本书定会对您学习 Flutter 技术带来帮助和启发。

本书定位为Flutter应用程序开发入门到实战，是一本零基础到项目实战能力提升的技术进阶类图书。基础部分主要介绍的是Flutter框架跨平台开发相关知识，如Flutter框架背景、开发环境搭建、基础组件、布局、跳转和路由、动画、手势识别与事件处理、数据存储与访问、状态管理、HTTP网络请求与服务器端数据的交互等。实战部分则主要介绍的是Flutter工程化开发的相关内容，如混合开发、应用主题、Flutter Web和Desk应用开发、基于Fair的动态化以及Flutter项目实战。

本书以实战为主，理论和实践相结合，通过大量的代码演示和讲解从小项目到一个相对完整的课程项目的实现。期待读者在学习本书之后，能够综合运用各种组件及第三方库，熟练掌握Flutter框架进行软件项目的设计、开发和上线。另外，书中的小说项目案例详细阐述了如何使用Flutter框架进行跨平台移动开发，内容翔实、步骤清晰，为实际软件项目开发工作提供了现实的参考解决方案。

本书特色

（1）侧重基础，循序渐进。

本书涵盖Flutter跨平台开发各方面的基础知识点，并且对知识点和技术要点由浅入深地进行讲解，非常适合初学者。

（2）大量项目实例，内容翔实。

本书在讲解Flutter的各个知识点时，运用了大量的实例并配有运行效果图和源码。读者在自行练习时可以参考源码进行学习。

（3）实例贴近实际开发场景。

本书采用的实例大多贴近实际开发场景，通俗易懂的文字描述也有助于读者理解，项目实战也遵循商业项目的开发流程，最大程度还原商业应用的开发过程。

作者

2024年1月

目录 / CONTENTS

第 1 章　初识 Flutter

1.1 Flutter 简介

随着移动互联网兴起，移动应用开发也逐渐兴起，不过传统的移动应用开发需要同时兼顾多端开发，这不仅大大降低了项目开发的效率，也不能适应移动应用高速迭代的需求。为了提升开发效率，同时也为了节约多端开发带来的人力成本，不少公司和开发者一直都在寻找一种可以高效开发的移动跨平台开发方案。

纵观移动跨平台技术的发展历史，大体经历了三个时代，一是使用原生内置浏览器加载网页的 Hybrid 方案，代表技术有 Cordova、Ionic 和微信小程序；二是使用 JavaScript 语言开发，再使用原生平台组件渲染的原生渲染方案，代表技术有 React Native、Weex 和快应用；三是使用自带的渲染引擎和组件实现的跨平台渲染方案，代表技术是 QT Mobile 和 Flutter，此种方案屏蔽了底层操作系统的差异，真正实现了软件应用层的跨平台开发。

抛开成熟且体验较差的 Hybrid 技术，当前市面上流行的移动跨平台方案主要指的是 React Native 和 Flutter。在技术实现方面，React Native 使用 JavaScript 语言进行开发，然后再使用 JavaScriptCore 将 JavaScript 代码解析成原生移动平台组件后再执行界面渲染。Flutter 则使用 Skia 渲染引擎（3.0 之后的版本使用的是 Impller 渲染引擎），它是一个跨平台的 2D 渲染引擎，Google Chrome 浏览器和 Android 的 2D 渲染都是使用 Skia 引擎来执行渲染的，因此渲染效率上相比 JavaScriptCorc 方式来说要高很多。最新版本的 Flutter 已经使用了优化后的 Impeller 渲染器，其渲染性能更是得到了大幅的提升。

不过，在技术选型方面，究竟选择哪一种跨平台技术，还需要从开发效率、渲染性能、维护成本和社区生态等多个方面进行评估。总体来说，Flutter 在开发效率和渲染性能方面是目前最好的移动跨平台方案，并且，Flutter 在开启了对 Web 和桌面应用的支持后，真正成为横跨移动、Web 和桌面开发的跨平台技术方案。

1.1.1 Flutter 诞生历史

作为由全球知名软件厂商 Google 公司主导的跨平台技术方案，Flutter 自从 2017 年 5 月首个正式版本被发布以来，受到了广大开发者和企业的追捧，被大量应用在商业项目开发中。Flutter 在 1.5.0 版本新增了对 Web 环境以及在 2.0.0 版本新增了对 Windows、macOS 等桌面环境的支持后，已经真正意义上实现了跨平台稳定运行的愿景。

目前，经过近 6 年的迭代，Flutter 已经发布了 3.7.8 正式版，解决了之前遗留的性能问题和平台适配问题。并且，虽然 Flutter 已经发布多年，但保持着每个月更新一个版本的节奏。

如果大家想要体验最新版本的 Flutter，可以打开 Flutter 托管在 GitHub 上的地址来获取最新的源码，如图 1-1 所示。

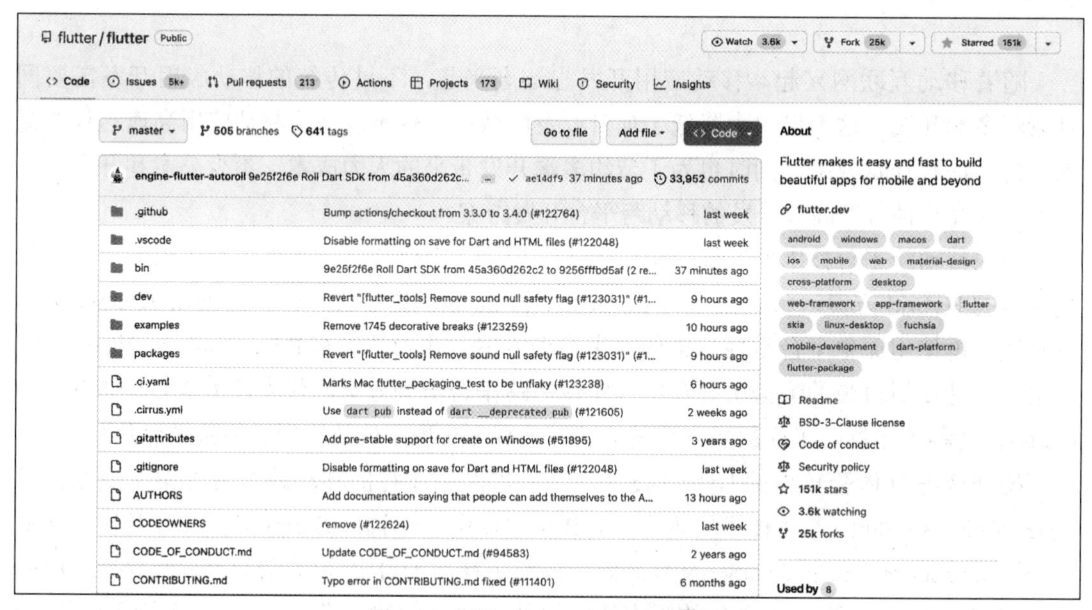

图 1-1　获取 GitHub 上 Flutter 源码

可以看到，相比其他跨平台技术方案，Flutter 是目前获得关注最多的跨平台方案，其受关注的程度更是直追前端框架 React、Vue。

1.1.2 Flutter 优势

作为由 Google 公司推出的开源跨平台技术框架，Flutter 主打的是跨平台、高保真和高性能。作为时下最流行的跨平台技术框架，Flutter 具备如下一些优点。

（1）跨平台特性。

Flutter 支持运行在 iOS、Android、Windows、macOS、Linux 和 Fuchsia 等操作系统上，真正做到了“一次编写，处处运行”，节约了人力和开发成本。

（2）高性能。

Flutter 使用全新的 Impeller 渲染引擎来绘制视图，基本可以保证应用在运行时达到 60 帧 / 秒，从体验上来说，和原生技术开发的应用没有太大的区别。

（3）响应式框架。

Flutter 提供的响应式框架和一系列基础组件，可以帮助开发者快速地构建用户界面。并且，响应式框架的另一个优点是可以完美适配不同的屏幕分辨率，解决不同分辨率设备的体验问题。

（4）热重载。

在传统的移动原生应用开发过程中，当出现问题时，往往需要修改缺陷然后重新运行。而 Flutter 提供的热重载功能，可以帮助开发者无须重新启动应用，即可完成测试、用户界面构建和错误修复。

之所以如此高效，是因为 Flutter 可以将更新后的源代码文件注入正在运行的 Dart 虚拟机中，在虚拟机使用新字段和函数更新后，Flutter 框架会自动重新构建组件树，并自动刷新界面。

（5）开发效率高。

Flutter 使用 Dart 语言进行开发，该语言的语法特性对前端开发者非常友好。同时，Flutter 在开发阶段采用 JIT（即时编译）模式，避免了每次代码改动都要进行编译，极大地节省了开发时间。而在发布阶段，Flutter 采用在 AOT（运行前编译）模式，保证了应用的体验和运行性能。

1.1.3 Flutter 版本

目前，Flutter 对外发布的渠道主要有 Master、Dev、Beta 和 Stable 四种类型。并且，这些对外渠道的稳定性依次提高，但新特性却逐渐减少。说明如下：

Master：Master 渠道的代码是最新的，包含了最新的试验性功能和特性。不过，Master 渠道的代码没有经过严格的测试，可能会出现各种各样的问题。

Dev：Dev 渠道的代码是经过 Google 公司内部测试后的版本，相比 Master 渠道缺陷会更少，但是这并不意味着不存在缺陷。因为 Dev 渠道的测试都是一些最基础的测试，一旦发现有严重的缺陷，Dev 渠道会被直接废弃。

Beta：Beta 渠道是经过 codelabs 测试的 Dev 渠道，是运行稳定的 Dev 渠道，因此 Beta 渠道不会有严重的缺陷问题，在稳定性方面是最接近 Stable 的渠道。

Stable：Stable 渠道是官方发布的最稳定的版本，通常是从 Beta 渠道选取出来的，也是官方推荐的使用版本。

当然，如果本地已经安装了某个渠道版本，可以使用下面的命令进行版本的切换，命令如下：

```
flutter channel
flutter channel channel-name          //channel-name 为渠道
```

1.2 Flutter 框架

与原生 Android、iOS 系统一样，Flutter 框架也是一个分层的架构，每一层都建立在前一层之上，并且上层比下层的使用频率更高，是直接面向开发者的，官方给出的 Flutter 框架的架构如图 1-2 所示。

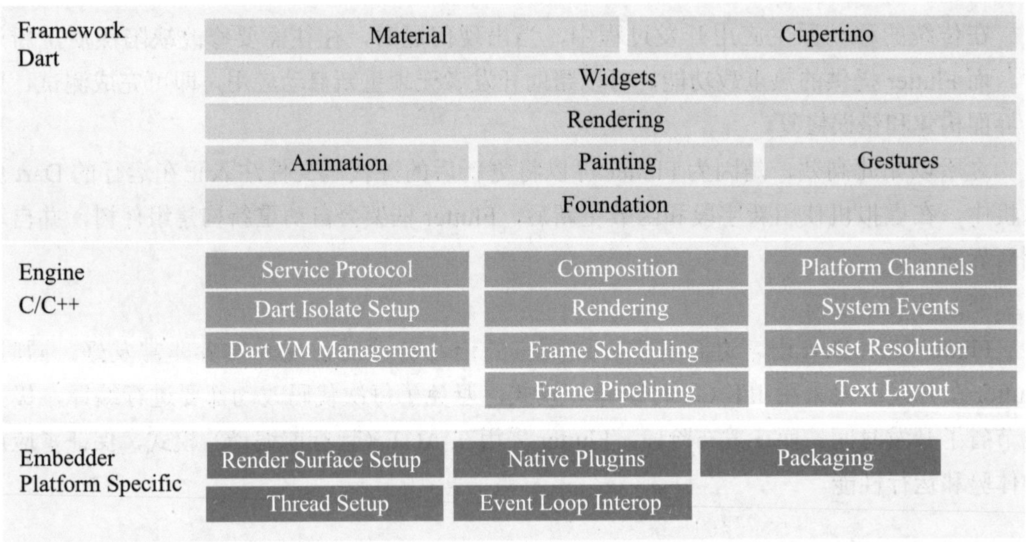

图 1-2　Flutter 架构示意图

可以看到，Flutter 框架从上到下可以分为 Framework、Engine 和 Embedder 三层。

其中，Framework 表示框架层，主要由纯 Dart 编写的基础组件库构成，提供底层 UI 库、动画、手势及绘制等功能，是普通开发者使用频率最高的一层。Embedder 表示嵌入层，主要作用是提供渲染 Surface 设置、线程管理和提供操作系统适配等。

1.2.1　Flutter Framework

Framework 表示框架层，是一个由 Dart 实现的软件开发工具包，实现了一套自底向上的基础库，用于处理动画、绘图和手势等。下面按照自底向上的顺序，对 Framework 层进行说明。

（1）底下两层：Foundation 和 Animation、Painting 和 Gestures 等合并为一个 Dart UI 层，对应 Flutter 中的 dart:ui 包，是 Flutter Engine 暴露的底层 UI 库，主要用于提供动画、手势及绘制等能力。

（2）Rendering 层：抽象的布局层，它依赖于 Dart 的 UI 层，渲染层会构建一棵由可

渲染对象组成的渲染树，当动态更新这些对象时，渲染树会找出变化的部分，然后再更新渲染。

（3）Widgets 层：Flutter 提供的一套基础组件库，在基础组件库之上，Flutter 还提供了 Material 和 Cupertino 两种视觉风格的组件库，用来适配 Android 和 iOS 的设计规范。

1.2.2 Flutter Engine

Engine 表示引擎层，是一个由 C/C++ 实现的软件开发工具包，主要由 Skia 引擎、Dart 运行时、文字排版引擎和独立虚拟机构成。正是因为独立虚拟机的存在，Flutter 才能运行实现跨平台运行。

1.2.3 Flutter Embedder

Embedder 表示嵌入层，又被称为操作系统适配层，通过该层能够将 Flutter 嵌入到不同的操作系统平台，主要负责渲染 Surface 设置、线程管理和提供操作系统适配等工作。

为了适配不同的操作系统，嵌入层采用了平台语言进行编写，即 Android 使用的是 Java 和 C++，iOS 和 macOS 使用的是 Objective-C，Windows 和 Linux 则使用的 C++。正是由于 Embedder 层的存在，Flutter 才具备了跨平台运行的能力。目前，Flutter 已经适配了常见的操作系统平台，如果需要支持一些新的操作系统平台，则可以针对该平台编写一个嵌入层即可。

第2章 Flutter快速上手

2.1 Flutter环境搭建

开发并运行Flutter程序，需要先搭建好Flutter所需的开发环境和运行环境。以下是开发环境必须满足的最低要求。

操作系统：64位的macOS。

磁盘空间：700MB，不包括Xcode或Android Studio所需的磁盘空间。

工具：Flutter依赖下的命令行工具，如bash、mkdir、rm、git、curl、unzip、which等。

2.1.1 Android环境

由于Flutter程序的编译和运行都需要依赖原生平台的支持，所以使用Flutter开发移动跨平台应用时，需要事先搭建好原生Android和iOS开发环境。

其中，Android程序的开发和运行需要依赖Java环境，如果还没有安装Java环境，可以先从JDK官网下载操作系统对应的JDK版本进行安装，安装成功之后需要配置一下Java的环境变量。

首先，打开.bash_profile文件，然后添加如下环境变量配置。

```
export JAVA_HOME=/Library/Java/JavaVirtualMachines/jdk-11.0.2.jdk/Contents/Home
export PATH=$JAVA_HOME/bin:$PATH:.
export CLASSPATH=$JAVA_HOME/lib/tools.jar:$JAVA_HOME/lib/dt.jar:.
```

环境变量配置完成之后，可以使用java –version命令来验证Java环境是否安装成功，如图2-1所示。

接下来，还需要安装Android开发工具Android Studio和Android开发套件Android SDK Tools。

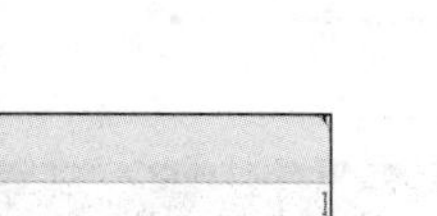

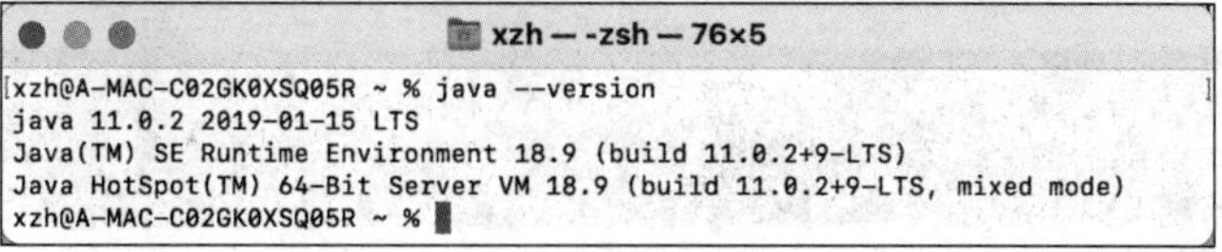

图 2-1　验证 Java 环境是否安装成功

首先，从 Android 官网下载最新的 Android Studio，然后再下载 Android SDK，下载 Android SDK 时需要在 Android Studio 的设置面板中配置 Android SDK Tools 的路径，如图 2-2 所示。

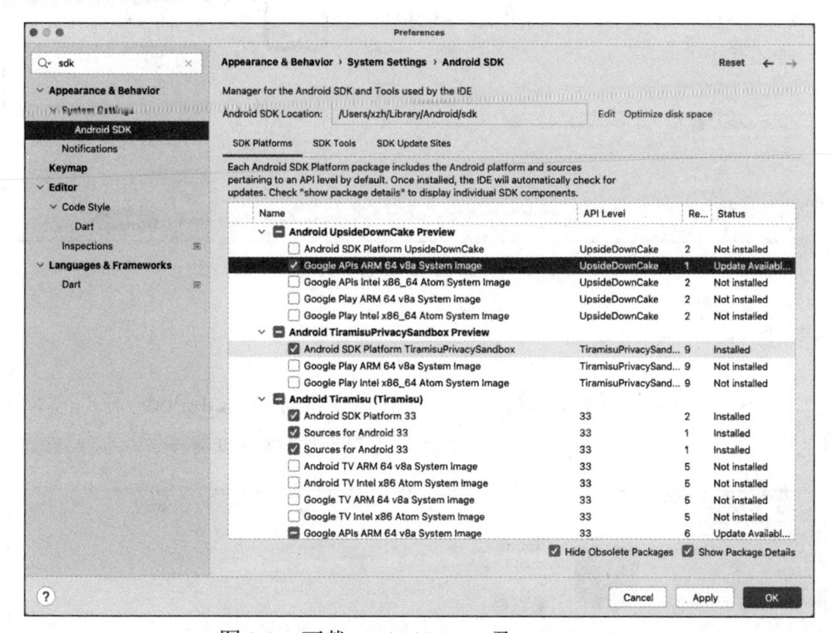

图 2-2　下载 Android SDK 及 SDK Tools

需要说明的是，由于 Flutter 只支持 Android 4.1 及其更高版本的 Android 系统，所以请确保下载了 4.1 及其更高版本的 Android SDK。

同时，Flutter 开发环境启动需要依赖 Android 的 adb 命令行工具，为了能够正常启动 Android 项目，我们需要打开 .bash_profile 配置文件，然后将 Android SDK 的安装路径添加到系统环境变量中，如下所示：

```
export ANDROID_HOME="/Users/mac/Android/sdk"
export PATH=${PATH}:${ANDROID_HOME}/tools
export PATH=${PATH}:${ANDROID_HOME}/platform-tools
```

对于 Windows 操作系统，也可以依次选择【计算机】→【属性】→【环境变量】→【新建】来添加系统环境变量配置。

接着，打开 Android Studio，依次选择【Tools】→【Device Manager】→【Device Manager】→【Create device】选项创建一个 Android 模拟器，如图 2-3 所示。

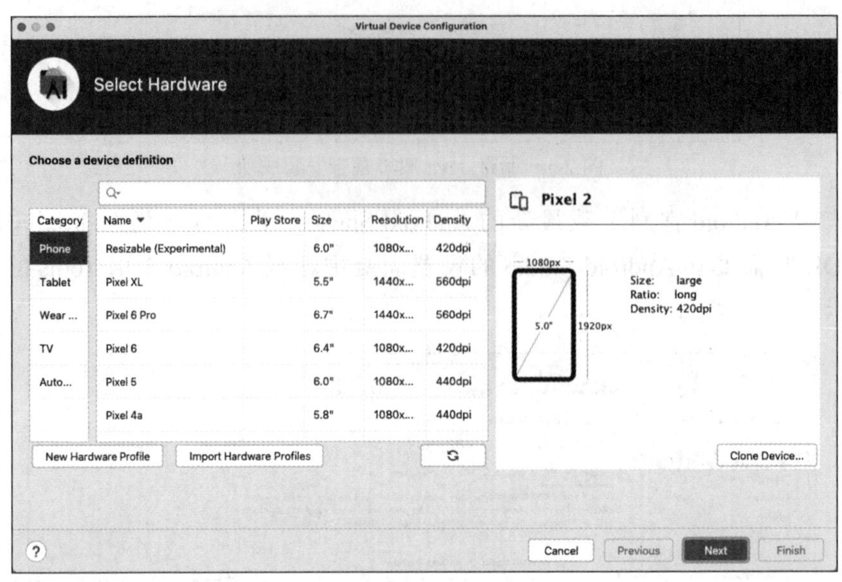

图 2-3　创建 Android 模拟器

2.1.2　iOS 环境

众所周知，开发 iOS 应用程序前需要先安装 Xcode 和 CocoaPods 等工具。如果还没有安装这些开发工具，可以打开 App Store 搜索并安装，如图 2-4 所示。

图 2-4　下载并安装 Xcode

需要说明的是，Xcode 安装程序必须通过 Apple 官网或者 App Store 进行下载。2015 年 9 月发生的 XcodeGhost 非法代码植入事件，就是因为开发者下载的不是官方 Xcode 安装程序引起的。

安装完成之后，我们可以打开 Xcode，然后新建一个 iOS 工程并启动它来验证 iOS 环境是否搭建完成，如图 2-5 所示。

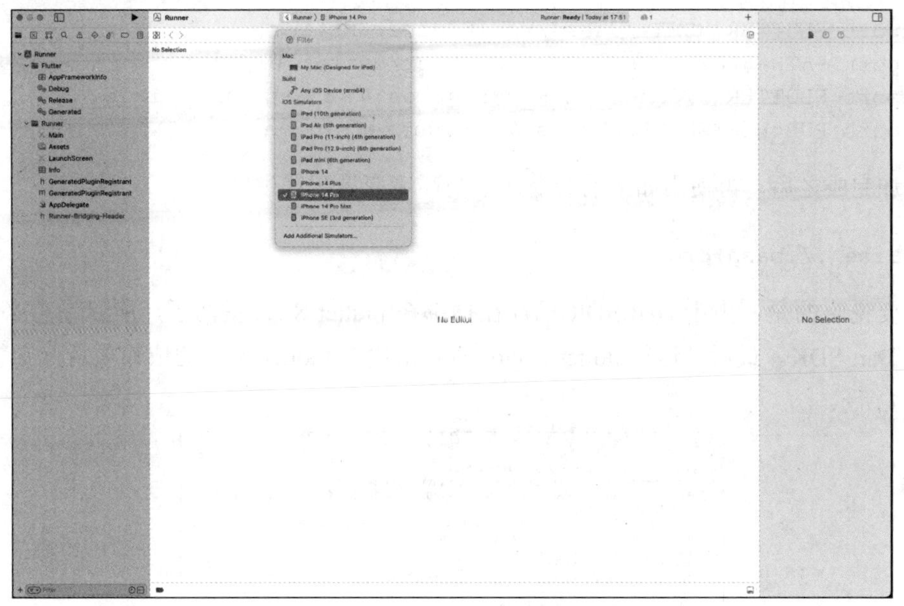

图 2-5　启动运行 iOS 应用

2.1.3　获取 Flutter SDK

首先，打开 Flutter 官网下载对应系统最新可用的安装包，下载时建议下载最新的 Stable 版本的 SDK，如图 2-6 所示。

Windows　macOS　Linux

Stable channel (macOS)

Select from the following scrollable list:

3.13.6	arm64	ead4559	2023/9/28	3.1.3	3.13.6 file
3.13.5	x64	12fccda	2023/9/21	3.1.2	3.13.5 file
3.13.5	arm64	12fccda	2023/9/21	3.1.2	3.13.5 file
3.13.4	x64	367f9ea	2023/9/14	3.1.2	3.13.4 file
3.13.4	arm64	367f9ea	2023/9/14	3.1.2	3.13.4 file
3.13.3	arm64	b0daa73	2023/9/14	3.1.1	3.13.3 file

图 2-6　下载 Stable 版本的 Flutter SDK

下载完成之后，解压安装包到指定的目录。当然，也可以使用 unzip 命令来解压下载的安装包。

```
unzip ~/Downloads/flutter_macos_v3.13.0-beta.zip
```

接着，我们需要将 Flutter 的相关工具添加到系统环境变量中。打开 macOS 的系统环境配置文件 .bash_profile，然后添加如下配置。

```
export FLUTTER_HOME=/Users/xzh/Flutter/flutter
export PATH=$PATH:/Users/xzh/Flutter/flutter/bin
export FLUTTER_STORAGE_BASE_URL=https://storage.flutter-io.cn
export PUB_HOSTED_URL=https://pub.flutter-io.cn
```

添加完成之后，再使用如下的命令让系统环境变量配置生效。

```
source ./.bash_profile
```

需要说明的是，由于 Dart SDK 已经在捆绑在 Flutter SDK 里面了，所以没有必要再单独安装 Dart SDK。最后，运行 flutter doctor 命令来检查 Flutter 所需的依赖项是否安装完成，如图 2-7 所示。

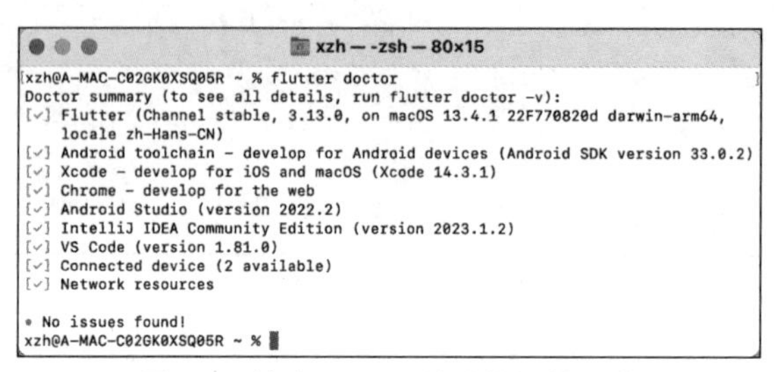

图 2-7　检查 Flutter 所需的依赖环境

该命令将检查您的 Flutter 依赖环境，如果运行命令后有任何的报错提示，则需要按照提示修复对应的报错提示，直到没有任何错误提示为止。

2.2 开发工具

“工欲善其事，必先利其器。”目前，支持 Flutter 开发的工具有很多，但是最常用的是 VS Code 和 Android Studio。

2.2.1 VS Code

VS Code 是微软于 2015 年发布的一款免费且开源的现代化轻量级编辑工具，支持 C++、C#、Python、PHP 和 Dart 等开发语言，同时它还对 JavaScript、TypeScript 和 Node.js 开发提供支持，是一款真正轻量且强大的跨平台开源代码编辑工具。由于 VS Code 并没有内置对 Flutter 运行环境的支持，如果使用 VS Code 来开发 Flutter 项目，那么需要先安装 Flutter 插件。

首先打开 VS Code 开发工具，然后单击左侧的 extensions 按钮，在搜索框中输入 Flutter 关键字搜索插件，如图 2-8 所示。

安装成功之后，就可以使用 VS Code 来创建、调试和运行 Flutter 项目了，如图 2-9 所示。

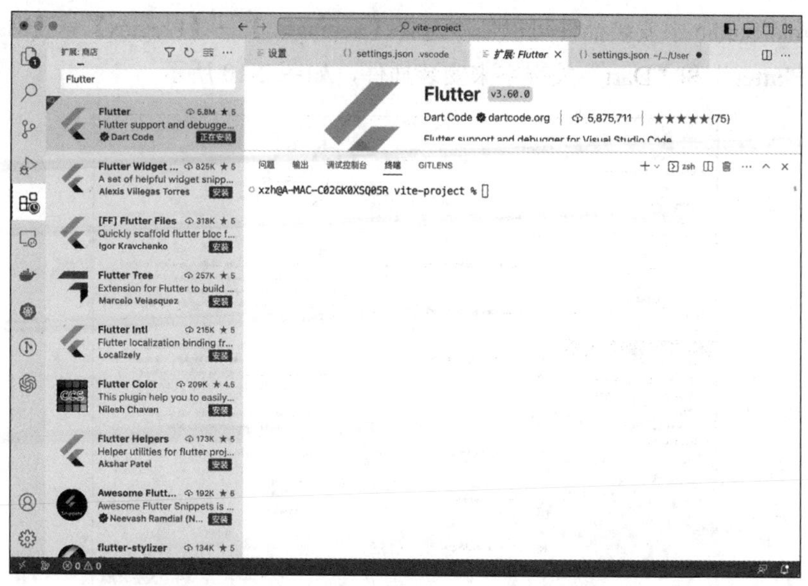

图 2-8　安装 Flutter 插件

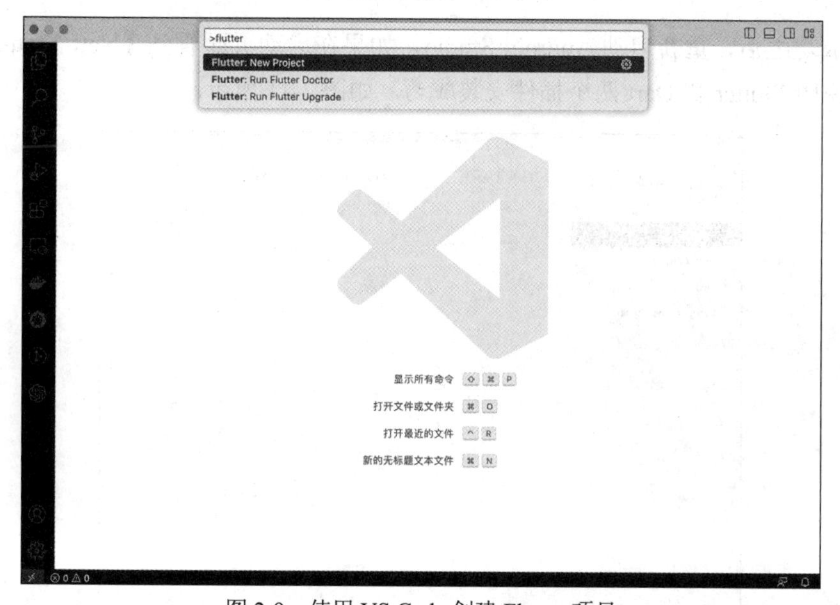

图 2-9　使用 VS Code 创建 Flutter 项目

2.2.2　Android Studio

除了 VS Code 外，我们还可以使用 Android Studio 来开发 Flutter 项目，这也是官方推荐的 Flutter 开发工具。事实上，除了用来开发 Flutter 应用，Android Studio 还可以用来开发原生 Android 应用程序。

需要注意的是，使用 Android Studio 开发 Flutter 项目需要先安装 Flutter 和 Dart 两个插件。在 Android Studio 中安装插件可以依次选择【Settings...】→【Plugins】→【Marketplace】，然后搜索“Flutter”和“Dart”关键字来安装插件，如图 2-10 所示。

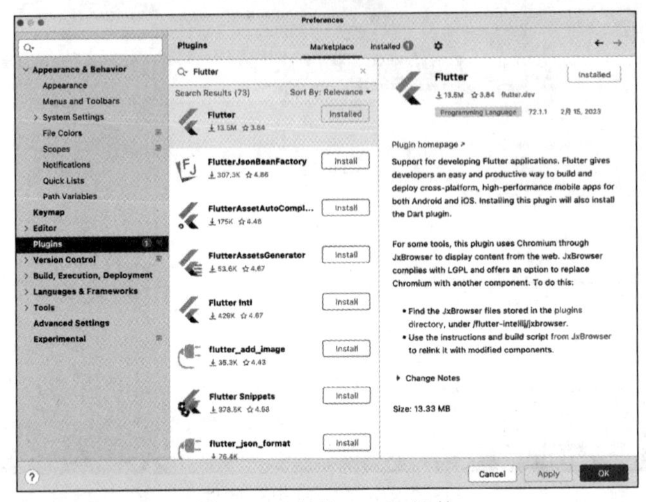

图 2-10　安装 Flutter 插件

安装成功之后，重新启动 Android Studio，如果在启动页面看到【New Flutter Project】选项，则说明 Flutter 和 Dart 两个插件安装成功，如图 2-11 所示。

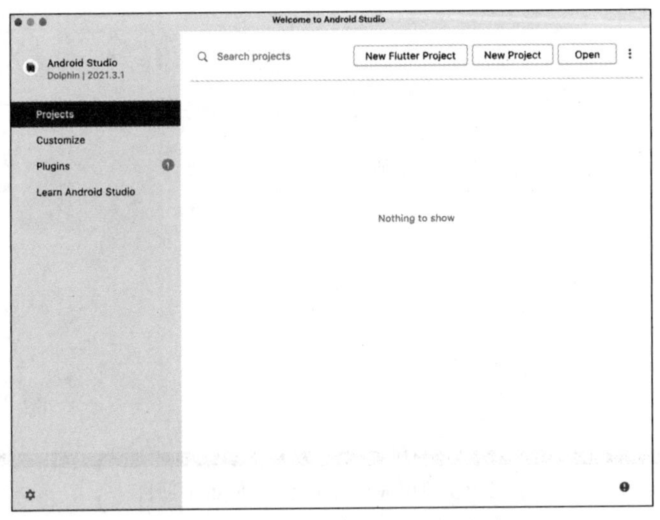

图 2-11　Android Studio 欢迎页面

2.3 Flutter 项目示例

“千里之行，始于足下。”在完成 Flutter 的环境搭建之后，接下来通过一个示例项目来说明 Flutter 应用的开发流程，以及 Flutter 的工程结构、源码结构和调试过程。

2.3.1　初始化项目

Flutter 项目的创建支持命令行和集成开发工具两种方式。其中，使用命令行方式初始化 Flutter 的命令如下：

```
Flutter create app                //app 为项目名称
```

需要说明的是，创建 Flutter 项目时，项目名称不能使用中文、空格等特殊符号。除此命令行方式之外，更推荐使用 Android Studio 和 VS Code 等集成开发工具来创建 Flutter 项目，如图 2-12 所示。

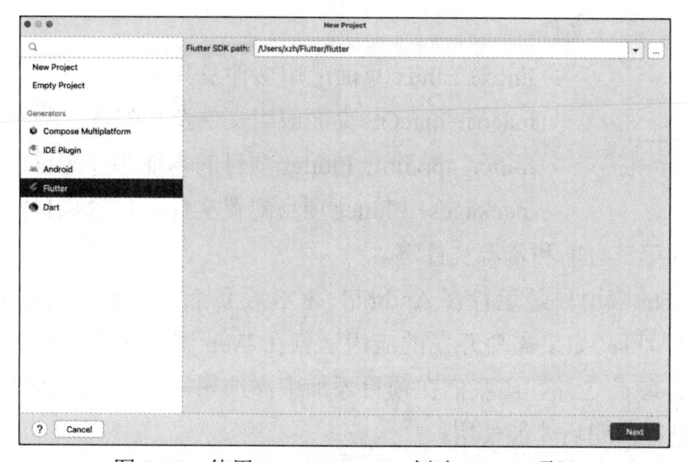

图 2-12　使用 Android Studio 创建 Flutter 项目

单击【Next】按钮，填写项目名称、包名和语音等配置信息，然后等待后台构建 Flutter 项目即可。构建完成后，示例项目如图 2-13 所示。

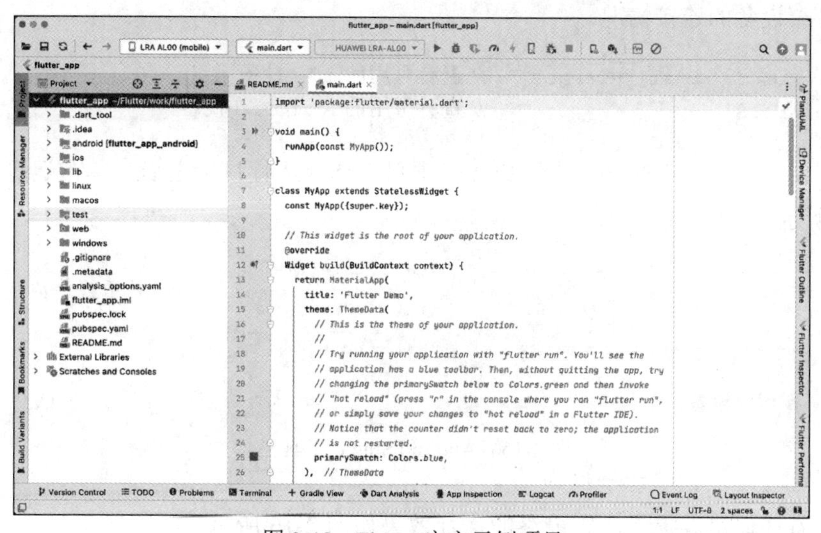

图 2-13　Flutter 官方示例项目

2.3.2 项目结构

使用 Android Studio 打开 Flutter 示例项目，其项目结构如图 2-14 所示。

```
flutter_app ~/Flutter/work/flutter_app
  > .dart_tool
  > .idea
  > android [flutter_app_android]
  > build
  > ios
  > lib
  > linux
  > macos
  > test
  > web
  > windows
    .gitignore
    .metadata
    analysis_options.yaml
    flutter_app.iml
    pubspec.lock
    pubspec.yaml
    README.md
```

图 2-14 Flutter 项目结构

可以看到，新建的 Flutter 项目，不但包含了移动 Android、iOS 的目录，还包含了 Web 以及 PC 客户端目录，说明如下。

.dart_tool：Dart 工具库所在的位置和信息。

android：原生 Android 工程文件及其配置。

ios：原生 iOS 工程文件及其配置。

lib：用于存放业务相关的源码，main.dart 是应用程序入口文件。

linux：Linux 桌面应用文件及其配置。

macos：macOS 桌面应用文件及其配置。

flutter_app.iml：Flutter 项目的本地路径配置。

.packages：Flutter 项目配置文件，包含项目的名称、描述、运行环境以及依赖的第三方库和资源文件等。

如果需要开发的应用只是运行在 Android、iOS 设备上，那么只需要关注 android、ios 和 lib 等几个目录即可；如果需要开发的应用运行在 Web 浏览器中，那么需要重点关注项目下的 web 目录。除此之外，当我们在项目添加中添加图片、静态配置等文件时，需要在 packages 文件中进行声明后才能使用。

2.3.3 运行项目

运行 Flutter 项目之前，需要先启动模拟器或者链接移动真机设备。同时，可以使用如下命令来检查设备的连接情况。

```
xcrun simctl list devices     //查看可用的 iOS 设备
adb devices                   //查看可用的 Android 设备
```

然后，使用 Android Studio 打开 Flutter 项目，选择运行目标之后，单击运行按钮即可，如图 2-15 所示。

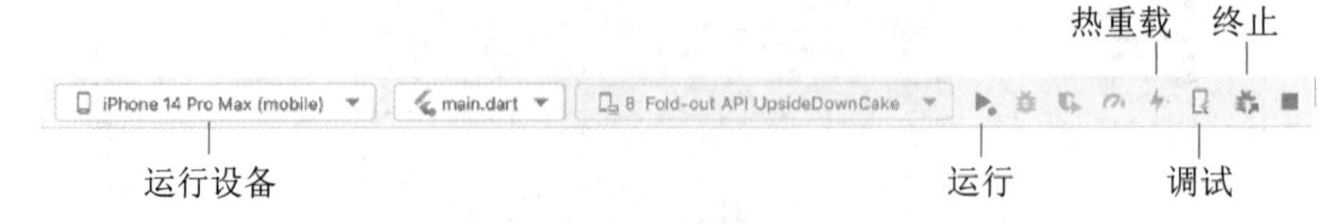

图 2-15 Android Studio 工具栏

如果没有任何错误提示，则最终的运行效果如图 2-16 所示。

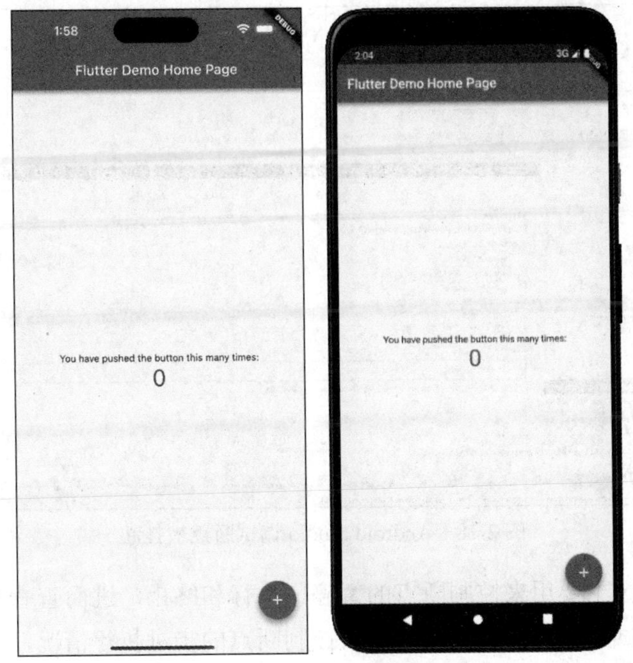

图 2-16　Flutter 示例项目运行效果

2.3.4　程序调试

程序调试是在程序投入运行前，用手工或编译程序等方法进行的测试，用以修正语法错误和逻辑错误。为保证计算机程序能够正确运行，程序调试在软件开发流程中是必不可少的步骤。

在 Flutter 项目开发过程中，可以使用 Android Studio 和 VS Code 集成开发工具进行程序调试。和其他软件的调试过程一样，Flutter 程序的调试主要分为标记断点、开启调试和查看信息等三步。

首先在需要调试的源码处标记断点，然后单击 Android Studio 工具栏上的调试按钮开启程序调试，如图 2-17 所示。

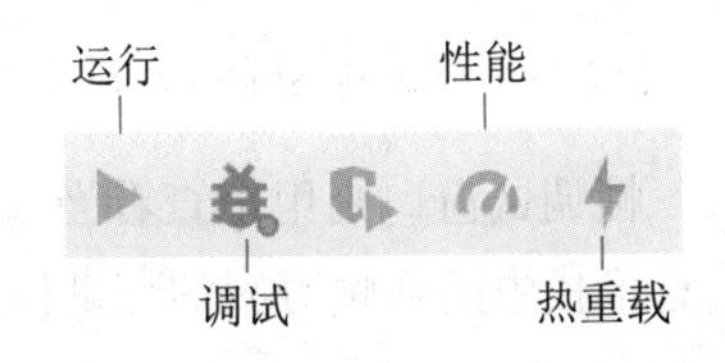

图 2-17　Android Studio 调试工具栏

开启程序调试后，当程序运行到标记的断点处时就会触发程序的挂起操作。此时，我们可以打开 Debug 视图区域来查看断点代码的上下文信息，如图 2-18 所示。

和其他的集成开发工具一样，Android Studio 的调试工作区主要由调试工具控制区、调试工具步进区、帧调试窗口和变量查看窗口等部分构成。其中，调试工具控制区用于控制程序断点的执行情况，如图 2-19 所示。

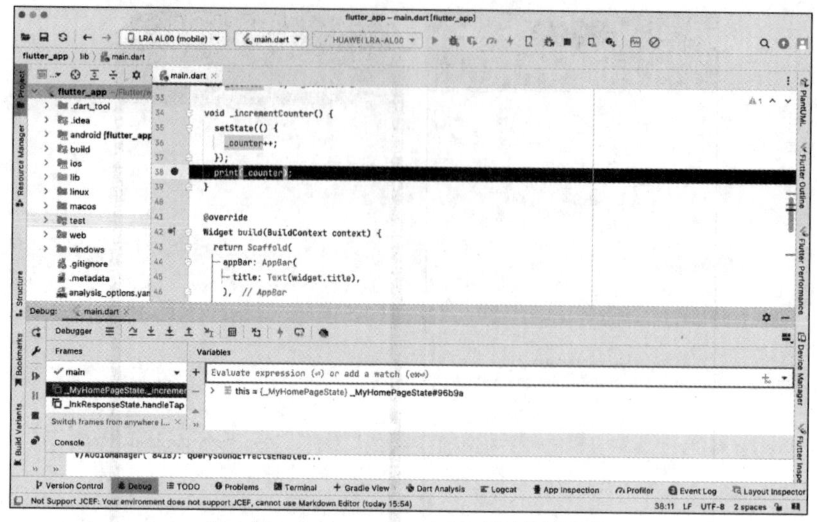

图 2-18　Android Studio 调试断点被挂起

调试工具控制区主要用来控制断点的暂停、执行和终止，进而查看程序的执行情况是否与设计吻合。调试工具步进区则主要用来控制断点的步进执行情况，如单步进入、单步跳过、单步跳出等，如图 2-20 所示。

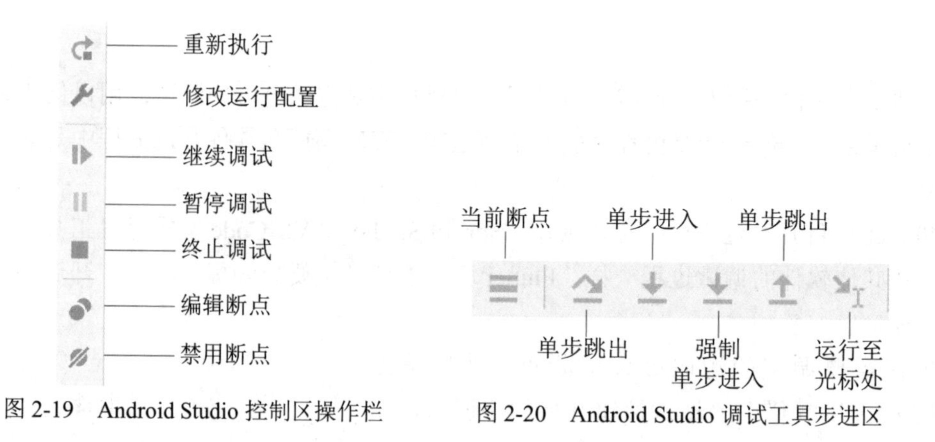

图 2-19　Android Studio 控制区操作栏

图 2-20　Android Studio 调试工具步进区

帧调试窗口则用来查看当前断点所包含的函数的执行堆栈数据，变量查看窗口则用来查看堆栈中函数帧对应的变量信息。

2.3.5　体验热重载

作为 Flutter 技术的重要特性之一，热重载在不需要重新启动应用的前提下，就可以加载修改后的代码，最大可能提升了应用开发的效率和体验。之所以能够实现热重载，是因为在开发模式下，Flutter 采用的 JIT 方式可以将更新后的源代码文件注入正在运行的 Dart 虚拟机（VM）中，从而实现代码的即时编译运行。

此处，简单介绍下软件开发中的两种编译模式，即 JIT 模式和 AOT 模式。JIT（Just In Time）指的是即时编译或运行时编译，通常在软件开发的 Debug 阶段使用，可以动态下发和执行代码，具有启动速度快等优点，缺点是执行性能受运行时编译影响。AOT（Ahead Of Time）指的是提前编译或运行前编译，通常在 Release 阶段使用，可以针对特定平台生成稳定的二进制代码，具有执行性能好、运行速度快等优点，缺点是每次执行均需提前编译，开发调试效率低。

为了最大限度地提升开发效率和运行效率，Flutter 采用 AOT、JIT 混编的策略，即在开发阶段使用 JIT 方式，在运行阶段则使用 AOT 方式。

接下来，让我们打开 Flutter 的示例项目来体验一下热重载。首先启动示例项目，然后将 main.dart 文件中的“You have pushed the button this many times”提示文案修改为“您单击的按钮次数”。修改完后，直接按 Ctrl+S 快捷键保存文件就可以看到模拟器中的提示文案发生了改变，如图 2-21 所示。

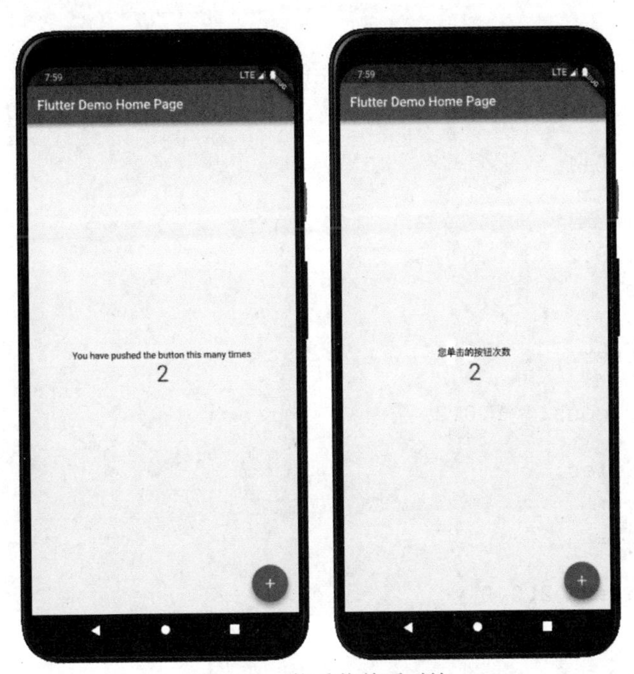

图 2-21　热重载前后对比

可以看到，我们并没有重新运行项目，只是简单地执行了一下保存操作，Flutter 应用的运行结果就发生了改变，效果有点类似于前端 Webpack 的热重载效果，而这对于提升开发效率和开发体验是至关重要的。

2.3.6　包管理

在软件开发过程中，一些公共的库或 SDK 可能会被很多项目用到，所以我们将这些代码独立成一个模块，然后在需要使用时直接集成可以大大提高开发效率。如 Java 开发中这些独立模块会被打包成一个 jar 包，Android 会被打包成一个 aar 包，Web 开发中则会被打包成 npm 包等。

事实上，在 App 开发过程中，一个 App 可能需要依赖很多的包，而这些包通常都有交叉依赖关系、版本依赖等，如果由开发者手动来管理这些依赖包将会非常麻烦。因此，编程语言官方通常都会提供一些包管理工具。如 Android 项目的依赖管理使用的是 Gradle，iOS 使用的是 Cocoapods 或 Carthage，Node 的依赖管理使用的是 npm 等，而 Flutter 的包管理使用的是 YAML。

YAML 是一种直观、可读性高的文件格式，相比传统的 XML、JSON 等文件格式，YAML 语法更加简单且非常容易解析，所以 YAML 常被用于配置文件而出现在项目中，因此 Flutter 也使用 YAML 文件作为其配置文件。

创建 Flutter 项目时，系统会默认添加 pubspec.yaml 配置文件，代码如下：

```
name: flutter_app
description: A new Flutter project.
publish_to: 'none'

version: 1.0.0+1

environment:
  sdk: '>=2.19.2 <3.0.0'
dependencies:
  flutter:
    sdk: flutter

  cupertino_icons: ^1.0.2

dev_dependencies:
  flutter_test:
    sdk: flutter

  flutter_lints: ^2.0.0

flutter:
  uses-material-design: true
```

下面是 pubspec.yaml 配置文件部分参数的含义的说明。

name：应用或包名称。

description：应用或包的描述与简介。

version：应用或包的版本。

dependencies：应用或包依赖开源库或插件。

dev_dependencies：开发环境依赖的工具包，区别于 dependencies。

flutter：项目的配置选项，添加图片和字体等资源时需要进行声明。

在 Flutter 应用开发过程中，我们只需要通过 Pub 官网搜索需要依赖的包，如图 2-22 所示，然后将所依赖的包添加到 dependencies 节点下即可。

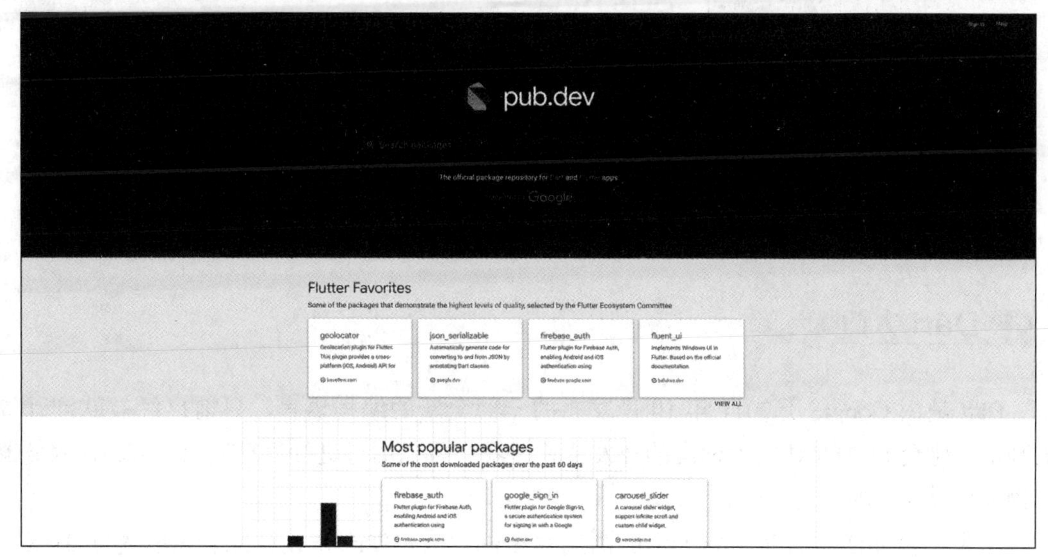

图 2-22　获取 Flutter 包和插件

事实上，Pub 就是 Google 官方的 Dart 包管理仓库，作用类似于前端开发中的 npm 或者 Android 开发中的 JCenter。我们可以在 Pub 上面查找需要的包和插件，当然也可以向 Pub 发布自己开发的包和插件。

2.4 习题

一、简述题

1. 请简述目前主流的跨平台技术及其特点。
2. 请简述 Flutter 的架构，以及每部分的作用和功能。
3. 相比 Skia 渲染器，新的 Impeller 渲染器带来了哪些改进。

二、操作题

1. 完成 Flutter 运行所需的环境搭建，创建并运行示例项目。
2. 在原生 Android、iOS 客户端工程中集成 Flutter 模块，完成简单的跳转和传值。
3. 熟悉 VS Code 和 Android Studio 集成开发工具，以及使用技巧。

第3章 Dart 语言基础

3.1 Dart 入门

Dart 是由 Google 于 2011 年 10 月发布的一门全新的编程语言，目前已经被欧洲计算机制造商协会 ECMA 认定为标准的开发语言。我们可以用它进行移动应用、Web、服务器和物联网等领域的开发工作。

作为一种简洁、清晰、基于类的面向对象的语言，Dart 在设计之初就参考了 Java 和 JavaScript 等语言，并继承了这些语言的优秀特性。所以，Dart 语言既有面向对象编程的特点，也有面向函数编程的特点。除此之外，Dart 语言还提供了其他一些具有表现力的语法，如可选命名参数、级联运算符和条件成员访问运算符等。

同时，Dart 是少数同时支持即时编译（JIT）和运行前编译（AOT）的语言之一，这使得使用 Dart 编写的应用具有运行速度快、执行性能好的特点。

目前，Dart 已经对外发布了 3.0 版本，带来了诸多的新特性，如支持 Dart 代码编译为 WebAssembly，不可变聚合类型 Records，以及支持复合数据分解的 Patterns。总体来说，Google 希望将 Dart 打造成一款集百家之所长的现代化编程语言。

3.1.1 安装 Dart SDK

搭建 Dart 开发和运行环境，需要先安装 Dart SDK。Dart SDK 包含了编写和运行 Dart 代码所需要的诸多工具，如虚拟机、运行库、分析器、包管理、文档生成器等内容。Dart SDK 对外主要有三个版本，分别是 Stable 版本、Beta 版本和 Dev 版本。

Stable 版本：稳定发行版，每三个月更新一次，适用于生产环境。

Beta 版本：也称为发行预览版，通常每月更新一次，可以使用此版本构建预览新功能或测试未来版本的兼容性。

Dev 版本：也称预发行版，通常每双周更新一次，此版本包含了未经审核的重大更改，需要谨慎使用。

目前，Dart SDK 支持手动和命令行两种安装方式，官方推荐使用命令行方式进行安装，因为命令行方式更利于 Dart SDK 的更新和管理。在 macOS 系统中安装 Dart SDK 的命令如下：

```
brew tap dart-lang/dart
brew install dart              // 安装 Dart
brew upgrade dart              // 更新 Dart
brew info dart                 // 查看已安装 Dart
```

当然，我们也可以从 Dart 官网下载 SDK 压缩包，然后解压到本地后使用本地的 SDK 进行安装。除此之外，为了让开发者快速地体验 Dart 语言的魅力，Dart 官方还提供了在线编辑运行环境 DartPad。

3.1.2 编写 Hello World

和大多数的编程语言一样，Dart 也将 main() 函数作为应用的入口，下面就从输出一个 “Hello World” 开始 Dart 的学习。首先新建一个 main.dart 文件，并添加代码如下：

```
void main(){
  print("Hello World");
}
```

找到 main.dart 文件所在的路径，然后在命令行中执行 dart main.dart 命令，就会在控制台看到有 Hello World 字样输出，如图 3-1 所示。

```
lib — -zsh — 78×6
Last login: Wed Apr 12 15:01:19 on ttys002
xzh@A-MAC-C02GK0XSQ05R ~ % cd /Users/xzh/Flutter/work/flutter_app/lib
xzh@A-MAC-C02GK0XSQ05R lib % dart main.dart
Hello World
```

图 3-1　Hello World 运行示例

3.2 变量与常量

3.2.1 变量

在 Dart 语法中，变量一般使用 var、dynamic 和 Object 关键字进行声明。Var 声明的变量其类型往往是已定的，而 dynamic 和 Object 声明的变量其类型是不定的。

```
var name = 'Bob';
Object name = 'Jack';
```

事实上，变量仅存储对象的引用。比如上面示例中的 name 变量存储的是一个 String

类型对象的引用，Bob 则是该对象的值。同时，一个对象的引用不局限于单一的类型，那么可以将其指定为 Object 或 dynamic 类型。同时，未初始化以及可空类型的变量拥有一个默认的初始值 null。

```
int? lineCount;
assert(lineCount == null);
```

有时候，我们声明一个非空变量，但又不希望在声明时进行初始化，那么此时就需要用到 late 修饰符，用来延迟初始化一个非空变量。

```
late String description;

void main(){
  description = 'Feijoada!';
  print(description);
}
```

3.2.2 常量

在 Dart 语法中，声明常量需要使用 final 或 const 关键字进行修饰。final 修饰的变量只能被赋值一次，const 修饰的变量是一个编译时常量，const 修饰的变量同时也是 final 类型的。

```
final name = 'Bob';
final String nickname = 'Bobby';
const bar = 1000000;
const double atm = 1.01325 * bar;
```

const 关键字不仅可以用来定义常量，还可以用来创建常量值，该常量值可以赋给任何变量。

```
var foo = const [];
final bar = const [];
const baz = [];
```

3.3 内置类型

目前，Dart 内置的基本类型一共有八种：Numbers、Strings、Booleans、Lists、Sets、Maps、Runes 和 Symbols。

3.3.1 数值类型

Dart 里的数值型包括整型和双精度浮点数型，它们都继承自 Numbers 类型，如果指定

数据类型声明，那么必须初始化后才能使用。

```
num x = 1;
x += 2.5;                     //输出 3.5
double z = 1;
```

同时，整型是支持传统的位移操作的，如移位（<<、>> 和 >>>）、补码（~）、按位与（&）、按位或（|）以及按位异或（^）等。

```
assert((3 << 1) == 6);        //0011 << 1 == 0110
assert((3 | 4) == 7);         //0011 | 0100 == 0111
assert((3 & 4) == 0);         //0011 & 0100 == 0000
```

3.3.2 字符串类型

Dart 的字符串是一组 UTF-16 编码的字符序列，使用单引号或者双引号来声明字符串。

```
var s1 = 'Single quotes work well for string literals.';
var s2 = "Double quotes work just as well.";
```

并且，Dart 可以使用双引号或三引号声明多行字符串。双引号声明的每行后面需要有“\n”才能换行；三引号声明的会自动换行，且保留每行前的空格。

```
var s1 = '''
You can create
multi-line strings like this one.
''';

var s2 = """This is also a
multi-line string.""";
```

3.3.3 布尔类型

布尔类型是使用 bool 关键字声明的类型，只有 true 和 false 两个值，两者都是编译时常量。Dart 的类型安全允许显式地检查布尔值，如下所示：

```
var fullName = '';
assert(fullName.isEmpty);

//Check for zero.
var hitPoints = 0;
assert(hitPoints <= 0);
```

3.3.4 数组

数组是编程语言中最常见的集合类型，Dart 的数组使用 List 进行声明。通常，数组是由逗号分隔的一串表达式或值并以方括号（[]）包裹而组成的。

```
var list = [1, 2, 3];
var colors = ['Red','Blue','Green',];
```

Dart 在 2.3 版本引入了扩展操作符（...）和空感知扩展操作符（...?），这提供了一种将多个元素插入集合的简洁方法。如果扩展操作符右边可能为 null，可以使用 null-aware 扩展操作符（...?）来避免产生异常。

```
var list = [1, 2, 3];
var list2 = [0, ...list];
assert(list2.length == 4);

var list2 = [0, ...?list];          //null-aware
assert(list2.length == 1);
```

同时，Dart 还在集合中引入了判断和循环操作。比如，我们可以在构建集合时创建一个带有判断的数组。

```
var nav = ['Home', 'Furniture', 'Plants', if (promoActive) 'Outlet'];
```

3.3.5 集合

在 Dart 中，一组无序的元素表示集合，Dart 的集合由集合的字面量和 Set 类提供。下面是使用 Set 字面量来创建一个 Set 集合的方法，当然可以使用一个花括号来创建一个空的集合。

```
var nav = ['Home', 'Furniture', 'Plants', if (promoActive) 'Outlet'];
var names = <String>{};
```

声明了集合之后，可以使用 add() 和 addAll() 方法向已存在的集合中添加项目。

```
var elements = <String>{};
elements.add('fluorine');
elements.addAll(halogens);
```

并且，从 Dart 2.3 版本开始，集合也可以像数组一样支持使用扩展操作符（... 和 ...?）以及判断和循环操作。

3.3.6 Map

Map 也属于集合的范畴，只不过它以键值对的方式存储对象。其中，键和值可以是任何类型的对象，且每个键只能出现一次但值可以重复出现多次。

```
var nobleGases = {
```

```
  2: 'helium',
  10: 'neon',
  18: 'argon',
};
```

当然，Map 也可以像 List 一样，支持使用扩展操作符（... 和 ...?）以及集合的 if 判断与 for 循环操作，如下所示：

```
var list = [1, 2, 3];
var list2 = [0, ... list];
assert(list2.length == 4);
```

3.3.7 Runes

在 Dart 语法中，Runes 用来表示 UTF-32 编码的字符串。由于 Dart 中的字符串是一个 UTF-16 的字符序列，如果想要表示 32 位的 Unicode 数值则需要一种特殊的语法。例如，下面是 Runes、16 位代码单元、32 位代码单元之间关系的例子。

```
var clapping = '\u {1f44f}';
print(clapping);                          //输出👏
print(clapping.codeUnits);                //输出 [55357, 56399]

Runes input = Runes('\u2665 \u {1f605} \u {1f60e} \u {1f47b} \u {1f596} \u {1f44d}');
print(String.fromCharCodes(input));       //输出♥ 😅😎👻🖖👍
```

3.3.8 Symbols

Dart 中的符号是不透明的，动态字符串名称通常用来反映库中的元数据。换句话说，Symbol 是一种方便人类阅读的可读字符串，可以在标识符前加“#”前缀来获取 Symbol 对象。

```
Symbol lib = Symbol("foo_lib");
print(lib);                               //输出 Symbol("foo_lib")
```

3.4 函数

作为一门兼有面向对象和面向函数的编程语言，Dart 中的所有对象都可以被看作函数，这意味着函数可以被赋值给变量或者作为其他函数的参数。当然，我们也可以像调用函数一样调用 Dart 类的实例。

```
bool isNoble(int atomicNumber){
  return _nobleGases[atomicNumber] != null;
}
```

如果函数体内只包含一个表达式，那么也可以使用箭头函数来简化写法，如下所示：

```
bool isNoble(int atomicNumber) => _nobleGases[atomicNumber] != null;
```

3.4.1 参数

通常，函数的参数可以分为必要参数和可选参数两种。必要参数定义在参数列表前面，可选参数则定义在必要参数后面。在 Dart 中，定义函数参数使用"{ 参数 1, 参数 2, …}"格式来指定命名参数。

```
void enableFlags({bool? bold, bool? hidden}){…}
```

如果函数的参数是强制需要提供的，那么可以使用 required 关键字进行声明。

```
const Scrollbar({super.key, required Widget? child});
```

3.4.2 main() 函数

任何应用程序都有一个顶级函数作为程序的入口函数，Dart 应用的入口是 main() 函数，main() 函数返回值为 void 并且有一个列表类型的可选参数，如下所示：

```
void main(){
  print('Hello, World!');
}
```

如果需要使用命令行方式访问带参数的 main() 函数，可以使用下面的方式。

```
void main(List<String> arguments){
  print(arguments);
}
```

函数作为 Dart 语言中的一级对象，我们可以将函数作为参数传递给另一个函数。

```
void printElement(int element){
  print(element);
}

var list = [1, 2, 3];
list.forEach(printElement);
```

当然，我们也可以将函数赋值给一个变量。

```
var loudify = (msg) => '!!! ${msg.toUpperCase()} !!!';
assert(loudify('hello') == '!!! HELLO !!!');
```

3.4.3 匿名函数

在编程语言中，大多数方法都是有名字的，比如 main()。但是我们也可以创建一个没

有名字的方法，即匿名函数。匿名函数的格式如下所示：

```
([[类型] 参数[, ...]]){
  函数体;
};
```

事实上，匿名方法看起来与命名方法的格式差不多。也是使用括号来包裹参数，参数之间用逗号分隔，花括号内是函数体。

```
const list = ['apples', 'bananas', 'oranges'];
list.map((item){
  return item.toUpperCase();
}).forEach((item){
  print('$item: ${item.length}');
});
```

3.4.4 闭包函数

闭包函数也属于函数，只不过它允许函数定义和函数表达式可以位于另一个函数的函数体内。并且，这些内部函数可以访问它们所在的外部函数中声明的所有局部变量、参数和其他内部函数。当其中一个这样的内部函数在包含它们的外部函数之外被调用时，就会形成闭包。

```
void main(){
  var add2 = makeAdder(2);

  assert(add2(3) == 5);
}

Function makeAdder(int addBy){
  return (int i) => addBy + i;
}
```

在上面的示例中，函数 makeAdder() 就是一个闭包函数。因为无论函数在什么时候返回，它都可以捕获 addBy 变量。

3.4.5 返回值

所有的函数都有返回值。如果函数没有显式指定函数的返回值，那么函数会默认在函数的最后执行“return null;”语句。

```
foo(){}
assert(foo() == null);
```

3.5 类

作为一门面向对象的高级编程语言，Dart 支持基于 mixin 的继承机制。在 Dart 语言中，所有对象都可以看成是一个类的实例，并且除了 Null，所有的类都继承自 Object 基类。而基于 mixin 的继承意味着，尽管每个类都只有一个超类，但是一个类的代码却可以在其他多个类继承中重复使用。

3.5.1 类的成员

在面向对象编程语言中，对象的成员由函数和数据（方法和实例变量）组成。通常，方法的调用可以通过对象来完成，并且这种方式可以访问对象的函数和数据。在 Dart 语言中，我们使用点操作符来访问对象的实例变量或方法，如下所示：

```
var p = const Point(2, 2);
double distance = p.distanceTo(const Point(4, 4));
```

使用“?.”的写法也可以有效避免空指针问题，而空指针往往会带来程序崩溃的风险。

```
var a = p?.y;
```

3.5.2 构造函数

构造函数也属于函数，可以使用构造函数来创建一个类对象，并且构造函数的函数名必须跟类名保持一致。比如，下面是使用 Point() 和 Point.fromJson() 来创建 Point 类对象的示例。

```
var p1 = Point(2, 2);
var p2 = Point.fromJson({'x': 1, 'y': 2});
```

在面向对象语言中，通常使用 new 关键字来创建一个类对象，但是 Dart 语法中省略了 new 关键字。

除此之外，有的类还提供了常量构造函数，使用常量构造函数，在构造函数名之前加 const 关键字，用来创建编译时常量。

```
var p = const ImmutablePoint(2, 2);
```

使用相同的构造函数构造两个对象时，编译常量会产生一个唯一的实例。

```
var a = const ImmutablePoint(1, 1);
var b = const ImmutablePoint(1, 1);

assert(identical(a, b));                //a 和 b 会产生同一个实例
```

在没有声明构造函数的情况下，Dart 会提供一个默认的构造函数，默认构造函数没有参数并会调用父类的无参构造函数。同时，如果有继承类，子类不会继承父类的构造函数。

3.5.3　接口与抽象类

Dart 并没有提供 interface 关键字。相反，所有的类都隐式定义了一个接口，所以任意类都可以作为接口被实现：

```
class Person {
  //...
}

class Impostor implements Person {
  //...
}
```

使用关键字 abstract 定义的类称为抽象类，抽象类只能被单继承，无法被实例化。Dart 的抽象类可以用来声明接口方法和定义具体的方法实现。抽象类通常具有一个或多个抽象方法，如下所示：

```
abstract class AbstractContainer {
  //省略其他抽象方法
  void updateChildren();
}
```

如果想让抽象类可被实例化，可以为其定义工厂构造函数。并且，抽象类的抽象方法是必须要实现的，而普通方法则不需要实现。

3.6　空安全

3.6.1　启用空安全

空安全是 Dart 2.12 版本新增的一项特性，可以有效地避免空指针异常的出现。事实上，空安全特性并不是 Dart 独有的，Kotlin、Swift、C#、TypeScript 等语言都有此特性。在 Dart 语音中，空安全支持三条核心原则。

（1）默认不可空：除非将变量显式声明为可空，否则它默认是非空的类型。

（2）渐进迁移：开发者可以自由地选择迁移的时机，以及需要迁移的代码，并且在一个项目中可能会同时存在空安全和非空安全的代码。

（3）安全可靠：Dart 的空安全在编译期间做了很多的性能优化。

由于 Dart 空安全是 2.12 版本才提供的新功能，所以要在项目中使用空安全，需要在

pubspec.yaml 中添加版本配置，如下所示：

```
environment:
  sdk: '>=2.12.0 <3.0.0'
```

3.6.2 空和非空

当我们选择使用空安全特性时，所有的类型默认是非空的。例如，如果声明了一个String类型的变量，那么就意味着它一直包含字符串值。如果想要一个String对象能够接收字符串值或null，那么就需要在类型声明后面加上“?”标识，一个声明为String?类型的变量可以包含字符串值或null。

```
String? str1;
String str2;
str1 = null;                                    // 正确
str2 = null;                                    // 报错
List<String?> strList1 = ['a', null, 'c'];      // 正确
List<String> strList2 = ['a', null, 'c'];       // 报错
```

3.6.3 空断言操作符

如果确定一个对象或表达式返回值非空，那么就可以使用空断言操作符！强制将其转为不为空对象，然后可以使用它赋值给非空对象，或访问其属性或方法。

需要注意的是，如果对一个声明为nullable的对象不加空断言操作符！，项目在编译时编译器就会报错。但是，如果对象本身是null，如果强制使用！操作符则也会导致异常，如下所示：

```
int? couldReturnNullButDoesnt() => -3;


int? nullableInt = 1;
List<int?> intListHasNull = [2, null, 4];

int a = nullableInt!;
int b = intListHasNull.first!;
int c = couldReturnNullButDoesnt()!.abs();

print('a is $a');                               //a is 1
print('b is $b');                               //b is 2
print('c is $c');                               //c is 3
```

3.6.4 类型提升

为了保证Dart语言空安全的特性，Dart的流分析已经考虑了空特性。如果一个nullable对象不可能有空值，那么在编辑时就会被当作非空对象进行处理。

```
String? str;

if (str != null){
  print(str);                    //已经确保不为空，所以不会编译出错
}
```

3.6.5　late 关键字

有些时候，变量、类成员属性或其他全局变量应该是非空的，但是没法在声明时直接赋值，此时就可以在声明变量使用 late 关键字来延迟初始化。例如，下面的 _name 声明编译器如果没有 late 关键字就会报错。

```
class Person {
    late String _name;        //错误声明

  set name(String desc){
    _name = 'MyName is: $desc';
  }
  String get name => _name;
}

void main(){
  final person = Person();
  person.name = 'Feijoada';
  print(person.name);
}
```

3.7　异步编程

3.7.1　同步和异步编程

按照代码执行顺序的不同，编程语言有同步编程和异步编程的区分。所谓同步编程，是指程序的执行顺序需要严格按照代码的运行顺序进行，即每行代码都必须等待前一行代码执行完成后才能执行，是一种阻塞式编程方式。同步编程方式对于简单的程序来说是比较容易理解和实现的，但在处理大量的 IO 操作、网络请求和计算密集型任务时，同步编程会带来程序性能下降和响应时间变慢等问题。

异步编程是一种非阻塞的编程方式，程序的执行并不会阻塞线程，而是通过回调函数、Promise、async/await 等机制实现任务的异步执行。异步编程可以充分利用 CPU 的性能，避免阻塞当前线程，在处理大量的 IO 操作、网络请求和计算密集型任务时，异步编程可以提供更好的处理能力。

相比于同步编程，异步编程需要开发者处理更多的细节，需要处理回调函数、Promise的链式调用、async/await 等场景，因此在代码的可读性和维护性上要求更高。

总体来说，同步编程适合处理简单的程序和小规模的数据，而异步编程则更适合处理大规模的IO操作、网络请求和计算密集型任务等。

3.7.2 Isolate

众所周知，Dart 是一门基于单线程模型的编程语言，但在实际开发过程中，我们经常会遇到需要进行耗时操作（如网络请求、后台任务）的场景。在 Dart 语言中，为了避免耗时操作阻塞主线程，Dart 提供了 Isolate 并发机制。

作为 Dart 语言独有的线程，Isolate 与其他线程的最大区别就是多个 Isolate 之间不能共享内存，这可以有效避免线程安全问题，并且多个 Isolate 之间使用的独立的垃圾回收机制也减少了垃圾回收的性能消耗，每个 Isolate 都有自己的事件循环，Isolate 之间通过消息进行通信。每个应用在启动时都会有一个默认的 Isolate，称为 Root Isolate。

事实上，每个 Isolate 内部都有一个消息循环，它随着 Isolate 的创建自动开启运行，同时内部存在事件（Event）和微任务（Microtask）两个队列，后者的执行优先级高于前者，并且队列中的任务执行顺序遵循先进先出的原则，如图 3-2 所示。

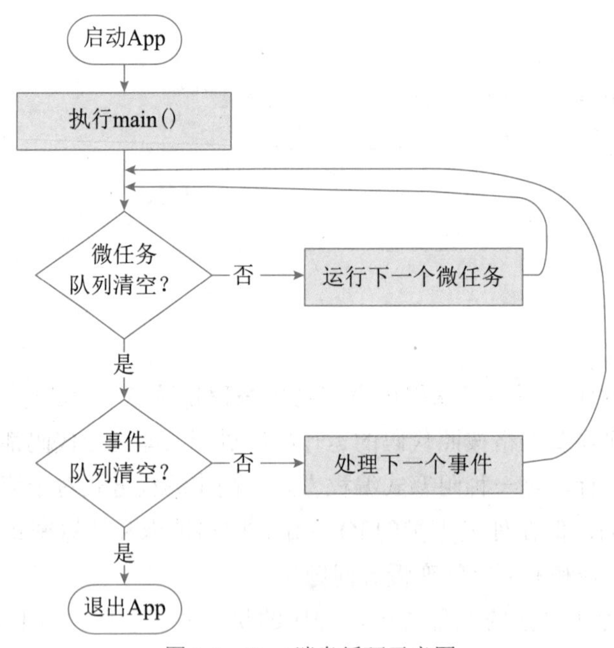

图 3-2　Dart 消息循环示意图

当应用程序启动时，系统会启动 main 方法，此时 Dart 会同时启动事件循环，首先按照先进先出的顺序执行 Microtask 队列中的任务，然后再执行 Event 队列中的任务。Event

队列中的任务执行完成后，再去执行 Microtask 队列中的任务，如此反复，直到队列中的任务被执行完成，而整个过程就是 Dart 事件循环的处理机制。事实上，Android 的 Looper 机制和 iOS 的 NSRunLoop 机制也遵循这一流程。

这种消息循环机制可以让我们更简单地处理异步任务，不用担心线程切换带来的性能问题。我们甚至可以很容易地预测任务执行的顺序，但无法准确预测事件循环何时会处理期望执行的任务。需要注意的是，Dart 中的方法执行不会被打断，因此不适合在两个队列中执行耗时的任务，而程序的执行一旦出现异常，只会打断当前任务，后续任务不受影响。

3.7.3 Future

为了更好支持异步编程，Dart 提供了很多返回类型为 Future 或 Stream 对象的函数，这些函数统称为异步函数。Future 是 Dart 提供的一个异步函数，作用与 JavaScript 中的 Promise 非常相似，主要用来表示异步操作的执行结果。通常，一个 Future 只会对应一个结果，要么成功，要么失败。

相比 Isolate 这种重量级的线程对象，Future 更加轻量可控，并且支持使用链式方式进行调用。在 Dart 的异步编程实现上，Future 提供了多种创建方式，以及一些常用的 API。

首先使用 Future.delayed 方法创建一个延时任务，用于模拟耗时操作，然后在 then 函数中接收异步执行结果并输出，代码如下：

```
Future.delayed(Duration(seconds: 2),(){
    return "hello world!";
}).then((data){
    print(data);
});
```

如果异步任务执行结果发生错误，可以使用 catchError() 函数来捕获可能产生的错误，上面的示例代码可以修改如下：

```
Future.delayed(Duration(seconds: 2),(){
    throw AssertionError("Error");
}).then((data){
    print("success");
}).catchError((e){
    print(e);
});
```

有时我们希望无论异步任务执行结果是成功还是失败都继续再执行另一个任务，比如在网络请求结束后，无论失败还是成功都关闭加载框。对于这种场景，只需要在 Future 的

whenComplete 回调函数中执行关闭加载框即可，代码如下：

```
Future.delayed(Duration(seconds: 2),(){
    throw AssertionError("Error");
}).then((data){
    print(data);
}).catchError((e){
    print(e);
}).whenComplete((){
    ... // 无论成功或失败都执行本代码
});
```

有时我们会遇到需要等待多个异步任务都执行结束后才进行其他操作的情况。比如，有一个界面需要依赖两个网络接口获取数据，然后经过特定处理后才能进行显示，对于这样的场景我们需要怎么处理呢？

对于这种场景，我们可以使用 Future.wait() 函数，它接受一个 Future 数组参数，只有数组中所有 Future 都执行成功后才会触发 then 的成功回调，只要有一个 Future 执行失败，就会触发错误回调。

```
Future.wait([
  Future.delayed(Duration(seconds: 2), (){
    return "hello";
  }),
  Future.delayed(Duration(seconds: 4), (){
    return " world";
  })
]).then((results){
  print(results[0]+results[1]);
}).catchError((e){
  print(e);
});
```

执行上面代码，就可以在 4 秒后看到控制台输出“hello world”日志信息。

3.7.4 async/await

async/await 是 Dart 1.9 版本新增的两个关键字，主要用来处理异步任务串行化。经过 async/await 处理后，开发者不需要再考虑复杂的回调地狱问题，代码逻辑也变得更加简洁。

在 async/await 出现之前，如果业务中出现大量异步任务需要依赖其他异步任务的结果时，必然会出现 Future.then 回调嵌套的情况。比如，现在有个获取用户信息的场景：首先需要用户进行登录来获得用户 ID，然后通过用户 ID 再去请求用户个人信息，最后再进行

保存操作，代码如下：

```
login("","").then((id){
  getUserInfo(id).then((userInfo){
    saveUserInfo(userInfo).then((){
        ... //其他操作
    });
  });
})
```

想象一下，如果业务逻辑中存在大量异步依赖的情况，那么代码中将会出现大量回调嵌套的问题。过多的嵌套会导致代码的可读性下降，后期的维护也会非常困难，而这类问题就被形象地称为“回调地狱”。

回调地狱问题在早期的 Web 开发中是一个非常突出的问题，但随着 ECMAScript 标准发布后，这个问题得到了非常好的解决。而解决回调地狱的两大法宝正是 ECMAScript 6 引入的 Promise 机制，以及 ECMAScript 7 中引入的 async/await 关键字。Dart 为了解决回调地狱问题，也借鉴了 JavaScript 的解决方案，推出了 Future 和 async/await。以上面的登录场景为例，使用 async/await 方式改造后的代码如下：

```
loginTask() async {
  try {
    String id = await login("","");
    String userInfo = await getUserInfo(id);
    await saveUserInfo(userInfo);
  } catch(e){
    print(e);
  }
}
```

在上面的代码中，使用 async 关键字来定义一个异步函数，此函数会返回一个 Future 对象，可以使用 then 方法来处理添加 Future 的返回结果。同时，await 关键字标识异步任务时，表示只有该异步任务完成后才能继续执行后面的任务，await 必须出现在 async 函数内部。

事实上，无论是 JavaScript 还是 Dart，async/await 都只是一个语法糖，编译器最终都会将其转换为一个 Promise 或 Future 对象的调用链。

3.7.5　Stream

除了 Future，Stream 也可以用来处理异步事件，不过与 Future 只能处理单个异步操作不同，Stream 主要用来处理多个异步操作的结果。也就是说，在执行异步任务时，Stream 可以通过多次触发成功或失败事件来传递结果数据或错误异常，常用于需要多次读取数据的异步任务场景，如网络下载、文件读写等。

通常，一次完整的 Stream 异步操作会涉及四个对象，分别是 Stream、StreamController、StreamSink 和 StreamSubscription，它们的说明如下。

Stream：事件源，一般用于表示事件监听或事件转换对象。

StreamController：进行 Stream 管理的控制器。

StreamSink: 事件的输入口，提供 add、close 等方法对事件进行操作。

StreamSubscription：Stream 进行 listen 监听后得到的对象，用来管理事件订阅，包含取消监听等方法。

同时，根据使用场景的不同，Stream 提供了以下几种创建方式。

Stream<T>.fromFuture：接收一个 Future 对象作为参数来创建 Stream。

Stream<T>.fromIterable：接收一个集合对象作为参数来创建 Stream。

Stream<T>.fromFutures：接收一个 Future 集合对象作为参数来创建 Stream。

Stream.periodic：接收一个 Duration 对象作为参数来延迟创建 Stream。

Stream 从订阅模式上可以分为单订阅模式和多订阅模式两类。所谓单订阅模式，表示只能有一个监听器对事件进行监听，而多订阅模式则可以有多个监听器。不过需要说明的是，在实际应用开发过程中，创建 Stream 不能直接使用上面说的四种方法，而是需要用到 StreamController 类来进行创建。比如，下面是使用 StreamController 创建单订阅模式数据流的示例。

```
StreamController<String> controller=StreamController();
controller.add("event a");
controller.add("event b");
controller.stream.listen((event){
  print(event);
});
controller.close();
```

可以看到，首先需要创建一个 StreamController 对象，然后再调用 add 方法发送事件，最后再调用 listen 方法监听事件并响应结果。事实上，Stream 的多订阅模式和单订阅模式类似，只需要调用 broadcast 方法即可生成注册多个监听器的 Stream。

```
StreamController<String> s1=StreamController.broadcast();
s1.stream.listen((event){
  print(event);
},onError: (error){
  print(error);
});
s1.add("event a");
```

```
// 将单订阅流转换为多订阅流
StreamController<String> s2=StreamController();
Stream stream=s2.stream.asBroadcastStream();
stream.listen((event){
  print(event);
});
s2.sink.add("event b");

s1.close();
s2.close();
```

需要说明的是，为了避免Stream造成的资源浪费，需要在数据流使用完成之后调用close关闭订阅流。同时，为了方便操作数据流，Flutter官方还提供了FutureBuilder和StreamBuilder两个组件来快速操作异步数据流。

3.8 异常

异常表示程序运行过程中发生的一些意外错误，如果异常没有被捕获，触发异常的隔离程序将被挂起，并且程序将被终止执行。和Java等语言的异常机制有所不同，Dart中的所有异常是非检查异常，即方法不会声明它们抛出的异常，也不要求捕获任何异常。

Dart提供了异常和错误类型以及许多预定义的异常子类型，开发者可以根据需要选择捕获异常或者抛出异常。当然，Dart也支持自定义异常，自定义异常时需要进行全局声明。

众所周知，没有异常的代码几乎是不存在的，为了降低异常造成的崩溃风险，我们可以对可能存在异常的代码进行异常捕获。和其他编程语言一样，Dart也使用try/catch语法糖来捕获异常，如下所示：

```
try {
    ... // 可能造成异常的代码
  } on Exception catch (e){
    print('exception details:\n $e');
  }catch (e,s){
    print('exception details:\n $e');
    print('stack trace:\n $s');
}
```

在上面的代码中，同时使用了on和catch关键字来捕获异常。其中，on用来指定异常的类型，catch则用来捕获异常的对象。当然，catch函数还可以指定两个参数，第一个参数表示抛出的异常对象，第二个参数表示捕获的异常的堆栈信息。

当然，对于可能产生的异常，还可以使用throw关键字来抛出异常，当执行抛出异常操作后，将由Dart异常系统进行处理，如下所示：

```
if (astronauts == 0){
  throw StateError('No astronauts.');
}
```

事实上，在软件开发过程中，并不建议直接抛出异常，抛出异常将更容易导致程序的运行中断，带来崩溃风险。因此，为了确保程序能够正常运行，无论是否抛出异常，都建议使用finally子句来继续代码的运行，代码如下：

```
try {
    ... //造成异常的代码
    } on Exception catch (e){
        print('exception details:\n $e');
    }catch (e,s){
        print('exception details:\n $e');
        print('stack trace:\n $s');
    }finally {
     ... //继续执行其他代码
}
```

3.9 习题

一、选择题

1. 一个函数中如果既有必选参数，又有可选参数，则可选参数既可以放在必选参数的前面，又可以放在必选参数的后面。(　　)

A. 正确　　B. 错误

2. 命名参数函数在调用时，实参位置必须和形参位置相一致。(　　)

A. 正确　　B. 错误

3. 默认构造函数不允许重载，即同一个类中不能定义多个默认构造函数。(　　)

A. 正确　　B. 错误

4. 泛型表示给定的数据类型不是固定的，可以作为参数传入。(　　)

A. 正确　　B. 错误

5. 使用async标记的函数为异步函数，异步函数会自动将返回值包装成Future。(　　)

A. 正确　　B. 错误

6. 处理Future对象的方法不包括以下哪一个？(　　)

A. then　　B. catchError　　C. tryError　　D. whenComplete

二、简述题

1. 简述 Dart 语言的特性。
2. Dart 是值传递还是引用传递？
3. 简述 Dart 的单线程模型是如何运行的。
4. Stream 有哪两种订阅模式，分别是如何调用的？

三、操作题

熟悉 Dart 语法，能够进行基本的编码。

第 4 章　Flutter 组件

4.1 计数器应用

使用 Android Studio 或 VS Code 创建一个默认的计数器应用示例，然后启动计数器应用，当每单击一次右下角的加号时，屏幕中央的数字就会加 1。

此应用程序是 Flutter 官方为开发者创建的 Flutter 模板，涵盖了组件、布局开发和状态管理等基本内容，代码位于 lib/main.dart 文件中，源码如下：

```
class MyApp extends StatelessWidget {
  @override
  Widget build(BuildContext context){
    return MaterialApp(
      home: MyHomePage(title: 'Flutter Demo Home Page'),
    );
  }
}

class MyHomePage extends StatefulWidget {
  MyHomePage({Key? key, required this.title}) : super(key: key);
  final String title;

  @override
  _MyHomePageState createState() => _MyHomePageState();
}

class _MyHomePageState extends State<MyHomePage>{
  int _counter = 0;

  void _incrementCounter(){
    setState((){
      _counter++;
```

```
    });
  }

  @override
  Widget build(BuildContext context){
    return Scaffold(
      body: Center(
        child: Column(
          mainAxisAlignment: MainAxisAlignment.center,
          children: <Widget>[
            Text('You have pushed the button this many times:'),
            Text('$_counter'),
          ],
        ),
      ),
      floatingActionButton: FloatingActionButton(
        onPressed: _incrementCounter,
        tooltip: 'Increment',
        child: Icon(Icons.add),
      ),
    );
  }
}
```

在上面的示例代码中，首先使用import关键字导入Material UI组件库，Material UI是一种标准的移动端和Web端的视觉设计规范。事实上，为了适配Android的Material Design风格和iOS的Cupertino风格，Flutter分别提供了一套Material风格和Cupertino风格的UI组件库。

众所周知，每个应用程序都有一个入口，和大多数的应用程序一样，Flutter应用程序的入口也是main函数。在本示例应用程序中，main函数调用了runApp方法，它的功能就是启动Flutter应用。runApp方法需要传入一个Widget参数，此处传入的是一个MyApp对象，而MyApp可以理解成是Flutter应用的根组件。

4.2 组件基础知识

4.2.1 Widget简介

众所周知，不管是前端开发还是移动应用开发，开发工作者基本上都是基于功能和页面展开的，而页面开发的基础就是组件。我们知道，Flutter开发中有一个非常重要的思想，即一切对象皆为组件。与原生开发中组件的概念不同，Flutter中组件的概念更广泛，它不仅可以表示基本的 UI 元素，还可以用来表示一些功能性的组件，如事件处理组件、Theme 主题等，而原生开发中的组件通常只用来表示 UI 元素。需要说明的是，由于 Flutter 框架主要是用来构建用户界面的，所以大多数情况下，Widget 就是一个组件，不必纠结于一些概念细节。

事实上，在 Flutter 的 Widget 体系中，Widget 只不过是一个用于描述 UI 元素的配置数据，也就是说，Widget 其实并不是最终绘制在设备屏幕上的显示元素，而是一个描述 UI 元素的配置数据。比如，对于文本组件 Text 来讲，文本内容、文本样式就是它的配置数据。

实际上，在 Flutter 的 Widget 体系中，真正代表屏幕元素的是 Element 对象，因此可以认为，Widget 只是描述 Element 的配置数据而已。并且，Element 是通过 Widget 的配置数据生成的，所以它们之间存在一一对应的关系。不过，在大多数场景下，我们可以认为 Widget 就是需要显示的 UI 组件。

除了 Widget 树和 Element 树，Flutter 的 UI 绘制过程还会涉及另外两个对象，分别是 Render 树和 Layer 树，它们的作用和概念如下。

Widget 树：主体树，根据配置数据生成 Element 树。

Element 树：UI 元素的承载对象，树中的节点都继承自 Element 类。

Render 树：用于 UI 渲染的对象，树中的节点都继承自 RenderObject 类。

Layer 树：用于在屏幕上显示内容的对象，树中的节点都继承自 Layer 类。

可以看到，Flutter 真正的布局和渲染逻辑在 Render 树中，Element 不过是 Widget 和 RenderObject 的中间代理而已，Widget 完成布局和渲染的流程如图 4-1 所示。

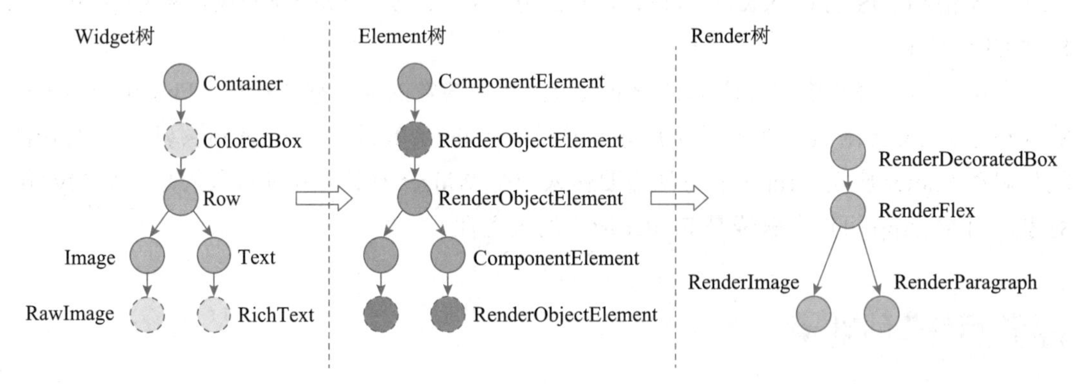

图 4-1 Flutter Widget 架构体系

4.2.2 StatelessWidget

StatelessWidget 和 StatefulWidget 是 Flutter 开发中最基础，也是最重要的两个组件，StatelessWidget 表示没有状态的组件。作为一个无状态的基础组件，StatelessWidget 不需要

维护管理组件内部的状态，也不能使用 setState 方法来改变组件的属性。

由于 StatelessWidget 组件不存在状态管理一说，所以也就没有组件的生命周期一说。而开发者也只需要在 build 方法中嵌套其他 Widget 来构建 UI 界面即可。并且，为了防止内部的属性被改变，无状态组件内部的属性还需要使用 final 关键字进行修饰，如下所示：

```
class Box extends StatelessWidget {
  const Box({Key? key, required this.text, this.backgroundColor}):
super(key:key);

  final String text;
  final Color backgroundColor;

  @override
  Widget build(BuildContext context){
    return Center(
      child: Container(
        color: backgroundColor,
        child: Text(text),
      ),
    );
  }
}
```

由于 StatelessWidget 组件是没有状态的，它只会在应用初始化构建时才会执行一次渲染操作，所以它无法基于任何事件和用户操作执行视图的重绘。

同时，StatelessWidget 组件的 build 方法有一个 context 参数，用来表示当前 Widget 在 Widget 树中的上下文，是 BuildContext 类的一个实例。实际上，context 是当前 Widget 在 Widget 树中位置中执行相关操作的一个句柄，可以使用它开始向上遍历 Widget 树以及查找父级 Widget 等。

4.2.3 StatefulWidget

StatefulWidget 用来表示有状态的组件，与 StatelessWidget 无状态组件不同，StatefulWidget 组件在创建时会同时创建 State 对象，用来管理组件内部的状态数据。同时，由于 StatefulWidget 组件是有状态的，所以它内部的成员属性是不需要使用 final 关键字进行修饰的。

并且，由于 StatefulWidget 组件是有状态的，所以在应用的整个生命周期阶段可能会被多次调用。如果我们要创建一个有状态的组件，需要该组件继承自 StatefulWidget 组件，然后动态地去改变 State 对象的值，比如官方的计数器应用。

```
class CounterWidget extends StatefulWidget {
```

```
  const CounterWidget({Key? key, this.initValue = 0});
  final int initValue;

  @override
  _CounterWidgetState createState() => _CounterWidgetState();
}

class _MyHomePageState extends State<MyHomePage>{
  int _counter = 0;

  void _incrementCounter(){
    setState((){
      _counter++;
    });
  }

  @override
  Widget build(BuildContext context){
    return Scaffold(
      appBar: AppBar(
        title: Text(widget.title),
      ),
      body: Center(
        child: Column(
          mainAxisAlignment: MainAxisAlignment.center,
          children: <Widget>[
            const Text('You have pushed the button this many times:'),
            Text('$_counter'),
          ],
        ),
      ),
      floatingActionButton: FloatingActionButton(
        onPressed: _incrementCounter,
        child: const Icon(Icons.add),
      ),
    );
  }
}
```

在上面的代码中，创建了一个计数器 CounterWidget 组件，由于它继承自 StatefulWidget 组件，所以可以实现组件内部的状态的管理。当单击屏幕右下角的按钮时可以使计数器加 1，由于要保存计数器的数值状态，所以组件内部定义了一个 _counter 变量。如果需要改变 _counter 变量的值，只需要调用 setState 函数即可。

4.2.4　MaterialApp

众所周知，Android、iOS 和 Web 平台对于视觉规范的理念是不一样的。其中，Android 使用的是 Material Design 的视觉规范，iOS 使用的是 Cupertino 的视觉风格。为了适配 Android 和 iOS 平台的视觉效果，Flutter 官方基于这两种风格，分别提供了诸多的功能组件。

MaterialApp 是 Flutter 开发中一个符合 Android 视觉规范的基础组件，其作用类似于 Web 开发中的 HTML 标签，是一个容器类型的组件。除此之外，MaterialApp 还自带路由、主题色、标题栏等功能，如下所示：

```
class MyApp extends StatelessWidget {

  @override
  Widget build(BuildContext context){
    return MaterialApp(
      title: 'Flutter Demo',
      theme: ThemeData(
        primarySwatch: Colors.blue,
      ),
      routes:{
        'home': (context) => const HomePage(),
      },
      initialRoute: 'home',
    );
  }
}
```

事实上，除了上面提到的路由、主题色、标题栏，MaterialApp 还支持多语言适配、性能监控、Debug 标志是否显示、路由拦截等功能，说明如下。

routes：应用的注册路由表。

initialRoute：默认的路由，应用的初始路由。

onGenerateRoute：应用导航到指定路由时使用的路由生成器回调。

onUnknownRoute：当 onGenerateRoute 无法生成路由时调用。

localizationsDelegates：打开多语言配置。

showPerformanceOverlay：是否打开性能监控，打开后会显示在应用上面。

checkerboardRasterCacheImages：是否打开栅格缓存图像的棋盘格。

checkerboardOffscreenLayers：是否打开渲染到屏幕外位图的图层的棋盘格。

debugShowCheckedModeBanner：是否打开应用的 Debug 标识。

4.2.5　State

众所周知，Flutter 的视图开发采用的是声明式的开发思想，其核心设计思想就是将视图和数据分离，除了需要按照设计要求开发布局之外，同时还需要维护一套文案数据集，并为需要变化的 Widget 绑定数据集，使 Widget 根据这个数据集完成界面的渲染。

通常，创建一个继承自 StatefulWidget 类的组件时会自动创建一个 State 对象，State 表示与其对应的 StatefulWidget 要维护的组件状态，即组件需要保存的状态信息。State 有两个常用属性，分别是 Widget 和 Context。

（1）Widget：表示与该 State 实例关联的 Widget 实例，由 Flutter 框架动态设置。需要注意的是，这种关联并非永久的，因为在应用生命周期中，UI 树上的某一个节点的 Widget 实例在重新构建时可能会变化，可能会触发重新构建操作。

（2）Context：上下文对象，StatefulWidget 对应的 BuildContext。

事实上，作为有状态组件内部数据的管理对象，State 与 Widget 的生命周期是强绑定的，当 State 中的数据发生任何变化时都会触发 Widget 的重新构建操作，正是有了生命周期，组件才能够实现局部刷新的效果。而所谓的组件生命周期，指的是组件从创建、渲染，直至销毁的整个过程，它强调的是一个时间段。

在 Flutter 框架中，StatefulWidget 组件的生命周期大致由初始化阶段、更新阶段和销毁阶段组成，生命周期的示意图如图 4-2 所示。

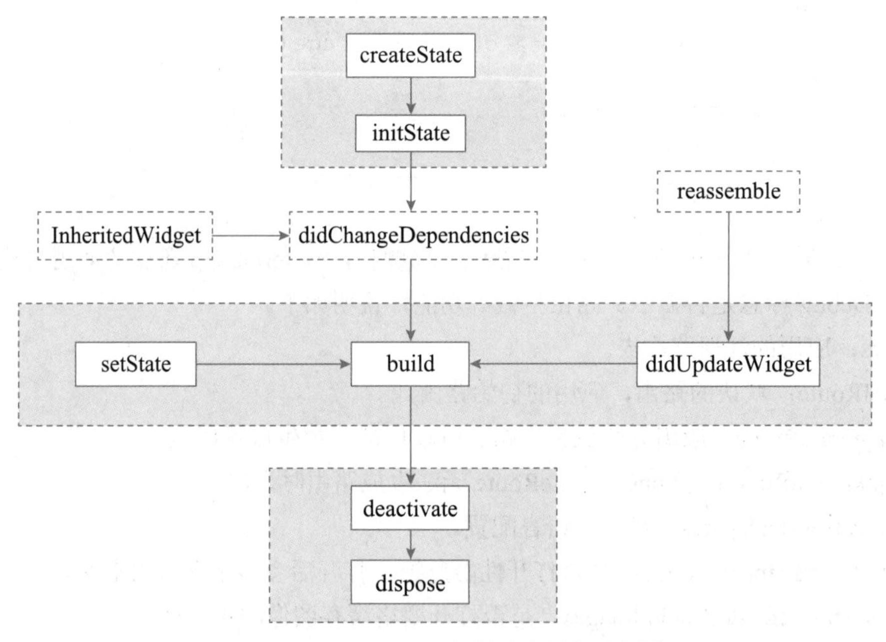

图 4-2　StatefulWidget 组件生命周期示意图

其中，初始化阶段主要由 createState、initState、didChangeDependencies 和 build 等生命周期函数构成，说明如下。

（1）createState：创建 StatefulWidget 时会默认调用此函数创建一个 State 对象。

（2）initState：在状态组件被插入组件树时会被调用，在组件生命周期中只会被调用一次，对应 Android 组件中的 onCreate 生命周期函数或者 iOS 组件中的 viewDidLoad 生命周期函数。可以在此函数中执行一些初始化、订阅事件通知等操作。

（1）didChangeDependencies：该函数在组件依赖的 State 发生变化时会被调用。即在初始化过程中，或许外部传递过来的数据发生改动时都会触发此生命周期函数。

（2）build：页面渲染时被调用，返回构建的视图，会被调用多次。也即是说，不管是初始化渲染，还是调用 setState 函数后都会触发页面的渲染操作，因此为了提高应用的渲染性能，请不要频繁地触发此函数。

经过初始化阶段，组件已经被创建出来，接下来，就是组件的更新阶段。更新阶段主要由 setState、didUpdateWidget 及 reassemble 等生命周期函数构成，说明如下。

（1）setState：当需要改变组件的显示数据时，可以调用此函数来改变 State 对象的数据，当数据发生变化时，系统会自动触发组件的重绘。

（2）didUpdateWidget：当组件的 State 数据发生变化或者执行热重载操作时，会触发该函数执行视图的重绘，并且执行本函数一定会触发 build 函数。

（3）reassemble：此函数主要是为开发阶段调试而提供的，在 Debug 模式下，每次执行热重载都会调用此函数。

经过初始化阶段和更新阶段，接下来就是销毁阶段，销毁阶段主要是移除和销毁组件，如果不移除可能会造成内存吃紧、应用性能降低等问题。

（1）deactivate：当组件被移除状态树时会调用此函数，如果移除后没有重新插入状态树的其他节点还会继续调用 dispose 方法来释放组件。

（2）dispose：组件被销毁时调用此函数用于释放资源、移除状态监听等。

可以看到，正是有了 StatefulWidget 组件的各种生命周期函数，我们才能完成各种需求的开发。除了 StatefulWidget 组件，Flutter 开发中另外一个比较重要的基础组件 StatelessWidget 也有属于它自己的生命周期函数，不过它的生命周期并不是很多，只有 createElement 和 build 两个。

4.3 容器组件

4.3.1 Container

Container 是由 LimitedBox、ConstrainedBox、Align、Padding、DecoratedBox 和 Transform 组件组合而成的容器组件，本身不对应任何 RenderObject，因此 Container 组件主要用在需要装饰、变换、限制的场景中，其定义如下所示：

```
Container({
```

```
    this.alignment,
    this.padding,
    Color color,
    Decoration decoration,
    Decoration foregroundDecoration,
    double width,
    double height,
    BoxConstraints constraints,
    this.margin,
    this.transform,
    this.child,
    ...
  })
```

需要说明的是，使用Container时需要给容器组件指定大小，否则可能会无法正常显示。我们可以使用width、height属性来指定容器的大小，也可以通过constraints属性来进行指定。同时，color和decoration属性是互斥的，如果同时在容器组件中设置这两个属性可能会报错。下面是Container组件的使用示例，代码如下：

```
Container(
  margin: EdgeInsets.only(top: 50.0, left: 120.0),
  constraints: BoxConstraints.tightFor(width: 200.0, height: 200.0),
  decoration: BoxDecoration(
    gradient: RadialGradient(
      colors: [Colors.red, Colors.orange],
      center: Alignment.topLeft,
      radius: .98,
    ),
    boxShadow: [
      BoxShadow(
        color: Colors.black54,
        offset: Offset(2.0, 2.0),
        blurRadius: 4.0,
      )
    ],
  ),
  transform: Matrix4.rotationZ(.2),
  alignment: Alignment.center,
  child: Text(
    "520", style: TextStyle(color: Colors.white, fontSize: 40.0),
  ),
)
```

可以看到，Container组件的属性还是很丰富的，合理使用这些属性可以实现很炫酷的效果。运行上面的代码，效果如图4-3所示。

图 4-3　Container 组件使用示例

4.3.2　Scaffold

Scaffold 是符合 Android Material 风格的页面骨架组件，也是 Flutter 开发中的顶级容器组件，具有自动填充可用屏幕空间的作用。同时，Scaffold 组件还支持顶部导航、底部导航和侧滑栏等功能。支持的常用属性有以下几个。

（1）appBar：界面顶部标题栏，默认不显示。

（2）body：页面的主题内容。

（3）drawer | endDrawer：抽屉菜单。

（4）bottomNavigationBar：界面底部标题栏，需要和 BottomNavigationBar 组件配合使用。

（5）bottomSheet：底部菜单。

下面是使用 Scaffold 组件实现底部导航栏的示例，代码如下：

```
class _ScaffoldPageState extends State<ScaffoldPage>{
  int _selectedIndex = 1;

  @override
  Widget build(BuildContext context){
    return Scaffold(
      appBar: AppBar(
        title: const Text("Scaffold"),
      ),
      bottomNavigationBar: BottomNavigationBar(
        items: const <BottomNavigationBarItem>[
          BottomNavigationBarItem(icon: Icon(Icons.home), label: '首页'),
          BottomNavigationBarItem(icon: Icon(Icons.business), label:
'商城'),
          BottomNavigationBarItem(icon: Icon(Icons.person), label: '我'),
      ],
        currentIndex: _selectedIndex,
        fixedColor: Colors.blue,
```

```
          onTap: _onItemTapped,
        ),
      );
    }

    void _onItemTapped(int index){
      setState((){
        _selectedIndex = index;
      });
    }
  }
```

可以发现，使用Scaffold组件的bottomNavigationBar属性很容易就实现了底部导航栏的效果。需要说明的是，使用bottomNavigationBar属性时需要子组件的数量大于或等于2个，否则运行时可能会报错。运行上面的代码，效果如图4-4所示。

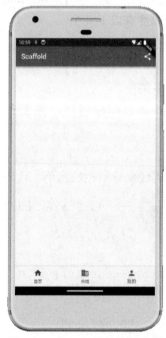

图4-4　Scaffold组件使用示例

4.3.3 DecoratedBox

DecoratedBox是一个用于装饰的容器组件，可以在其子组件绘制前绘制一些背景、边框、渐变等装饰，DecoratedBox组件的定义如下：

```
const DecoratedBox({
  Decoration decoration,
```

```
    DecorationPosition position = DecorationPosition.background,
    Widget? child
  })
```

其中，属性 decoration 和 position 的说明如下。

（1）decoration：代表将要绘制的装饰，类型为 Decoration，实际开发中使用的是它的子类 BoxDecoration 来实现绘制装饰效果。

（2）position：用来定义绘制 Decoration 的位置，接收 DecorationPosition 枚举类型的值，该枚举类有 background 和 foreground 两个。

以下是使用 BoxDecoration 实现一个背景渐变效果按钮的示例，代码如下：

```
class DecoratedBoxPage extends StatelessWidget {

  @override
  Widget build(BuildContext context){
    return Center(
      child: DecoratedBox(
        decoration: BoxDecoration(
          gradient: const LinearGradient(colors: [Colors.red, Colors
.orange]),
          borderRadius: BorderRadius.circular(3.0),
          boxShadow: const [
            BoxShadow(
              color: Colors.black54,
              offset: Offset(2.0, 2.0),
              blurRadius: 4.0,
            )
          ],
        ),
        child: const Padding(
          padding: EdgeInsets.symmetric(horizontal: 80.0, vertical:
18.0),
          child: Text('DecoratedBox', style: TextStyle(color: Colors
.white)),
        ),
      ),
    );
  }
}
```

在上面的代码中，通过 BoxDecoration 我们实现了一个背景渐变效果的按钮，但此按钮还不是一个标准的按钮，因为它还不能响应点击事件。运行上面的代码，效果如图 4-5 所示。

图 4-5　DecoratedBox 组件使用示例

4.4 功能组件

4.4.1 Text

Text 是用于显示文本的组件，也是 Flutter 应用开发过程中使用频率较高的组件之一。它包含一些控制文本显示样式的属性，一个最简单的 Text 例子就是传入要显示的文本，如下所示：

```
Text("Hello world");
```

除了控制文本显示的 data 属性，Text 支持的可选属性如表 4-1 所示。

表 4-1　Text 组件可选属性

属性名	类　型	说　明
style	TextStyle	文本样式，如颜色、字体、粗细等
strutStyle	StrutStyle	设置文本的行高
textAlign	TextAlign	文本的对齐方式
textDirection	TextDirection	文字的显示方向
locale	Locale	用于设置用户的语言
softWrap	bool	是否支持换行
overflow	TextOverflow	文本的截断方式
textScaleFactor	double	文字大小的缩放因子
maxLines	int	文本的最大显示行数
semanticsLabel	String	给文本添加一个语义标签
textWidthBasis	TextWidthBasis	文本在父容器的显示规则
textHeightBehavior	TextHeightBehavior	控制文本的行高状态

其中，TextStyle 属性用于设置文本的显示样式，如颜色、字体、粗细和背景等，它的子属性如下。

（1）height：指定文本的行高，但它并不是一个绝对值，而是一个因子，真实的行高等于 fontSize*height。

（2）fontSize：该属性和 textScaleFactor 属性一样都用于控制字体大小。

（3）fontFamily：用于设置默认的字体集，如果是引入的外部的字体集需要先声明才能使用。

如果需要在同一行文字中显示不同样式，此时就需要用到富文本组件 TextSpan，如下所示：

```
Text.rich(TextSpan(
    children: [
     TextSpan(text: "Flutter 中文网 : "),
     TextSpan(
       text: "https://flutterchina.club",
       style: TextStyle(color: Colors.blue),
       recognizer: _tapRecognizer
     ),
    ]
))
```

运行上面的代码，效果如图 4-6 所示。

Flutter中文网: https://flutterchina.club

图 4-6 TextSpan 富文本组件使用示例

4.4.2 Button

Button 是用来响应单击事件的按钮组件，Material 组件库中提供了多种样式的按钮组件，如 ElevatedButton、TextButton、OutlinedButton 等，基本上可以满足应用开发需求。同时，这些组件都直接或间接继承自 RawMaterialButton 组件，所以它们大多数属性都和 RawMaterialButton 是一样的，并且使用的方式也几乎一样。下面是 Flutter 提供的一些常见的 Button 组件。

（1）ElevatedButton：带有阴影和灰色背景的按钮。

（2）TextButton：文本按钮，默认背景透明并不带阴影。

（3）OutlinedButton：边框按钮，不带阴影且背景透明。

（4）IconButton：图标按钮，不包括文字，默认没有背景。

ElevatedButton 是一个带有漂浮效果的按钮，默认带有阴影和灰色背景，并且在按钮按下后阴影会变大。ElevatedButton 组件需要两个必传参数，分别是显示的文本和点击函数，如下所示：

```
ElevatedButton(
  child: Text("normal"),
  onPressed: (){},
);
```

事实上，由于 ElevatedButton、TextButton、OutlinedButton 组件都直接或间接继承自 RawMaterialButton 根组件，所以它们在用法上也是一样的，只是显示的效果不一样而已。

除了上面的组件，IconButton 组件的使用频率也是很高的。IconButton 组件是一个可单击的图标组件，没有文字和背景，单击按钮后会出现阴影背景，如下所示：

```
IconButton(
  icon: Icon(Icons.thumb_up),
  onPressed: (){},
)
```

运行上面的代码，效果如图 4-7 所示。

图 4-7　IconButton 图标组件示例

4.4.3　TextField

TextField 是 Material 组件库提供的一个文本输入框组件，主要用在需要用户输入的场景中，也是 Flutter 开发过程中使用频率较高的组件之一。TextField 组件提供了有用的基础属性，常用的如下。

（1）controller：输入框控制器，可以通过它设置、获取输入框的内容及监听文本输入事件。大多数情况下，我们都需要显式创建一个 controller 对象来与文本输入框绑定交互；如果没有则 TextField 内部会自动创建一个。

（2）focusNode：用于控制输入框是否获得输入焦点。

（3）InputDecoration：用于控制输入框的外观显示，如提示文本、背景颜色、边框等。

（4）keyboardType：用于设置该输入框默认的键盘输入类型，取值有 text、number、phone、datetime、url 等。

（5）style：正在编辑的文本输入框的样式。

（6）textAlign：输入框内文本在水平方向的对齐方式。

（7）Autofocus：是否自动获取焦点。

（8）obscureText：是否隐藏正在编辑的文本，比如输入密码的场景，文本内容会使用 • 进行替换。

（9）maxLines：输入框的最大行数，默认为 1；如果为 null，则无行数限制。

（10）toolbarOptions：长按或右击时出现的菜单，选项包括 copy、cut、paste 以及 selectAll。

（11）onChange：输入框内容改变时的回调函数，需要通过 controller 来进行监听。

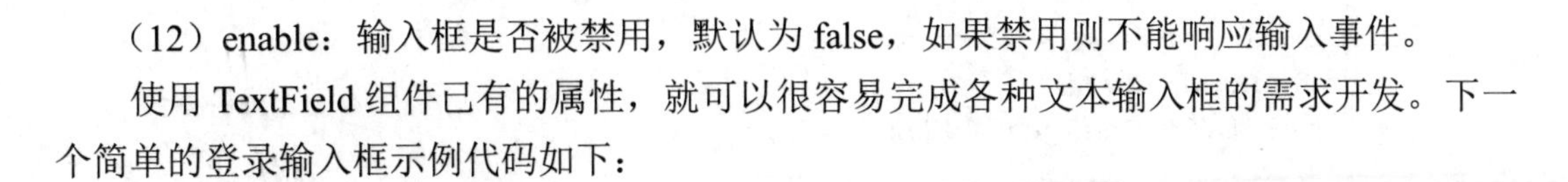

（12）enable：输入框是否被禁用，默认为 false，如果禁用则不能响应输入事件。

使用 TextField 组件已有的属性，就可以很容易完成各种文本输入框的需求开发。下一个简单的登录输入框示例代码如下：

```
Column(
  children: <Widget>[
    TextField(
      autofocus: true,
      decoration: InputDecoration(
        labelText: "用户名",
        hintText: "用户名或邮箱",
        prefixIcon: Icon(Icons.person)
      ),
    ),
    TextField(
      decoration: InputDecoration(
        labelText: "登录密码",
        hintText: "您的登录密码",
        prefixIcon: Icon(Icons.lock)
      ),
      obscureText: true,
    ),
  ],
);
```

如果想要获取 TextField 组件的内容，一般有两种方式：一种方式是定义一个全局的变量，然后在 onChange 函数中获取输入的内容；另一种方式则是通过 TextField 组件提供的 controller 属性进行获取，如下所示：

```
TextEditingController _unameController = TextEditingController();

TextField(
    autofocus: true,
    controller: _unameController,
    ...
)

print(_unameController.text)          //获取输入的内容
```

除了获取文本输入框的内容，有时还需要时时监听 TextField 组件的文本变化。当然，监听文本变化也有两种实现方式，分别是 onChange 回调函数和通过 controller 的 addListener 函数进行监听，如下所示：

```
//onChange 回调方式
```

```
TextField(
    onChanged: (v){
      print("onChange: $v");
    }
)

// controller 的 addListener 监听函数
@override
void initState(){
  _unameController.addListener((){
    print(_unameController.text);
  });
}
```

两种方式相比，onChanged 方式的核心功能就是监听文本变化，而 controller 方式的功能则更多一些，除了能够监听文本变化，还可以用于设置默认值、选择文本等场景。

在实际业务开发过程中，在正式向服务器提交数据前，通常都需要对各个输入框数据进行合法性校验，但是对每个 TextField 的输入都进行校验将会是一件很麻烦的事。因此，Flutter 提供了 Form 组件，它可以对输入框进行分组并进行一些统一的操作，如输入内容校验、输入框重置及输入内容的临时保存等。

4.4.4 Image

Image 是 Flutter 提供的用来加载显示图片的组件，目前支持网络、asset、文件、内存等数据源。使用 Image 组件时，需要提供一个必选的 image 参数，它对应的类型是 ImageProvider。

ImageProvider 是一个抽象类，主要定义了一个图片数据获取接口 load，并且从不同的数据源获取图片需要实现不同的 ImageProvider。如 AssetImage 是实现了从 Asset 中加载图片的 ImageProvider，NetworkImage 是实现了从网络加载图片的 ImageProvider。

加载 Asset 资源文件夹的图片时，需要在 pubspec.yaml 文件中进行声明，如下所示：

```
assets:
    - images/logo.png
```

然后，就可以使用 AssetImage 组件进行加载了，当然也可以直接使用 Image 提供的一个快捷构造函数 Image.asset 来加载图片，如下所示：

```
Image(
  image: AssetImage("images/logo.png"),
  width: 100.0
);
// 或者
```

```
Image.asset("images/avatar.png",
  width: 100.0,
)
```

如果是加载网络的图片，直接使用 NetworkImage 组件即可，当然也可以使用快捷构造函数 Image.network 来加载图片，如下所示：

```
Image(
  image: NetworkImage(
      "https://storage.googleapis.com/3461c6a5b33c339001c5.jpg"),
  width: 100.0,
)
//或者
Image.network(
  "https://storage.googleapis.com/3461c6a5b33c339001c5.jpg",
  width: 100.0,
)
```

默认情况下，使用 Image 组件加载过的图片都是有缓存的，默认的最大缓存数量是 100，最大缓存空间是 100MB，并且缓存遵循 LRU（least recently used，最近最少使用）缓存算法。如果要加载缓存过的图片，可以使用 Image.memory 函数；如果需要将图片缓存到内存卡等存储介质中，那么可以使用 cached_network_image 等图片缓存库。

除此之外，为了更好地支持图片开发，Image 组件还提供了很多有用的属性，常见的如下。

（1）width、height：用于指定图片的宽和高，如果不指定宽高，图片会根据原始大小进行展示。

（2）fit：用于指定图片的显示模式，值为枚举类型，取值有 fill、cover、contain、fitWidth 和 fitHeight 等。

（3）repeat：当图片本身大小小于显示空间时，指定图片的重复规则。

当然，除了 Image 组件，Flutter 还提供了一个 Icon 组件，可以像 Web 开发中使用 iconfont 字体图标进行加载。事实上，Icon 组件是 Material Design 提供的一套字体图标，主要是将一些内置的图标做成字体文件，然后使用 Text 组件加载这些字符，并最终转换为图片。

使用 Icon 组件之前，需要在 pubspec.yaml 配置文件中添加如下配置代码。

```
flutter:
  uses-material-design: true
```

然后，使用 Text 组件加载即可，如下所示：

```
String icons = "\uE03e\uE237\uE287";
```

```
Text(
  icons,
  style: TextStyle(
    fontFamily: "MaterialIcons",
    fontSize: 24.0,
  ),
);
```

4.5 布局开发

众所周知，Flutter 布局开发的核心便是组件。在 Flutter 中，几乎所有东西都是围绕组件展开的，布局组件也不例外。事实上，我们可以将布局类组件理解为是一个容器类型的组件，它包含一个或多个子组件，并且 Flutter 提供了不同的布局类组件来管理子组件排列方式。

按照布局类组件包含子组件个数的不同，可以将布局类组件分为非容器类组件、单子组件和多子组件几种类型。而按照子组件在容器中排布方式的不同，又可以将布局组件类组件分为线性布局、流式布局、弹性布局、层叠布局等。

4.5.1 布局模型与约束

Flutter 的布局模型可以分为两类，一种是基于 RenderBox 的盒布局模型，另一种是基于 Sliver 的按需加载列表布局模型。虽然两种布局模型在实现细节上略有差异，但是在实现的流程上却是大体相同的，布局流程如下。

（1）上层组件向下层组件传递约束条件。

（2）下层组件确定自己的大小，然后告诉上层组件，下层组件的大小必须符合父组件的约束条件。

（3）上层组件确定下层组件相对于自身的偏移和确定自身的大小。

在 Flutter 的盒布局模型中，父级传递给子级的约束信息由 BoxConstraints 控制，约束信息包含最大宽高和最小宽高等信息，构造函数如下：

```
const BoxConstraints({
  this.minWidth = 0.0,                    //最小宽度
  this.maxWidth = double.infinity,        //最大宽度
  this.minHeight = 0.0,                   //最小高度
  this.maxHeight = double.infinity        //最大高度
})
```

BoxConstraints 还提供了一些其他的构造函数，用于快速生成特定限制规则的 BoxConstraints。比如，BoxConstraints.tight 可以用于生成固定宽高限制的 BoxConstraints，BoxConstraints.expand 可以用于生成一个尽可能大的用以填充另一个容器的 BoxConstraints。

除此之外，Flutter 还提供了一些约束限制子组件大小的组件，如 SizedBox、ConstrainedBox 等。ConstrainedBox 主要用于对子组件添加额外的约束，代码如下：

```
ConstrainedBox(
  constraints: BoxConstraints(
    minWidth: double.infinity,              //宽度尽可能大
    minHeight: 50.0                         //最小高度为 50 像素
  ),
  child: Container(
    height: 5.0,
    child: redBox,
  ),
)
```

在上面的例子中，虽然将 Container 的高度设置为 5 像素，但最终显示的高度却是 50 像素，这是因为 ConstrainedBox 的最小高度限制为 50 像素。

除此之外，还可以使用 SizedBox 组件来给子元素指定固定的宽和高，SizedBox 可以认为是 ConstrainedBox 的一种定制写法。

实际上，不管是 ConstrainedBox 还是 SizedBox 都是通过 RenderConstrainedBox 来完成渲染的，因为它们都有调用 createRenderObject 方法并返回一个 RenderConstrainedBox 对象，对应的代码如下：

```
@override
RenderConstrainedBox createRenderObject(BuildContext context){
  return RenderConstrainedBox(
    additionalConstraints: ...,
  );
}
```

4.5.2 线性布局

所谓线性布局，是指沿水平或者垂直方向排列子组件的一种布局方式。Flutter 使用 Row 和 Column 组件来实现线性布局，效果类似于 Android 开发中的 LinearLayout 控件。

事实上，线性布局是有主轴和纵轴之分的。如果布局沿水平方向，那么主轴就是水平方向，而纵轴则是垂直方向；如果布局沿垂直方向，那么主轴就是垂直方向，而纵轴就是水平方向。同时，在线性布局中，有两个定义对齐方式的枚举类 MainAxisAlignment 和 CrossAxisAlignment，分别用来代表主轴和纵轴的对齐方式。

Row 组件主要用来沿水平方向排列其子组件，因此水平方向就是主轴，垂直方向就是纵轴，Row 支持的常见的属性如下。

（1）textDirection：水平方向子组件的布局顺序，默认为系统环境的文本方向，如中文、

英语都是从左往右，而阿拉伯语是从右往左。

（2）mainAxisSize：在水平方向占用的空间，默认为MainAxisSize.max，表示尽可能多地占用水平方向的空间。

（3）mainAxisAlignment：表示子组件在Row所占用的水平空间内对齐方式。

（4）verticalDirection：在纵轴的对齐方向，默认是VerticalDirection.down，表示从上到下。

（5）crossAxisAlignment：子组件在纵轴方向的对齐方式。

（6）children：Row的子组件数组。

Row组件主要用来在水平方向上排列子组件，因此使用时只需要将子组件添加到children属性中即可，如下所示：

```
Row(
    mainAxisAlignment: MainAxisAlignment.center,
    children: <Widget>[
       Text("Hello world "),
       Image.asset("assets/images/logo.png")
       ...
     ],
  ),
```

在上面的代码中，Row的子组件由一个文本和图片构成，运行代码后，效果如图4-8所示。

图4-8　Row组件使用示例

Column表示在垂直方向排列其子组件，参数和Row基本上是一样的，不同的是布局方向为垂直方向。

需要说明的是，如果Row里面嵌套Row或者Column里面嵌套Column，那么只有最外面的Row或者Column会占用尽可能大的空间，里面Row或者Column所占用的空间为实际的大小。

4.5.3　弹性布局

所谓弹性布局，指的是一种允许子组件按照一定比例来分配父容器空间的布局方式，弹性布局为基于盒子模型的布局提供了最大的灵活性。其作用类似于Android开发中的FlexboxLayout或者Web开发中的FlexBox。在Flutter开发中，实现弹性布局通常需要用到Flex和Expanded两个组件，并且它们需要配合使用。

Flex组件的作用就是能够沿着水平或垂直方向排列其子组件，假如已经知道主轴方向，那么使用Row或Column组件会便利一些，因为Row和Column组件都承继自Flex，Flex组件的构造函数如下所示。

```
Flex({
  required this.direction,
  List<Widget> children = const <Widget>[],
  ...
})
```

Expanded 组件用来表示所占 Flex 父容器的剩余空间，它有一个 flex 参数，用来表示所占父容器的比例，构造函数如下：

```
Expanded({
  int flex = 1,          //弹性系数
  required Widget child,
})
```

如果 flex 的值为 0，则表示不会占用屏幕的剩余空间；如果 flex 的值大于 0，则所有的 Expanded 按照比例来分割主轴的全部空闲空间，代码如下：

```
Flex(
    direction: Axis.horizontal,
    children: [
        Expanded(
          flex: 1,
          child: Container(
            height: 80.0,
            color: Colors.red,
            child: const Center(child: Text('红色')),
          ),
        ),
        Expanded(
          flex: 2,
          child: Container(
            height: 80.0,
            color: Colors.green,
            child: const Center(child: Text('绿色')),
          ),
        ),
    ],
  )
```

当运行上面的代码时，会看到在水平方向上，红色的块占了 1/3，绿色的块占了 2/3，如图 4-9 所示。

图 4-9　Row 组件使用示例

4.5.4　流式布局

在 Flutter 的布局开发中，如果子组件超出屏

幕范围则会报溢出错误，此时就需要用到流式布局，流式布局也被称为自适应布局，它能够在子组件超出屏幕显示范围后自动折行。在Flutter开发过程中，实现流式布局需要用到Wrap和Flow两个组件。

Wrap组件主要用在当显示的内容超出屏幕显示范围后需要自动折行的场景中，其构造函数如下：

```
Wrap({
  ...
  this.direction = Axis.horizontal,
  this.alignment = WrapAlignment.start,
  this.spacing = 0.0,
  this.runAlignment = WrapAlignment.start,
  this.runSpacing = 0.0,
  this.crossAxisAlignment = WrapCrossAlignment.start,
  this.textDirection,
  this.verticalDirection = VerticalDirection.down,
  List<Widget> children = const <Widget>[],
})
```

可以看到，Wrap的很多属性和Row、Column是一样的。事实上，不管是Wrap还是Row、Column，它们都继承自MultiChildRenderObjectWidget基类，区别是在子组件的排布规则上略有差别。

Wrap组件的使用方式和Row、Column的使用基本上是一样的，如果子组件超出屏幕范围，只需要使用Wrap组件包裹即可，代码如下：

```
Wrap(
  children: [
      Text("Hello"*50)
    ],
  )
```

除了Wrap组件，还可以使用Flow组件来实现流式布局开发。不过，Flow组件使用上过于复杂，需要开发者自定义一些布局策略，因此不建议使用。

当然，Flow组件也并非一无是处，当无法使用Wrap组件完成流式布局开发工作时，就可以考虑使用Flow组件，Flow组件的构造方法如下：

```
Flow({
    Key key,
    @required this.delegate,
    List<Widget> children = const <Widget>[],
  })
```

可以看到，Flow组件有一个必传属性delegate，用来限制子组件的排列规则。在实现

自定义排列规则时，需要继承 FlowDelegate 基类，并重写 getSize 和 shouldRepaint 两个方法，代码如下：

```
class TestFlowDelegate extends FlowDelegate {
  EdgeInsets margin;
  TestFlowDelegate({this.margin = EdgeInsets.zero});
  double width = 0;
  double height = 0;

  @override
  void paintChildren(FlowPaintingContext context){
    var x = margin.left;
    var y = margin.top;
    for (int i = 0; i < context.childCount; i++){
      var w = context.getChildSize(i)!.width + x + margin.right;
      if (w < context.size.width){
        context.paintChild(i, transform: Matrix4.translationValues(x,
y, 0.0));
        x = w + margin.left;
      } else {
        x = margin.left;
        y += context.getChildSize(i)!.height + margin.top + margin
.bottom;
        context.paintChild(i, transform: Matrix4.translationValues(x,
y, 0.0));
        x += context.getChildSize(i)!.width + margin.left + margin.right;
      }
    }
  }

  @override
  Size getSize(BoxConstraints constraints){
    return const Size(double.infinity, 200.0);
  }

  @override
  bool shouldRepaint(FlowDelegate oldDelegate){
    return oldDelegate != this;
  }
}
```

可以看到，TestFlowDelegate 里面最重要的方法就是 paintChildren 方法，此方法主要的作用就是定制子控件规则。在此示例代码中，paintChildren 最核心的功能就是确定子组件在父容器的位置。完成自定义排列规则后，接下来只需要在 Flow 组件中引入这个规则即可，如下所示：

```
Flow(
    delegate: TestFlowDelegate(margin: const EdgeInsets.all(10.0)),
    children: <Widget>[
      Container(width: 80.0, height:80.0, color: Colors.red,),
      Container(width: 80.0, height:80.0, color: Colors.green,),
      Container(width: 80.0, height:80.0, color: Colors.blue,),
      ...
     ],
  )
```

运行上面的代码，效果如图 4-10 所示。

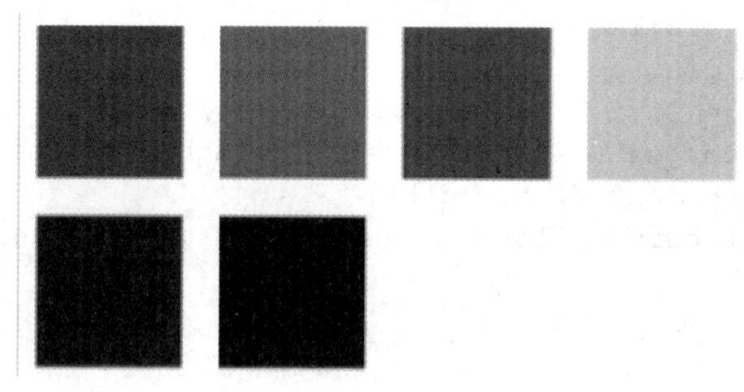

图 4-10　Flow 组件使用示例

4.5.5　层叠布局

层叠布局又叫帧布局，它允许子组件按照在代码中的声明顺序进行堆叠，然后根据距离父容器四个角的位置来确定自身的位置，和 Web 开发的绝对定位和 Android 开发中的 FrameLayout 的作用是一样的。

在 Flutter 布局开发中，可以使用 Stack 和 Positioned 这两个组件来实现绝对定位。其中，Stack 主要用于子组件的堆叠，而 Positioned 则用于根据 Stack 的四个角来确定子组件的位置。Stack 组件的构造函数如下：

```
Stack({
  this.alignment = AlignmentDirectional.topStart,
  this.textDirection,
  this.fit = StackFit.loose,
  this.clipBehavior = Clip.hardEdge,
  List<Widget> children = const <Widget>[],
})
```

Stack 组件支持的属性含义解释如下：

alignment：决定如何去对齐或定位子组件。

textDirection：用于确定 alignment 对齐方向，支持从左往右和从右往左的对齐顺序。

fit：此参数用于决定子组件以何种方式去适应 Stack 容器的大小。

clipBehavior：此属性决定对超出 Stack 显示空间的部分如何剪裁。

使用 Stack 组件进行层叠布局开发时，先排列的子组件会显示在屏幕的底部，后排列的则会显示在屏幕的上部。下面是一个使用 Stack 组件实现层叠布局效果的示例。

```
Stack(
    alignment: Alignment.center,
    children:[
      Container(width: 200.0, height:150.0, color: Colors.blue),
      Image.asset("assets/images/ic_flutter.webp",height: 80, width: 150),
      ],
  )
```

运行上面的代码，会看到图片显示在蓝色方块上面，效果如图 4-11 所示。

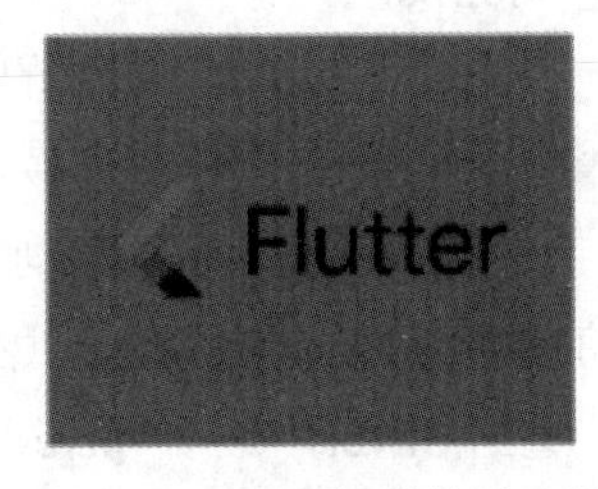

图 4-11　Stack 组件使用示例

在 Flutter 开发中，如果需要将子组件固定在屏幕的某个位置，那么除了需要用到 Stack 组件外，还需要使用到 Positioned 组件，Positioned 组件的构造函数如下：

```
const Positioned({
  Key? key,
  this.left,
  this.top,
  this.right,
  this.bottom,
  this.width,
  this.height,
  required Widget child,
})
```

可以看到，Positioned 组件的 left、top、right、bottom 四个属性就是用来固定位置的，分别代表距离 Stack 左、上、右、底四边的距离。并且在层叠布局开发过程中，Positioned 组件需要和 Stack 组件配合使用才能达到效果，代码如下：

```
Stack(
  alignment: Alignment.center,
  children:[
      Container(width: 200.0, height:150.0, color: Colors.blue,),
      const Positioned(left: 10.0, child: Text("Hello")),
      const Positioned(top: 20.0, child: Text("I am Jack"))
  ],
)
```

4.6 可滚动组件

4.6.1 Sliver 布局模型

Flutter 的布局模型可以分为两种，分别是基于 RenderBox 的盒布局模型和基于 Sliver 的按需加载列表布局模型。在盒布局模型中，父级组件会对子级组件添加很多的约束控制条件，而 Sliver 则主要用在按需加载的列表场景中。

基于 Sliver 的按需加载布局模型主要由 Scrollable、Viewport 和 Sliver 三部分构成，它们的含义如下。

（1）Scrollable：用于处理滑动手势，确定滑动偏移量，并在滑动偏移量发生变化时构建 Viewport。

（2）Viewport：显示的视窗，即列表的可视区域。

（3）Sliver：视窗里显示的元素，对应 Flutter 的 RenderBox。

在基于 Sliver 的按需加载模型中，Scrollable 在监听到用户滑动行为后会根据最新的滑动偏移量构建 Viewport，然后 Viewport 将当前视口信息和配置信息通过 SliverConstraints 传递给 Sliver，最后 Sliver 对子组件按需进行构建和布局，并确认自身的位置、绘制等信息。例如，图 4-12 是 ListView 组件按需加载 Sliver 布局模型示意图。

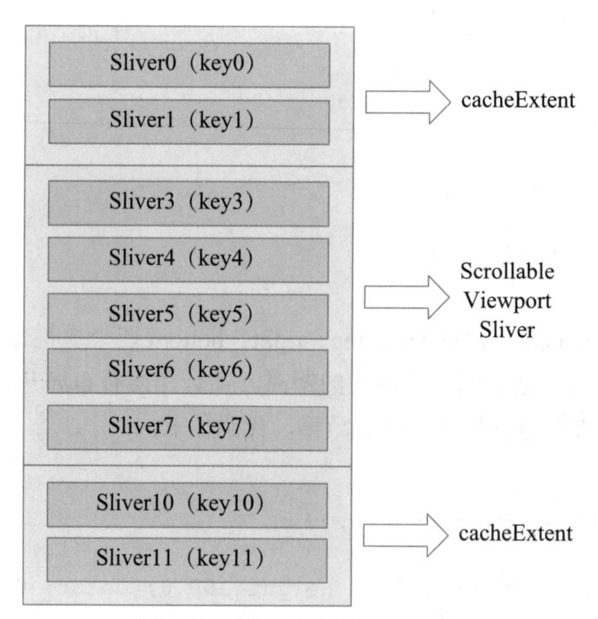

图 4-12　Sliver 布局模型示意图

可以看到，在 Sliver 布局模型中，浅色的中间区域为设备屏幕的区域，也是 Scrollable、Viewport 和 Sliver 所占用的空间，而顶部和底部的深色区域为 cacheExtent，表示预渲染区域。cacheExtent 的默认值是 250，在构建可滚动列表时可以指定这个值，而这个值最终会传给Viewport。

4.6.2 SingleChildScrollView

使用Flutter进行页面开发时，如果需要展示的内容超过了屏幕的最大显示高度，就会报溢出错误，此时可以使用SingleChildScrollView包裹需要渲染的内容来解决此问题。

作为一个可滚动的容器组件，SingleChildScrollView组件只能包含一个子组件，作用类似于Android开发中的ScrollView组件或者iOS开发中的UIScrollView组件。SingleChildScrollView组件的构造函数如下：

```
SingleChildScrollView({
  this.scrollDirection = Axis.vertical,
  this.reverse = false,
  this.padding,
  bool primary,
  this.physics,
  this.controller,
  this.child,
})
```

SingleChildScrollView组件的属性说明如下。

（1）scrollDirection：滚动方向，默认为垂直方向。

（2）primary：是否与父容器关联滚动。

（3）physics：设置物理滚动效果。

（4）controller：用来监听和控制滚动的位置，如果primary属性的值为true，此属性默认为null。

SingleChildScrollView组件属于功能比较简单的可滚动组件，只需要将它套在需要展示的组件外面即可，代码如下：

```
String str = "ABCDEFGHIJKLMNOPQRSTUVWXYZ";

SingleChildScrollView(
  child: Center(
      child: Column(
        children: str.split("").map((c) => Text(c,textScaleFactor: 2.0))
.toList(),
      ),
  ),
)
```

需要说明的是，SingleChildScrollView组件不支持基于Sliver的延迟加载模型，所以性能损耗较高，如果需要支持Sliver延迟加载模型，可以使用ListView这种带有缓存和复用功能的组件。

4.6.3 ListView

ListView组件是Flutter开发中最常用的可滚动组件之一，它可以沿一个方向线性排布所包含的子组件，其作用类似于Android开发中的RecycleView组件或者iOS开发中的UICollectionView。并且，ListView组件支持列表项懒加载，以及子元素的缓存和复用，因此渲染的性能很高。构造函数定义如下：

```
ListView({
  ...
  //可滚动Widget公共参数
  Axis scrollDirection = Axis.vertical,
  bool reverse = false,
  ScrollController? controller,
  bool? primary,
  ScrollPhysics? physics,
  EdgeInsetsGeometry? padding,

  //ListView各个构造函数的共同参数
  double? itemExtent,
  Widget? prototypeItem,
  bool shrinkWrap = false,
  bool addAutomaticKeepAlives = true,
  bool addRepaintBoundaries = true,
  double? cacheExtent,

  //子Widget列表
  List<Widget> children = const <Widget>[],
})
```

可以看到，除了可滚动组件的公共属性，ListView组件还包括如下一些常用属性。

（1）itemExtent：子元素的大小，如果滚动方向是垂直方向则itemExtent表示子组件的高度；如果滚动方向为水平方向则itemExtent表示子组件的宽度。

（2）prototypeItem：子元素的高度，和itemExtent的作用类似，但与itemExtent属性互斥。

（3）shrinkWrap：是否根据子组件的总长度来设置ListView的长度，默认值为false，在无限长容器里必须设置为true。

（4）cacheExtent：列表缓存的大小，默认缓存250的高度。

为了满足不同使用场景，ListView组件一共提供了4个构造函数。也就是说，可以使用根据这4个构造函数来创建不同的列表，说明如下。

（1）ListView()：默认的构造函数，只需要给 children 属性添加子元素即可创建列表。

（2）ListView.builder()：适用于列表项比较多或者列表项不确定的场景。

（3）ListView.separated()：用于生成带分割线的列表。

（4）ListView.custom()：用于创建自定义的列表，其中 childrenDelegate 参数是必传的值，类型为 SliverChildDelegate。

事实上，除了默认的构造函数，ListView 组件的其他几个构造函数的使用方式基本都差不多。下面以 ListView.separated 为例说明如何创建一个高性能的列表，代码如下：

```
class ListViewPage extends StatelessWidget {

  Widget divider = const Divider(color: Colors.grey,);

  @override
  Widget build(BuildContext context){
    return ListView.separated(
      itemCount: 20,
      itemBuilder: (BuildContext context, int index){
        return ListTile(title: Center(child: Text("Item $index")));
      },
      separatorBuilder: (BuildContext context, int index){
        return divider;
      },
    );
  }
}
```

运行上面的代码，效果如图 4-13 所示。

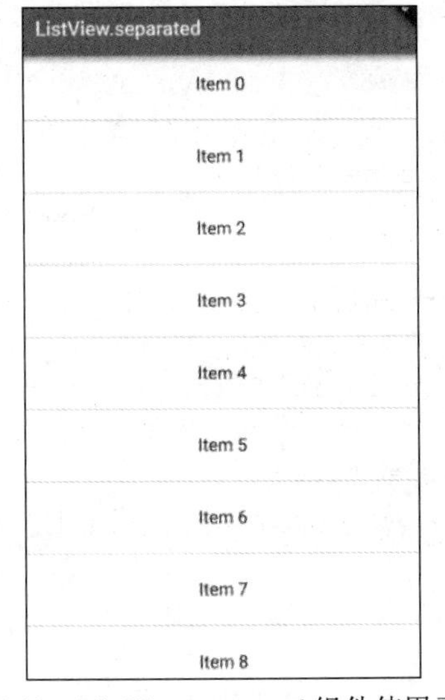

图 4-13　ListView.separated 组件使用示例

4.6.4 滚动监听

在 Flutter 的渲染模型中，Widget 并不是最终渲染到屏幕上的元素，GPU 真正渲染的元素是 RenderObject，因此监听事件以及渲染数据是不能直接从 Widget 中获取的，而需要通过对应 Widget 的 Controller 来进行获取。对于可滚动组件来说，可以通过 ScrollController 来获取滚动的位置数据，ScrollController 构造函数如下：

```
ScrollController({
  double initialScrollOffset = 0.0,        //初始滚动位置
  this.keepScrollOffset = true,            //是否保存滚动位置
  ...
})
```

由于 ScrollController 间接地继承自 Listenable，所以可以使用 addListener 函数来监听滚动事件。除此之外，ScrollController 提供了如下一些操作方法。

（1）jumpTo：滚动到指定位置，需要指定滚动的偏移量。

（2）animateTo：滚动到指定位置，与 jumpTo 的区别是需要添加一个跳转动画。

（3）attach：将创建的 ScrollPosition 添加到 ScrollController 的 positions 属性中，只有注册后 animateTo 和 jumpTo 才可以被调用，默认已经添加注册。

例如，下面是使用 ScrollController 实现可滚动组件滚动事件监听和控制滚动位置的例子，代码如下：

```
class ScrollControllerPageState extends State<ScrollControllerPage>{
  final ScrollController _controller = ScrollController();
  bool showToTopBtn = false;

  @override
  void initState(){
    super.initState();
    _controller.addListener((){
      if (_controller.offset < 150 && showToTopBtn){
        setState((){
          showToTopBtn = false;
        });
      } else if (_controller.offset >= 150 && showToTopBtn == false){
        setState((){
          showToTopBtn = true;
        });
      }
    });
  }
```

```
    @override
    Widget build(BuildContext context){
      return Scaffold(
        appBar: AppBar(title: const Text("ScrollController")),
        body: Scrollbar(
          child: ListView.separated(
            itemCount: 100,
            controller: _controller,
            itemBuilder: (BuildContext context, int index){
              return ListTile(title: Center(child: Text("Item $index")));
            },
            separatorBuilder: (BuildContext context, int index){
              return const Divider(color: Colors.grey);
            },
          ),
        ),
        floatingActionButton: !showToTopBtn ? null : FloatingActionButton(
            child: const Icon(Icons.arrow_upward),
            onPressed: (){
              _controller.jumpTo(0);
            }
        ),
      );
    }
  }
```

可以看到，在上面的示例代码中，我们构建了一个有100个子元素的列表，接着我们使用ScrollController的addListener函数来监听滚动事件，当列表滚动到150像素的偏移量时，右下角返回按钮会显示出来，单击返回按钮列表会滚动到初始位置。运行上面的代码，效果如图4-14所示。

同时，可滚动组件在滚动时还会发送一个ScrollNotification类型的通知，可以使用它来监听滚动的状态，ScrollBar组件就是通过监听滚动通知来实现的。使用ScrollController和NotificationListener监听滚动事件主要有以下区别。

（1）NotificationListener可以对Widget树的任意位置执行监听，ScrollController则只能监听关联可滚动组件。

（2）NotificationListener执行滚动事件监听时，通知会携带当前滚动位置和ViewPort的信息，而ScrollController只能获取当前滚动位置的信息。

例如，下面是使用NotificationListener监听ListView的滚动通知，然后显示当前滚动进度百分比的例子，代码如下：

```
class ScrollNotificationPageState extends State<ScrollNotificationPage>{
```

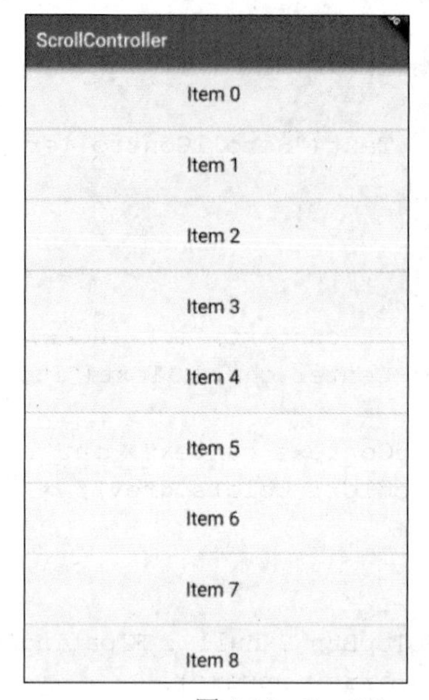

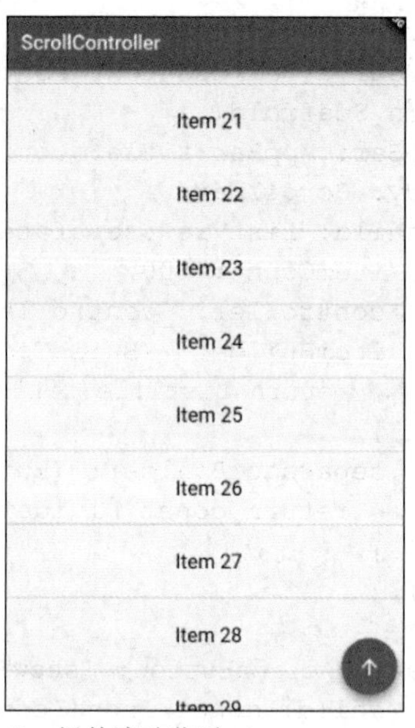

图 4-14 ScrollController 组件滚动监听

```
String _progress = "0%";

@override
Widget build(BuildContext context){
  return Scaffold(
    body: Scrollbar(
      child: NotificationListener<ScrollNotification>(
        onNotification:(ScrollNotification notification){
          double progress = notification.metrics.pixels/
              notification.metrics.maxScrollExtent;
          setState((){
            _progress = "${(progress * 100).toInt()}%";
          });
          return false;
        },
        child: Stack(
          alignment: Alignment.center,
          children: <Widget>[
            ListView.separated(
              itemCount: 100,
              itemBuilder: (BuildContext context, int index){
                return ListTile(title: Center(child: Text("Item 
$index")));
              },
              separatorBuilder: (BuildContext context, int index){
                return const Divider(color: Colors.grey);
```

```
                  },
                ),
                CircleAvatar(radius: 45.0, backgroundColor: Colors.black54,
                  child: Text(_progress),
                )
              ],
            ),
          ),
        ),
      );
    }
  }
```

可以看到，NotificationListener 接收的滚动事件类型是 ScrollNotification，它包括一个 metrics 属性，该属性包含当前 ViewPort 及滚动位置等信息。运行上面的代码，效果如图 4-15 所示。

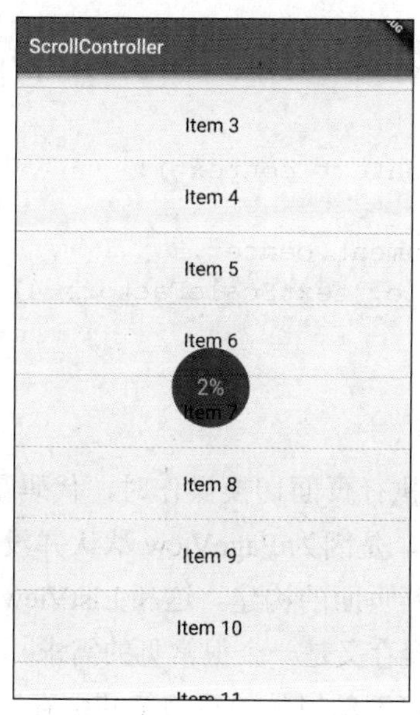

图 4-15　NotificationListener 组件滚动监听示例

4.6.5 PageView

PageView 是一个滑动视图列表组件，可以用它实现页面切换和 Tab 布局切换开发，作用类似于 Android 开发中的 ViewPage 组件或 iOS 开发中的 UIViewPage 组件。

使用 PageView 组件实现页面切换时，只需要传入 children、scrollDirection 等必需的参数即可，代码如下：

```
class PageViewPageState extends State<PageViewPage>{
```

```
  @override
  Widget build(BuildContext context){
    List<Page> pageList = [];
    for(int i = 0; i < Colors.primaries.length; i++){
      pageList.add(Page(title: "$i"));
    }
    return Scaffold(
      body: PageView(
        scrollDirection: Axis.horizontal,
        children: pageList,
      ),
    );
  }
}

class Page extends StatelessWidget {

  final String title;
  const Page({Key? key, required this.title}) : super(key: key);

  @override
  Widget build(BuildContext context){
    return Container(
      alignment: Alignment.center,
      child: Text(title, textScaleFactor: 4),
    );
  }
}
```

运行上面的代码，当我们执行页面切换操作时，代码默认触发了页面的构建（build）操作。之所以会触发页面构建，是因为PageView默认并没有缓存功能，一旦页面滑出屏幕它就会被销毁，并且会触发新页面的构建，这和ListView组件提供的预渲染和缓存是不一样的。而实际开发中，页面缓存又是一个很常见的需求。

在ListView、GridView等可滚动组件的预渲染和缓存逻辑中，需要手动指定ViewPort范围之外的预渲染和缓存大小，即cacheExtent参数。所以，为了实现PageView组件的缓存，需要给PageView组件添加一个cacheExtent属性，而cacheExtent是Viewport的一个配置属性。

打开PageView组件的源码，会发现PageView在创建Viewport的过程中有一段如下的代码：

```
child: Scrollable(
  ...
  viewportBuilder:(BuildContext context, ViewportOffset position){
```

```
      return Viewport(
        cacheExtent: widget.allowImplicitScrolling ? 1.0 : 0.0,
        cacheExtentStyle: CacheExtentStyle.viewport,
        ...
      );
    },
  )
```

PageView 虽然没有提供 cacheExtent 属性，但是在源码内部却提供了预渲染的相关逻辑，我们可以修改 allowImplicitScrolling 的值来开启预渲染功能。

需要说明的是，PageView 源码中缓存类型为 CacheExtentStyle.viewport，表示缓存 Viewport 的宽度，当 cacheExtent 的值为 1.0 时，则代表前后各缓存一个页面宽度，即前后各一页。

所以，只需要将 PageView 的 allowImplicitScrolling 参数设置为 true 就可以缓存前后两页，进而实现缓存功能。当然，也可以将 PageView 的源码复制一份，然后通过透传 cacheExtent 参数也是可以实现缓存功能的。

4.6.6 CustomScrollView

在移动应用的开发过程中，可能会遇到需要在同一个页面包含多个可滚动组件的开发需求。针对这类场景，可能需要处理多个可滚动组件之间的滑动冲突问题，使得滚动过程中不会出现任何滑动冲突。

举个例子，假如在同一个页面中有两个 ListView 组件，那如何解决它们滑动时的冲突问题呢？此时，需要用到另一个组件，即 CustomScrollView 组件。之所以能够解决多组件的滑动冲突，是因为 CustomScrollView 组件内部创建一个公共的 Scrollable 和 Viewport 对象，它的 slivers 参数可以接受一个 Sliver 数组，代码如下：

```
Widget buildList(){
  return SliverFixedExtentList(
    itemExtent: 50,
    delegate: SliverChildBuilderDelegate(
          (_, index) => ListTile(title: Text('$index')),
      childCount: 10,
    ),
  );
}

@override
Widget build(BuildContext context){
  return Scaffold(
    body: CustomScrollView(
```

```
        slivers: [buildList(),buildList()],
      ),
    );
  }
```

可以看到，CustomScrollView 通过提供一个公共的 Scrollable 和 Viewport 对象来组合多个 Sliver 对象，从而解决滑动过程中的冲突。

事实上，为了解决在同一个页面中使用可滚动组件造成的冲突，Flutter 官方针对不同的可滚动组件提供了多个对应的 Sliver，如表 4-2 所示。

表 4-2　可滚动组件对应的 Sliver

可滚动组件	描　述	对应的 Sliver
ListView	列表组件	SliverList
AnimatedList	带有动画的列表组件	SliverAnimatedList
GridView	网格组件	SliverGrid
PageView	支持左滑切换页面组件	SliverFillViewport
AppBar	标题栏组件	SliverAppBar

例如，下面是使用 CustomScrollView 组件配合 SliverAppBar 组件实现标题栏伸缩效果的示例，代码如下：

```
class SliverScrollViewPage extends StatelessWidget {

  Widget buildAppBar(){
    return const SliverAppBar(
      pinned: true,
      expandedHeight: 200.0,
      flexibleSpace: FlexibleSpaceBar(
        title: Text('Sliver'),
        background: Image(image: NetworkImage('xxx')),
      ),
    );
  }

  Widget buildList(){
    return SliverFixedExtentList(
      delegate: SliverChildBuilderDelegate(
        (BuildContext context, int index){
          return Container(
            alignment: Alignment.center,
            child: Text('list item $index'),
```

```
          );
        },
        childCount: 20,
      ),
      itemExtent: 55.0,
    );
  }

  @override
  Widget build(BuildContext context){
    return Scaffold(
      body: CustomScrollView(
        slivers: [buildAppBar(), buildList()],
      ),
    );
  }
}
```

在上面的示例中，为了实现将标题栏固定到屏幕顶部的效果，需要将 SliverAppBar 组件的 pinned 属性设置为 true，同时设置 expandedHeight 的高度。并且为了解决多个可滑动组件的滑动冲突，还需要在最外层使用 CustomScrollView 组件进行包裹。运行上面的代码，效果如图 4-16 所示。

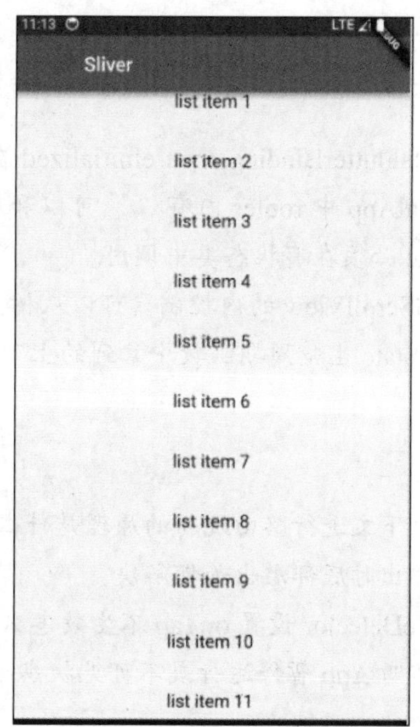

图 4-16　SliverAppBar 组件使用示例

4.7 习题

一、选择题

1. 下面哪些组件具备居中功能？（　　）

A. Container　　B. Center　　C. Align　　D. Card

2. Textfield 需要设置哪些属性才能实现无限换行和扩展高度？（　　）

A. expands　　B. maxLength　　C. textAlign　　D. maxLines

3. Text 组件有哪些属性不能为空？（　　）

A. data　　B. style　　C. overflow　　D. maxLines

4. 下面对 StatefulWidget 中 createState 方法描述正确的是（　　）。

A. 在树中的给定位置为此小部件创建可变状态

B. 框架可以在整个生命周期中多次调用此方法

C. 如果将小部件从树中删除，并且稍后再次插入树中，框架将调用 createState 再次创建一个新的 State 对象

D. 没啥实际作用

5. 下面属于 Sliver 系列组件有哪些？（　　）

A. SliverToBoxAdapter　　B. SliverAppBar

C. SliverListView　　D. Image

二、判断题

1. WidgetsFlutterBinding.ensureInitialized 在 runApp 之后调用。（　　）

2. MaterialApp 中 router 内有“/”可以和 home 属性共存。（　　）

3. setState 必须在有状态类中调用。（　　）

4. NestedScrollView 的内控制器可以从树上找。（　　）

5. 在 initState 生命周期函数中拿到的上下文和 build 生命周期函数拿到的上下文是一样的。（　　）

三、简述题

1. 无须上下文进行路由跳转的原理是什么？

2. 键盘弹出时底部溢出如何解决？

3. GestureDetector 设置 onTap 不生效怎么解决？

4. 如何监听 App 暂停运行或不可见状态事件？

四、操作题

熟悉 Flutter 常用组件，开发一个登录页面并对本地输入进行校验。

第5章 事件处理

5.1 指针事件

5.1.1 基本概念

在移动终端开发过程中，一件必不可少的工作就是处理与用户的交互行为。为了响应用户的事件行为，Android 和 iOS 系统都提供对应的事件操作 API。而 Flutter 作为一个跨平台框架，自然也是具备事件处理功能的，事实上，Flutter 的事件处理主要分为两大类，一类是指针事件，另一类是手势识别。

在移动开发中，各个终端平台在处理原始指针事件的流程上基本是一致的，即一次完整的指针事件主要由手指按下、手指移动和手指抬起三个阶段组成，而更高级别的手势（如单击、双击、拖动等）都是基于这些原始事件的。

在 Flutter 的原始指针事件模型中，当手指接触屏幕时，Flutter 会对应用程序执行一次命中测试，以确定指针与屏幕接触的位置上究竟有哪些组件，然后通过命中测试交给最内部的组件去处理，这和 Web 开发中浏览器的事件冒泡机制是一致的。

事实上，为了方便处理和响应手指按下、移动和抬起事件，Flutter 官方提供了 PointerDownEvent、PointerMoveEvent 和 PointerUpEvent 等指针事件对象，它们都是 PointerEvent 子类。在 Flutter 的指针事件模型中，PointerEvent 是原始指针事件的基础类，包含如下一些指针信息。

（1）position：坐标的偏移量，用来确定事件触发的位置。

（2）delta：两次指针移动事件的距离。

（3）pressure：按压力度，用于返回压力值，如果手机无压力则传感器返回值 1。

（4）orientation：指针移动方向，是一个角度值。

除此之外，PointerEvent 还提供了 behavior 属性，用来决定子组件以何种方式响应命中测试，它的值是一个值为 HitTestBehavior 的枚举类型，取值如下。

（1）deferToChild：子组件依次执行命中测试，如果有子组件通过命中测试，则对应的子组件响应指针事件，并且对应的父组件也会收到指针事件通知。

（2）opaque：执行命中测试时，指针事件不需要传递，当前区域即为需要响应的区域。

（3）translucent：组件自身和底部可视区域都需要响应命中测试，即组件本身和底部组件都会接收到指针事件。

5.1.2 Listener 组件

为了方便在项目中监听原始触摸事件，Flutter 提供了一个 Listener 组件，该组件是对 PointerEvent 进行的深度包装，构造函数定义如下：

```
Listener({
  Key key,
  this.onPointerDown,
  this.onPointerMove,
  this.onPointerUp,
  this.onPointerCancel,
  this.behavior = HitTestBehavior.deferToChild,
  Widget child
})
```

实际使用过程中，只需要将 Listener 组件套在需要监听的组件外面即可。下面是一个使用 Listener 组件监听原始指针事件的例子，代码如下：

```
class PointEventPageStateextends State<PointEventPage>{
  PointerEvent? _event;

  @override
  Widget build(BuildContext context){
    return Listener(
      child: Container(
        alignment: Alignment.center,
        width: double.infinity,
        height: 200.0,
        child: Text('${_event?.localPosition ?? ''}'
        ),
      ),
      onPointerDown:(PointerDownEvent event) => setState(() => _event =
event),
      onPointerMove:(PointerMoveEvent event) => setState(() => _event =
event),
      onPointerUp:(PointerUpEvent event) => setState(() => _event =
event),
```

```
    );
  }
}
```

运行上面的代码，当手指在屏幕上移动时，就可以看到屏幕上输出手指相对于容器的位置数据，效果如图 5-1 所示。

Offset(182.9, 95.7)

图 5-1　Listener 组件使用示例

5.1.3　忽略指针事件

有时需要阻断某个子组件响应 PointerEvent 原始指针事件，那么只需要使用 IgnorePointer 或 AbsorbPointer 组件包裹自组件即可。需要说明的是，尽管这两个组件都能阻止子组件接收指针事件，但是它们有细微的差别。即 AbsorbPointer 组件本身会参与命中测试，而 IgnorePointer 组件则不会参与，这也就意味着 AbsorbPointer 组件是可以接收指针事件的，而 IgnorePointer 组件不可以接收指针事件，代码如下：

```
Listener(
  child: AbsorbPointer(
    child: Listener(
      child: Container(
        width: double.infinity, height: 200.0,
      ),
      onPointerDown:(event)=>print("in"),
    ),
  ),
  onPointerDown:(event)=>print("out"),
)
```

运行上面的代码，然后单击方块区域会发现，控制栏会不断地输出字符串 out 的日志，而字符串 in 则不会输出出来。

之所以出现这样的现象，是因为使用 AbsorbPointer 包裹的子组件不会响应指针事件，但是 AbsorbPointer 本身是可以接收指针事件的，所以会不断地输出字符串 out。并且，如果将 AbsorbPointer 组件换成 IgnorePointer 组件，那么不管是子组件还是 IgnorePointer 自身都不会响应指针事件。

5.2　手势识别

5.2.1　基本概念

在 Flutter 开发过程中，可以使用 Listener 组件来监听原始指针事件，不过这是一种非常原始的方式，不利于在工程开发中直接使用，比如直接使用原始指针事件来判断用户是否在拖曳或者缩放状态就比较困难。为此，Flutter官方基于原始指针事件封装了更为高级的Gesture API。

Gesture API代表手势语义的抽象，主要包含onTap、onDoubleTap、onPanUpdate、onLongPress和onScalUpdate等手势行为。为了方便开发者在项目中监听手势行为，Flutter官方提供了GestureDetector、GestureRecognizer等手势识别组件。

和Listener组件的使用方式一样，只需要将GestureDetector组件嵌套在需要处理监听手势行为的子组件外面即可，代码如下：

```
GestureDetector(
  child: Container(
    color: Colors.blue,
    width: double.infinity, height: 200.0,
  ),
  onTap: ()=>print("onTap"),
)
```

除了GestureDetector组件，大部分基础功能组件也集成了onTap手势识别函数，比如常见的Button、InkWell、ListView等组件。

5.2.2 常用事件

GestureDetector组件是Flutter提供的一个用于手势识别的功能组件，实现了原始指针事件的语义化封装，可以用它来识别各种手势，常见的有单击、双击、长按、拖曳、移动等，如表5-1所示。

表5-1 Listener组件使用示例

事件名	说明
onTapDown	接触屏幕时触发
onTapUp	离开屏幕时触发
onTap	单击屏幕时触发
onTapCancel	取消触发onTapDown事件
onDoubleTap	在同一位置连续击打两次时触发
onLongPress	在同一位置与屏幕长时间触摸时触发
onVerticalDragStart	在垂直方向上移动开始时触发
onVerticalDragUpdate	在垂直方向上移动时触发
onVerticalDragEnd	在垂直方向上移动结束时出发
onHorizontalDragStart	在水平方向上移动开始时触发
onHorizontalDragUpdate	在水平方向上移动时触发
onHorizontalDragEnd	在水平方向上移动结束时出发

需要注意的是，如果针对同一个组件同时使用 onTap 和 onDoubleTap 事件，那么将会触发事件冲突，onTap 事件处理会有 200ms 的延迟，即系统优先处理 onDoubleTap 事件，代码如下：

```
class GestureDetectorPageState extends State<GestureDetectorPage>{
  String operation = 'No Gesture';

  void updateGesture(String text){
    setState(() => operation = text);
  }

  @override
  Widget build(BuildContext context){
   return Scaffold(
         body: GestureDetector(
           child: Container(width: double.infinity, height: 200, child:
Text(operation),
           ),
           onTap: () => updateGesture('Tap...'),
           onDoubleTap: () => updateGesture('DoubleTap...'),
           onLongPress: () => updateGesture('LongPress...'),
         )
    );
  }
}
```

在手势响应过程中，除了基本的单击、双击和长按事件，移动、拖曳和缩放操作也是会经常遇到的，不过它们在使用方式上并没有什么差别，只需要使用诸如 onPanUpdate、onScaleUpdate 函数执行事件监听即可。

5.2.3 手势识别器

GestureDetector 之所以能够识别各种不同的手势，是因为在内部使用了手势识别器 GestureRecognizer。GestureRecognizer 在其内部封装了 Listener 原始指针事件，可以很容易地对各种手势进行识别。

GestureRecognizer 是一个抽象类，实际使用过程中需要先创建一个手势识别器的实例对象，然后再和组件进行绑定。比如，Text 组件是没有提供手势识别功能的，不过可以使用 TextSpan 来给 Text 组件添加手势识别功能，代码如下：

```
class GestureRecognizerState extends State<GestureRecognizerPage>{

  TapGestureRecognizer recognizer = TapGestureRecognizer();
```

```
    bool toggle = false;

    @override
    void dispose(){
      recognizer.dispose();
      super.dispose();
    }

    @override
    Widget build(BuildContext context){
      return Scaffold(
          body: Center(
              child: Text.rich(
                TextSpan(
                    text: '单击改变文字大小',
                    style: TextStyle(fontSize: toggle ? 20 : 40),
                    recognizer: recognizer..onTap = (){
                      setState((){
                        toggle = !toggle;
                      });
                    }
                ),
              )
          )
      );
    }
  }
```

运行上面的代码，单击文字即可改变文字的大小。事实上，除了 TextSpan 组件，很多其他的基础 Flutter 组件都可以使用 recognizer 属性来集成手势识别。并且，为了避免造成资源浪费，还需要在 dispose 生命周期函数中销毁创建的 GestureRecognizer 对象。

GestureDetector 组件之所以能够识别各种不同的手势事件，是因为在它内部使用了不同的手势识别器，比如 GestureRecognizer、RawGestureDetector 手势识别器。

GestureDetector 是一个无状态类型的组件，它的手势识别和事件处理都是在事件分发阶段进行的，并且为了实现手势识别功能，在它的 build 方法中还使用了 RawGesture Detector 手势识别器，代码如下：

```
@override
Widget build(BuildContext context){
  final  gestures = <Type, GestureRecognizerFactory>{};
  if (onTapDown != null ||onTapUp != null ||onTap != null ||
      ... //省略
  ){
```

```
      gestures[TapGestureRecognizer] = GestureRecognizerFactoryWithHandlers
<TapGestureRecognizer>(
          () => TapGestureRecognizer(debugOwner: this),
          (TapGestureRecognizer instance){
            instance
              ..onTapDown = onTapDown
              ..onTapUp = onTapUp
              ..onTap = onTap
              //省略
          },
        );
      }

    return RawGestureDetector(
      gestures: gestures,       //传入手势识别器
      behavior: behavior,       //Listener中的HitTestBehavior
      child: child,
    );
  }
```

需要说明是，在上面的代码解读中，我们对源码进行了部分精简，只保留单击手势识别器相关的代码。阅读源码可以发现，RawGestureDetector会通过Listener组件监听PointerDownEvent事件，相关代码如下：

```
  @override
  Widget build(BuildContext context){
    ...
    Widget result = Listener(
      onPointerDown: _handlePointerDown,
      behavior: widget.behavior ?? _defaultBehavior,
      child: widget.child,
    );
  }

  void _handlePointerDown(PointerDownEvent event){
    for(final GestureRecognizer recognizer in _recognizers!.values)
      recognizer.addPointer(event);
  }
```

接下来，以TapGestureRecognizer手势识别器为例来说明Flutter手势识别的流程。由于TapGestureRecognizer存在多层继承关系，为了便于说明，对系统源码进行归类处理，涉及的核心代码和方法如下：

```
  class CustomTapGestureRecognizer1 extends TapGestureRecognizer {
```

```
    void addPointer(PointerDownEvent event){
      GestureBinding.instance!.pointerRouter.addRoute(event.pointer,
handleEvent);
    }

    @override
    void handleEvent(PointerEvent event){
      //手势识别处理
    }

    @override
    void acceptGesture(int pointer){
      //竞争胜出调用
    }

    @override
    void rejectGesture(int pointer){
      //竞争失败调用
    }
  }
```

可以看到，当单击事件被触发后，系统会调用 TapGestureRecognizer 手势识别器的 addPointer 方法。同时，addPointer 方法会将 handleEvent 方法添加到 pointerRouter 中保存起来。经过上面的操作后，当手势发生变化时，只需要从 pointerRouter 中取出 handleEvent 中的手势事件进行手势识别即可。

正常情况下，同一个手势应该只有一个手势识别器生效，为了实现这一目的，手势识别引入了手势竞争的概念。

简单来说，每个手势识别器都是一个竞争者，当指针事件发生变化时，它们需要去竞争事件的处理权，只有竞争胜出的手势识别器才能获取系统的资源。并且，胜出者将会触发 acceptGesture 方法，其余的则会调用 rejectGesture 方法。

5.3 手势竞争与手势冲突

5.3.1 手势竞争

正常情况下，如果对一个组件同时监听水平和垂直方向的拖动手势，势必会引发手势冲突，而解决冲突的方式是判断两个轴上位移分量的大小，位移量大的在本次滑动事件竞争中胜出。

事实上，每一个手势识别器都是一个竞争者，当发生指针事件时，所有的手势识别器都要去竞争本次事件的处理权，只有最终竞争胜出的手势识别器才能获取事件的处理权，

如下所示。

```
GestureDetector(
  onTap:()=>print('out'),            //监听父组件 onTap 手势
  child:Container(
    width: 200,
    height: 200,
    color: Colors.blue,
    alignment: Alignment.center,
    child: GestureDetector(
      onTap: ()=>print("in"),        //监听子组件 onTap 手势
      child: Container(
        width: 100,
        height: 100,
        color: Colors.grey,
      ),
    ),
  ),
);
```

运行上面的代码，然后单击灰色区域时控制台只会输出字符串 in，这是因为当我们单击灰色区域时，灰色的区域在手势竞争中胜出；而单击蓝色的区域时控制台则会输出字符串 out，这是因为当我们单击蓝色区域时，蓝色的区域在手势竞争中胜出。

5.3.2 手势冲突

由于手势竞争最终只能有一个胜出者，所以当使用 GestureDetector 监听多种手势时也势必会产生手势冲突。假设有一个组件，它正在执行水平方向上左右拖动操作，现在我们执行手指按下和抬起操作，那它究竟优先响应哪个手势事件呢？代码如下：

```
class GestureConflictStateextends State<GestureConflictPage>{
  double _left = 0.0;

  @override
  Widget build(BuildContext context){
    return Stack(
      children: <Widget>[
        Positioned(
          left: _left,
          child: GestureDetector(
              child: Container(width: 100, height: 100, color: Colors
.blue),
              onHorizontalDragUpdate: (DragUpdateDetails details){
                print("onHorizontalDragUpdate");
```

```
                    setState((){
                      _left += details.delta.dx;
                    });
                  },
                  onHorizontalDragEnd: (details){
                    print("onHorizontalDragEnd");
                  },
                  onTapDown: (details){
                    print("down");
                  },
                  onTapUp: (details){
                    print("up");
                  },
              ),
            )
          ],
        );
      }
    }
```

运行上面的代码，然后当我们按下手指时控制台会输出字符串 down，当我们拖动方块时控制台会输出字符串 onHorizontalDragUpdate，而当手指抬起时控制台则会输出字符串 onHorizontalDragEnd。之所以会出现这种现象，是因为在同一时间，只会有一个手势识别器在手势竞争中胜出。

事实上，在一个组件树中同时使用多个手势识别器必然会导致手势识别的冲突，解决手势冲突主要有两种方案，一种是使用 Listener 处理原生指针事件，另一种是自定义手势识别器。

通过 Listener 方式来解决手势冲突的原理是，手势竞争只是针对手势的，而 Listener 是监听原始指针事件，原始指针事件并非语义化的手势，所以不会遵循手势竞争的逻辑，所以也就不会存在手势冲突的问题。

相比 Listener 方式，自定义手势识别器可能就要“麻烦”许多。因为自定义手势识别器需要开发者自行判断手势竞争的结果，然后手势竞争胜出者会调用 acceptGesture 方法进行竞争锁定，而其他手势识别则会调用 rejectGesture 方法放弃竞争。

所以，对于自定义手势识别器，我们只需要重写 rejectGesture 方法，然后在里面调用 acceptGesture 方法强制将它变成手势竞争的成功者即可，代码如下：

```
class CustomGestureRecognizer extends TapGestureRecognizer {
  @override
  void rejectGesture(int pointer){
    super.acceptGesture(pointer);
  }
}
```

```
RawGestureDetector customGestureDetector({
  GestureTapCallback? onTap,
  GestureTapDownCallback? onTapDown,
  Widget? child,
}){
  return RawGestureDetector(
    gestures:{
      CustomGestureRecognizer:
          GestureRecognizerFactoryWithHandlers<CustomGestureRecognizer>(
        () => CustomGestureRecognizer(), (detector){
          detector.onTap = onTap;
        },
      )
    },
    child: child,
  );
}
```

接下来，我们只需要像使用其他的手势识别器一样使用自定义的手势识别器即可，代码如下：

```
CustomGestureRecognizer(
  onTap: () => print("out"),
  child: Container(width: 200, height: 200, color: Colors.blue,
    child: GestureDetector(
      onTap: () => print("in"),
      child: Container(width: 50, height: 50, color: Colors.grey),
    ),
  ),
);
```

5.4 事件总线

在移动应用开发过程中，经常会遇到需要处理跨页面通信的场景，处理跨页面通信最直接的方式就是广播，而事件总线就是广播的一种优化实现。事实上，事件总线采用了典型的发布订阅模型，是一种集中式事件处理机制，允许不同的组件之间进行彼此通信而又不需要相互依赖，达到一种解耦的目的。

作为一个集中式的事件处理机制，事件总线可以同时服务多个事件和多个观察者，相当于在事件发布者和订阅者之间构建了一座桥梁。它隔离了事件发布者和订阅者之间的直接依赖，接管了所有事件的发布和订阅逻辑，并负责事件的中转，工作原理如图 5-2 所示。

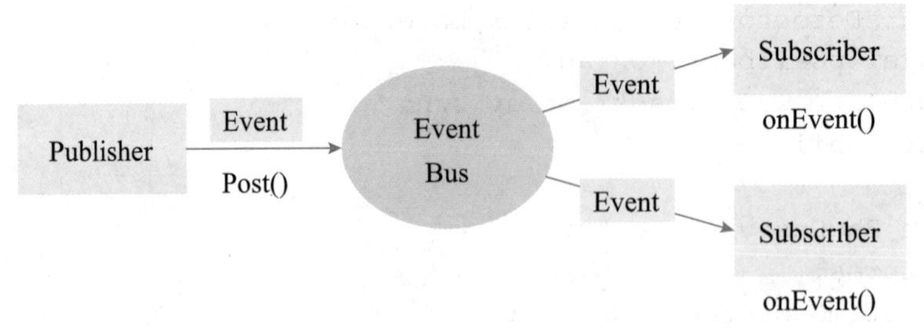

图 5-2　事件总线工作原理图

事件总线主要由事件源、事件监听器、通道和事件总线四部分组成。它的工作流程是：事件源将消息发送到事件总线的特定通道上，然后监听器事先订阅事务总线的某个通道以区分消息的响应，当消息发送到事务总线的特定通道中时，所对应的监听器会监听到消息，然后监听器再通知对应的响应函数执行。

在 Flutter 开发中，事件总线通常用于组件之间状态共享。为了统一管理过程中的事件分发，我们需要定义一个全局的事件总线管理类，并且需要使用单例模式进行实现，代码如下：

```
typedef void EventCallback(arg);

class EventBus {
  EventBus._internal();
  static EventBus singleton = EventBus._internal();
  factory EventBus()=> singleton;
  final eMap = Map<Object, List<EventCallback>?>();

  //添加订阅者
  void add(eventName, EventCallback f){
    eMap[eventName] ??=  <EventCallback>[];
    eMap[eventName]!.add(f);
  }

  //移除订阅者
  void remove(eventName, [EventCallback? f]){
    var list = eMap[eventName];
    if(eventName == null || list == null) return;
    if(f == null){
      eMap[eventName] = null;
    } else {
      list.remove(f);
    }
  }
```

```
    //触发事件，事件触发后该事件的所有订阅者会被调用
    void emit(eventName, [arg]){
      var list = eMap[eventName];
      if(list == null) return;
      int len = list.length - 1;
      for(var i = len; i > -1; --i){
        list[i](arg);
      }
    }
  }

  var bus = EventBus();
```

在上面的事件总线管理类中，我们主要定义了 add、remove 和 emit 三个事件总线操作函数。其中，add 用于订阅者订阅事件总线，remove 用于移除订阅，emit 用于发布者发布事件。

为了实现事件总线，还需要再分别创建一个事件的订阅者和事件的发布者。此外，创建一个事件的发布者，用来模拟登录成功的场景，代码如下：

```
class EventBugAState extends State<EventBugAPage>{
  var EVENT_NAME='loginEvent';
  var userInfo={'status':'LoginSuccess'};

  @override
  Widget build(BuildContext context){
    return Scaffold(
        body: MaterialButton(
          child: const Text( " 发送事件 "),
          onPressed: (){
            bus.emit(EVENT_NAME, userInfo);
          },
        )
    );
  }
}
```

接着，再创建一个事件的订阅者，用来监听用户的登录行为。并且为了避免不必要的资源消耗，还需要在页面销毁函数中移除订阅事件，代码如下：

```
class EventBugBState extends State<EventBugBPage>{

  var EVENT_NAME='loginEvent';

  @override
```

```
    void initState(){
      super.initState();
      bus.add(EVENT_NAME, (arg){
         print(arg);
      });
    }

    @override
    void dispose(){
      super.dispose();
      bus.remove(EVENT_NAME);
    }

    ... //省略其他代码
  }
```

运行上面项目，当事件的发布者触发登录成功的事件后，事件的订阅者就会自动收到登录成功的事件。事实上，作为广播机制的一种实现，事件总线只适合用在不是很复杂的场景中，对于一些中大型 Flutter 项目来说，最好的方式是使用专门的状态管理框架，如 Provider、Redux、BLoC 和 GetX 等。

5.5 习题

一、简述题

1. 简述 Flutter 事件处理的流程。
2. Flutter 是如何处理手势竞争和手势冲突的？

二、操作题

1. 使用自定义手势识别器为 Image 组件添加手势识别功能。
2. 基于 Flutter 的事件总线，开发一个简单的状态管理框架。

第6章 动　画

6.1 动画基础

不管是前端开发还是移动开发，现在都讲究用户体验，而动画正是提升用户体验的重要手段。一个炫酷的动画不仅可以提升应用的档次，还会增加用户的好感，进而带来消费的欲望。

在移动应用开发中，为了实现炫酷的动画效果，官方提供了逐帧动画、视图动画和属性动画等方案。事实上，不管是什么动画框架，其实现的原理都是相同的，即在一段有限的时间内，快速地改变视图外观来实现连续播放的效果，这和电影放映的原理是一样的。

在动画开发中，我们将视图的一次改变称为一个动画帧，对应一次屏幕刷新，而动画的流畅度就是由每秒执行的动画帧的多少决定的，也被称为帧率 FPS。很明显，帧率 FPS 越高则动画就越流畅。

一般情况下，对于人眼来说，动画帧率超过 16FPS 就基本感觉不到动画的卡顿，低于 16FPS 则会感到明显的卡顿问题；而超过 32FPS 人眼就认为动画是流畅的。在 Flutter 开发中，动画的每一帧都会涉及大量的计算和视图的改变，在一个时间段内连续改变视图输出还是很耗资源的，对设备的软硬件系统要求都较高，为了达到最佳的体验效果，Flutter 要求所有的设备都必须达到 60FPS，这和原生应用能达到的帧率是基本持平的。

同时，为了方便开发者快速地接入并使用动画，Flutter 框架对动画进行了高度的抽象和封装，并提供了丰富的操作对象和 API，常见的如 Animation、Curve、Controller、Tween 等。其中，Animation 是 Flutter 动画的核心类，包含动画的当前值和状态属性。AnimationController 是 Animation 的控制器，用来控制动画的开始、结束、停止、反向等操作。Curve 则用来控制动画曲线，支持匀速、匀加速或者先加速后减速等动画曲线。

6.2 动画 API

6.2.1 Animation

Animation 是一个动画抽象类，主要的作用是保存动画的插值和状态，本身并不会参与动画视图渲染。事实上，Animation 可以在一段时间内依次生成一个区间动画值，其输出值是一个线性的或者曲线的函数，由 Curve 对象决定。除此之外，Animation 还可以控制动画的执行方向，既可以让动画从起始状态运行，也可以控制动画从终止状态运行，甚至可以从某个中间状态开始运行。Animation 的核心源码如下：

```
abstract class Animation<T> extends Listenable implements
ValueListenable<T>{
    const Animation();

    @override
    void addListener(VoidCallback listener);
    @override
    void removeListener(VoidCallback listener);

    void addStatusListener(AnimationStatusListener listener);
    void removeStatusListener(AnimationStatusListener listener);
    AnimationStatus get status;

    @override
    T get value;
```

实际使用过程中，只需要将 Animation 对象添加到 build 方法执行绘制，然后再读取 Animation 对象当前值或者监听动画的状态。目前，Animation 对象的状态值有四个，分别是 dismissed、forward、reverse 和 completed，说明如下。

（1）dismissed：动画处于开始状态；

（2）forward：正在正向执行动画；

（3）reverse：正在反向执行动画；

（4）completed：动画处于结束状态。

Animation 对象拥有 Listeners 和 StatusListeners 两个动画监听器，可以使用它们来监听动画的变化。同时，Animation 还提供了 addListener 和 addStatusListener 两个方法来监听 Animation 动画帧的变化，说明如下。

（1）addListener()：用于给 Animation 添加帧监听器，动画每一帧的改变都会被调用。

（2）addStatusListener()：用来给 Animation 添加动画状态改变监听器，动画开始、结束、正向或反向都会调用状态改变的监听器。

6.2.2 AnimationController

AnimationController 是动画的控制器，是 Animation 抽象类的子类，主要作用是控制动画的开始、结束、停止、反向等操作。默认情况下，AnimationController 会在给定的时间段内以线性的方式生成从 0.0 到 1.0 的数值，其源码如下：

```
class AnimationController extends Animation<double>
  with AnimationEagerListenerMixin, AnimationLocalListenersMixin,
AnimationLocalStatusListenersMixin {
  AnimationController({
    double value,                           //初始化值
    this.duration,                          //动画执行的时长
    this.reverseDuration,                   //反向动画执行的时长
    this.lowerBound = 0.0,
    this.upperBound = 1.0,
    @required TickerProvider vsync,         //刷新频率 ticker 的回调
  })
}
```

其中，vsync 是一个必传的参数，表示动画刷新频率的回调。那这个回调函数有什么作用呢？事实上，在 Flutter 的渲染流程中，每次渲染一帧画面之前都需要等待一个 vsync 信号，如果没有收到 vsync 信号，表示应用程序处于锁屏或者退出状态，此时我们可以进行一些资源回收处理。

作为 Animation 对象的子类，创建 AnimationController 的方式也比较简单，只需要在创建时传入必要的属性值即可，代码如下：

```
AnimationController controller = AnimationController(
  duration: const Duration(milliseconds: 2000),
  lowerBound: 10.0,
  upperBound: 20.0,
  vsync: this
);
```

并且，使用 AnimationController 创建的 Animation 动画对象默认情况下是不会启动的，如果想要动画运行起来，需要调用 foraward 方法。

6.2.3 Curve

Curve 是一个用来描述动画执行快慢的对象，支持匀速、匀加速或者先加速后减速等操作。在动画开发中，我们把匀速动画称为线性动画，把非匀速动画称为非线性动画。在 Flutter 动画开发中，可以通过 CurvedAnimation 来指定动画的曲线，如下所示：

```
CurvedAnimation curve = CurvedAnimation(parent: controller, curve: Curves
. easeIn);
```

在上面的代码中，动画的曲线为Curves.easeIn，表示一种先减速后加速的动画。除了easeIn，Curve支持的动画曲线取值如下。

（1）linear：匀速动画；

（2）decelerate：匀减速动画；

（3）ease：先加速后减速动画；

（4）easeIn：先减速后加速动画；

（5）easeOut：先快后慢动画；

（6）easeInOut：先慢再加速再减速动画。

除了上面列举的枚举值，Curve还支持自定义动画曲线。例如，定义一个正弦曲线动画的代码如下：

```
class SineCurve extends Curve {
  @override
  double transform(double t){
    return math.sin(t * math.PI * 2);
  }
}
```

6.2.4 Tween

默认情况下，AnimationController所创建的动画对象值范围是[0.0，1.0]，如果需要给动画值设置不同的范围或不同的数据类型，那么可以使用Tween来进行修改。事实上，Tween的职责就是定义从输入范围到输出范围的映射，其部分源码如下：

```
class Tween<T extends dynamic> extends Animatable<T>{
  Tween({this.begin, this.end});
  ...
}
```

可以看到，Tween需要begin和end两个参数，分别用来代表动画输入范围和输出范围。例如，使用ColorTween实现颜色渐变过渡动画的代码如下：

```
Tween colorTween = ColorTween(begin: Colors.transparent, end: Colors
.red);
```

由于Tween对象并不会存储任何动画的状态数据，因此无法直接获取动画当前的映射值，如果想要获取动画当前的映射值，可以借助Animation.value方法。

并且，创建Tween对象之后，需要调用其animate方法，并传入一个动画控制器对象才能使代码生效。例如，以下代码是在500毫秒内生成从0到255的整数值。

```
AnimationController controller = AnimationController(
  duration: const Duration(milliseconds: 500),
  vsync: this,
);
Animation<int> alpha = IntTween(begin: 0, end: 255).animate(controller);
```

需要说明的是，Tween继承自Animatable而不是继承自Animation，因此不能直接使用它来创建动画。对于Tween，只需要记住它是一个控制动画类型的类，主要用来定义动画值的映射规则。

6.2.5 综合示例

在动画开发过程中，同一个动画的实现方式可以是多种多样的，但是不管如何实现，它们都或多或少遵循一定的开发流程。对于Flutter动画来说，开发动画通常会涉及以下流程或步骤。

首先创建Animation和AnimationController对象，然后设置动画的类型，启动并监听动画执行，调用setState方法不断改变动画对象的属性值，最后在动画执行结束之后销毁动画。例如，下面是配合Animation和AnimationController对象实现心跳动画的示例，代码如下：

```
class HeartAnimState extends State<HeartAnimWidget> with SingleTicker
ProviderStateMixin {
    late AnimationController controller;
    late Animation<double> animation;

    @override
    void initState(){
      super.initState();
      controller = AnimationController(duration: Duration(seconds: 1),
vsync: this);
      animation = CurvedAnimation(parent: controller, curve: Curves
.elasticInOut, reverseCurve: Curves.easeOut);
      animation.addListener((){
        setState((){});
      });
      animation.addStatusListener((status){
        if(status == AnimationStatus.completed){
          controller.reverse();
        } else if(status == AnimationStatus.dismissed){
          controller.forward();
```

```
      }
    });
    animation = Tween(begin: 50.0, end: 120.0).animate(controller);
  }

  @override
  Widget build(BuildContext context){
    return Center(
      child: Icon(Icons.favorite, color: Colors.red, size: animation
.value,),
    );
  }
```

在上面的代码中，我们在addListener回调方法中不断地调用setState方法来改变动画对象的属性值，从而实现心跳动画效果。

接下来，就可以在其他页面引入心跳动画组件，并使用AnimationController动画控制器来控制心跳动画的启动和停止，代码如下：

```
class HeartAnimPage extends StatelessWidget {

  GlobalKey<HeartAnimWidgetState> animKey = GlobalKey();

  @override
  Widget build(BuildContext context){
    return Scaffold(
      body: HeartAnimWidget(key:animKey),
      floatingActionButton: FloatingActionButton(
        child: const Icon(Icons.add),
        onPressed: (){
          if(!animKey.currentState!.controller.isAnimating){
            animKey.currentState?.controller.forward();
          } else {
            animKey.currentState?.controller.stop();
          }
        },
      ),
    );
  }
}
```

不过，通过addListener和setState触发视图的不断更新形成的动画效果是一件很麻烦的事情，并且不断刷新视图带来的性能损耗也是比较严重的。为此，Flutter官方提供了AnimatedWidget和AnimatedBuilder两个动画组件。

6.3 Hero 动画

在原生 Android 开发中，开发者可以使用共享元素动画来实现多页面切换的路由动画。同样地，在 Flutter 开发中，我们可以使用 Hero 动画组件来实现从源路由到目标路由逐渐淡入的动画视觉效果。

共享动画的原理是，共享的元素利用新旧路由在位置、外观上的差异，当执行路由切换时新旧路由过渡就会产生一种渐变效果，即 Hero 动画。Hero 组件的构造函数如下：

```
const Hero({
    super.key,
    required this.tag,
    this.createRectTween,
    this.flightShuttleBuilder,
    this.placeholderBuilder,
    this.transitionOnUserGestures = false,
    required this.child,
  });
```

使用 Hero 动画时，tag 和 child 是必传参数。tag 是 Hero 动画的唯一标识，新旧路由页面就是通过 tag 标识关联起来的。

Hero 动画主要的应用场景是路由切换。因此，为了实现 Hero 动画，我们需要新建两个路由页面，分别用来代表源路由和目标路由。其中，源路由页面的源码如下：

```
class HeroPageA extends StatelessWidget {

  @override
  Widget build(BuildContext context){
    return Scaffold(
      body: Center(
        child: InkWell(
          child: Hero(
            tag: "logo", //唯一标记
            child: ClipOval(
              child: Image.asset("images/flutter_logo.webp",width: 50.0),
            ),
          ),
          onTap: (){
            Navigator.push(context, PageRouteBuilder(
              pageBuilder: (
                  BuildContext context,
                  animation,
                  secondaryAnimation,
```

```
                    ){
                      return HeroPageB();
                    },
                  ));
                },
              ),
            ),
          );
        }
      }
```

可以看到，实现Hero动画只需要使用Hero组件将需要共享的元素包装起来，然后使用一个相同的tag关联起来即可，而中间的过渡帧都是Flutter的动画框架自动完成的。接下来，我们再新建一个目标路由作为路由跳转后的页面，代码如下：

```
class HeroPageB extends StatelessWidget {
  @override
  Widget build(BuildContext context){
    return Scaffold(
      appBar: AppBar(title: const Text('PageB')),
      body: Center(
        child: Hero(
          tag: "logo",                //唯一标记
          child: Image.asset("images/flutter_logo.webp"),
        ),
      ),
    );
  }
}
```

需要说明的是，实现Hero动画必须保证前后路由的共享元素的tag是相同的，而Hero动画正是通过tag来确定新旧路由对应关系的。

6.4 交织动画

在动画实现方案中，Flutter官方提供了基本的渐变、平移、缩放和旋转等动画API或组件，但是如果需要实现一些复杂的动画，使用这些基础的组件就没办法到达设计效果了。此时，我们可以把这些基础的动画组合起来形成一个动画序列，在Flutter中把这些动画序列称为交织动画。使用交织动画时，需要注意以下几点。

（1）创建交织动画时需要使用多个动画对象。

（2）一个AnimationController会控制所有的动画对象。

（3）需要给每个动画对象指定时间间隔。

可以发现，交错动画实际上是由同一个 AnimationController 驱动的、将多个基础动画串联起来形成的连续动画方案。无论交织动画持续的时间有多长，其控制器的值都必须处于 0.0 到 1.0 之间，而每个基础动画的间隔时间都由 Tween 属性指定。

例如，下面是使用渐变、旋转和缩放等基础动画组件实现交织动画的例子。同时，基于功能组件和业务分离的原则，此处需要将交织动画组件抽离出来，代码如下：

```
class StagerAnim extends AnimatedWidget {
  late AnimationController controller;
  late CurvedAnimation curvedAnimation;
  late Animation sizeTween;
  late Animation opacityTween;
  late Animation transformTween;

  StagerAnim({required this.controller}):super(listenable:controller){
    curvedAnimation = CurvedAnimation(parent: controller, curve: Curves.easeIn);
    sizeTween = Tween(begin: 50.0, end: 100.0).animate(curvedAnimation);
    opacityTween = Tween(begin: 0.0, end: 1.0).animate(curvedAnimation);
    transformTween = Tween(begin: 0.0, end: pi * 2).animate(curvedAnimation);
  }

  @override
  Widget build(BuildContext context){
     return AnimatedBuilder(
       animation: controller,
       builder: (context, child){
         return Opacity(
           opacity: 1.0 - opacityTween.value,
           child: Transform(
             transform: Matrix4.rotationZ(transformTween.value),
             alignment: Alignment.center,
             child: Container(
               width: sizeTween.value,
               height: sizeTween.value,
               color: Colors.red,
             ),
           ),
         );
       },
     );
  }
```

```
}
```

在上面的代码中，StagerAnim组件中定义了三个动画，分别是Container包裹的缩放动画、Transform包裹的旋转动画和Opacity包裹的渐变动画。创建一个公共的AnimationController控制器来统一管理上面的这些动画，使用时只需要引入StagerAnim组件，并传入动画控制器即可，代码如下：

```
class StagerAnimState extends State<StagerAnimPage> with TickerProvider
StateMixin {
   late AnimationController controller;

   @override
   void initState(){
     super.initState();
     controller = AnimationController(
         lowerBound: 0.0,
         upperBound: 1.0,
         vsync: this,
         duration: const Duration(seconds: 1),
         reverseDuration: const Duration(seconds: 1));
     controller.addStatusListener((status){
       if(status == AnimationStatus.completed){
         controller.reverse();
       } else if(status == AnimationStatus.dismissed){
         controller.forward();
       }
     });
   }

   buildAction(){
     return FloatingActionButton(
       child: const Icon(Icons.add),
       onPressed: (){
         if(controller.isAnimating){
           controller.stop();
         } else if(controller.status == AnimationStatus.forward ||
             controller.status == AnimationStatus.dismissed){
           controller.forward();
         } else if(controller.status == AnimationStatus.reverse ||
             controller.status == AnimationStatus.completed){
           controller.reverse();
         }
       },
     ),
```

```
  }

  @override
  Widget build(BuildContext context){
    return Scaffold(
      body: Center(
        child: StagerAnim(controller: controller),
      ),
      floatingActionButton: buildAction(),
    );
  }
}
```

运行上面的代码，然后单击右下角的按钮启动交织动画，就可以看到红色方块在不断变大的同时会不断旋转，同时透明度也会降低。并且当大小达到最大值后，接着会执行反向的动画，循环往复，直到再次单击按钮停止交织动画，效果如图 6-1 所示。

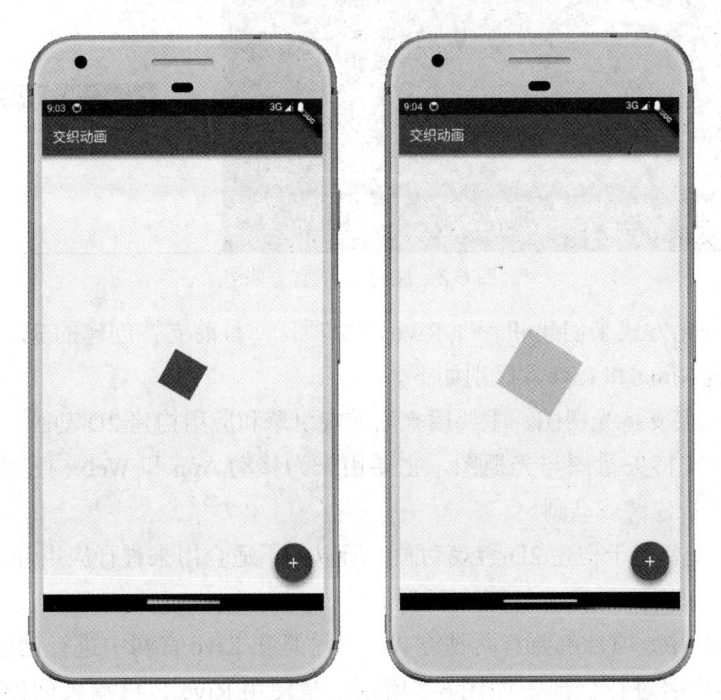

图 6-1　交织动画应用示例

6.5 Rive 动画

在 Rive 动画出现之前，Flutter 动画大体可以分为使用 AnimationController 控制的基础动画以及使用 Hero 的转场动画两大类。不过，对于一些复杂的动画效果，使用这些动画方案实现起来还是有难度的。随着 Rive 矢量动画的出现，再复杂的动画也变得不再困难。事实上，作为一种新型的矢量动画方案，Rive 动画不仅可以有效减小安装包的体积，还能实现传统动画方案无法实现的复杂动画效果，是 Flutter 动画开发的真正利器。

官方网站提供了很多免费的 Rive 动画示例。为了方便学习和使用 Rive 动画，需要先注册一个 Rive 官方账号，如图 6-2 所示。

图 6-2　注册 Rive 官方账号

Rive 以工程化方式来创建和管理 Rive 动画项目，目前支持创建的 Rive 动画项目类型有两类，分别是 Nima 和 Rive，区别如下。

（1）Nima：仅支持光栅图，主要用来为游戏引擎和应用构建 2D 动画。

（2）Rive：支持矢量图与光栅图，主要用来为移动 App 和 Web 构建实时、高效的动画，同时还支持构建游戏动画。

由于 Nima 主要用于构建 2D 游戏动画，所以并不适合用来进行应用开发。对于 Flutter 应用开发来说，只需要新建一个 Rive 类型的项目。

目前，创建 Rive 项目主要有两种方式，一种是在 Rive 官网中进行创建，另一种则是通过 Rive 的客户端进行创建。如图 6-3 所示，是使用 Rive 客户端来创建一个 Rive 动画项目。

首先打开 Rive 客户端，然后单击右上角的新建按钮创建一个 Rive 空项目，然后就可以开始设计了，如图 6-4 所示。

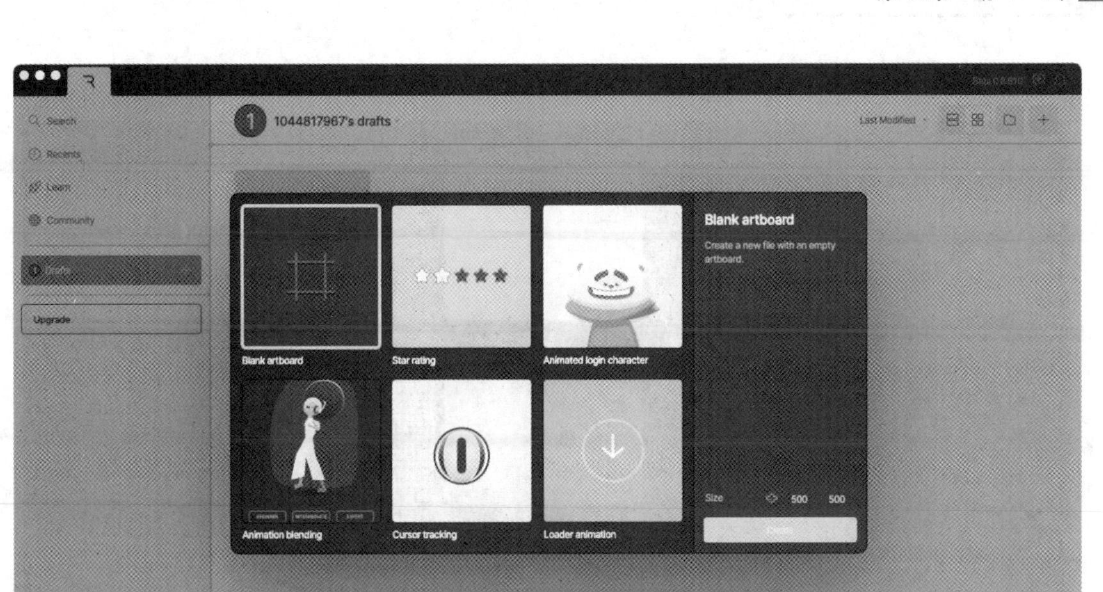

图 6-3 创建 Rive 动画项目

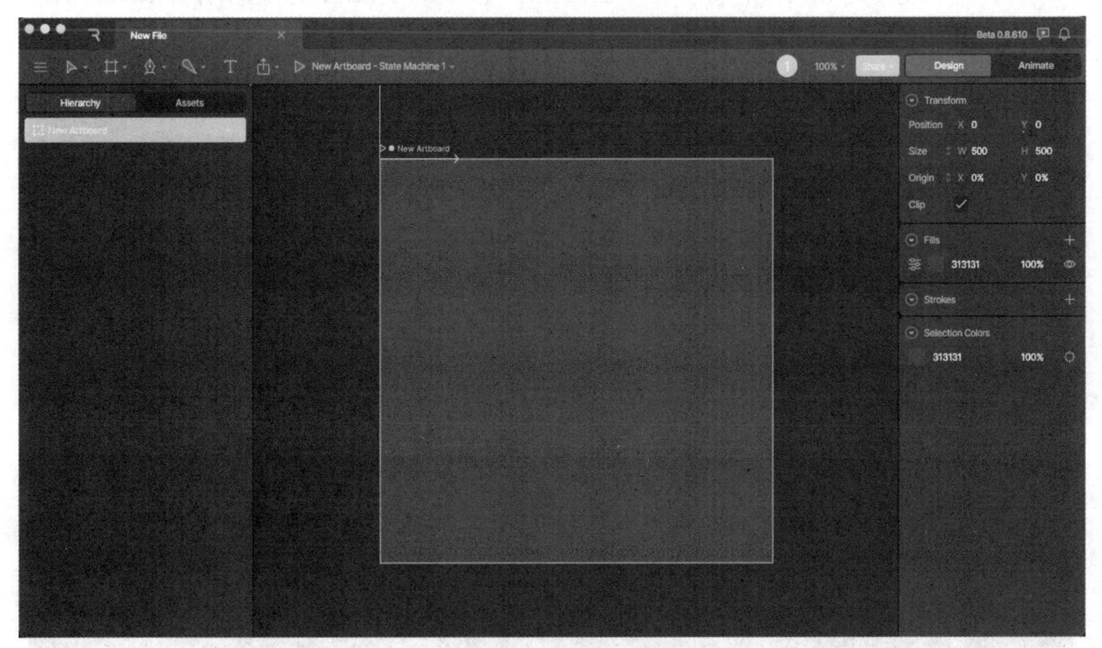

图 6-4 Rive 动画工作区

不过，设计并制作 Rive 动画是一项专业性极强的工作，一般都由设计者完成，开发者只需要将 Rive 动画集成到项目中即可。如果需要学习如何制作 Rive 动画，官方也提供了详细的 Rive 动画制作教程。如果只是想体验一下 Rive 动画的魅力，那么可以使用 Rive 社区提供的免费 Rive 动画，如图 6-5 所示。

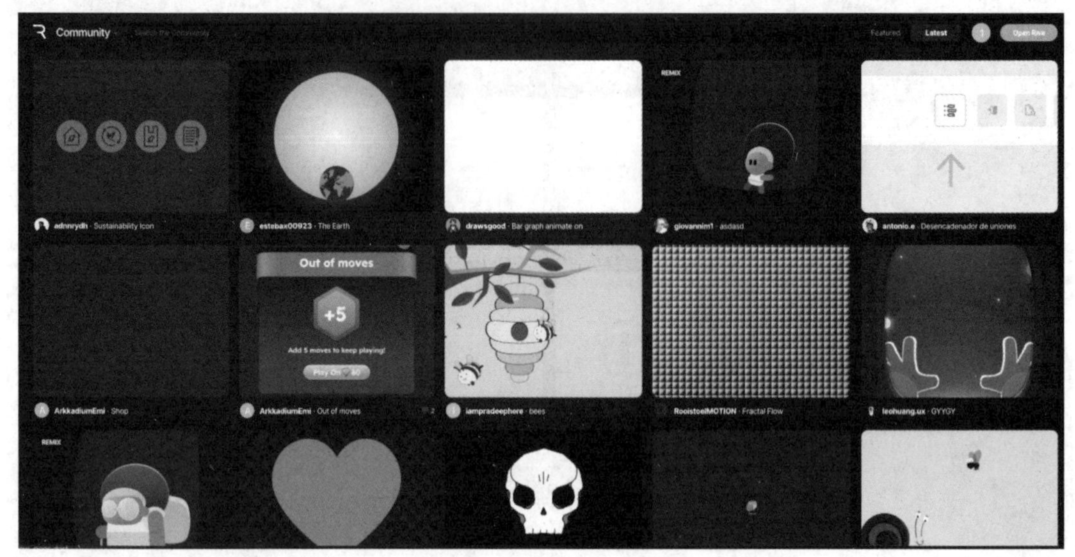

图 6-5　免费的 Rive 动画

打开一个免费的 Rive 动画项目，单击面板中【OPEN IN RIVE】选项打开 Rive 动画源文件，然后单击【DownLoad】将项目下载到本地，如图 6-6 所示。

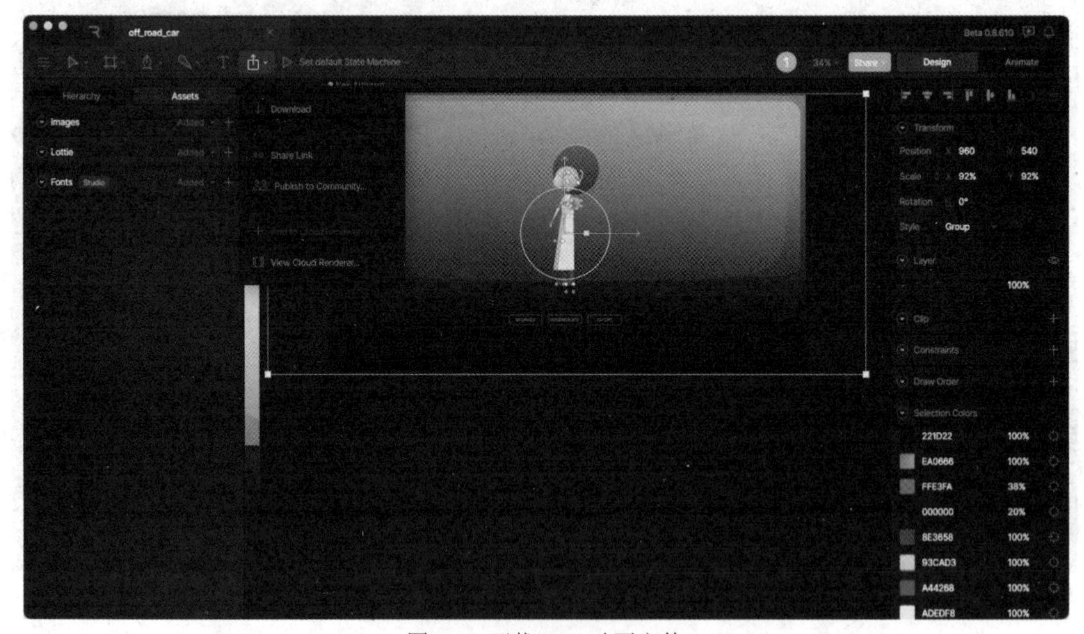

图 6-6　下载 Rive 动画文件

可以看到，下载到本地的 Rive 动画文件是 .riv 格式的文件，也是 Rive 动画需要加载的文件。需要注意的是，Flutter 默认情况下是不识别 Rive 动画文件的，开发前需要先安装

rive 插件库，如下所示：

```
dependencies:
  ...
  rive: ^0.11.8
```

将之前下载到本地的 Rive 动画文件复制到 assets 资源文件中，然后在 pubspec.yaml 配置文件中注册动画文件。现在，我们就可以使用 rive 库提供的 RiveAnimation 组件来加载这个动画文件，如下所示：

```
RiveAnimation.asset('assets/rocket.riv')
```

其中，asset 表示动画文件的路径，是一个必传参数。除了支持加载项目本地的文件，RiveAnimation 还支持网络图片。

一个 Rive 动画文件是由多个动画节点构成的，通过这些动画节点，就可以很容易对动画进行精准的控制。我们可以打开 Rive 动画文件，然后在源文件面板的左下角来查看这些动画节点，如图 6-7 所示。

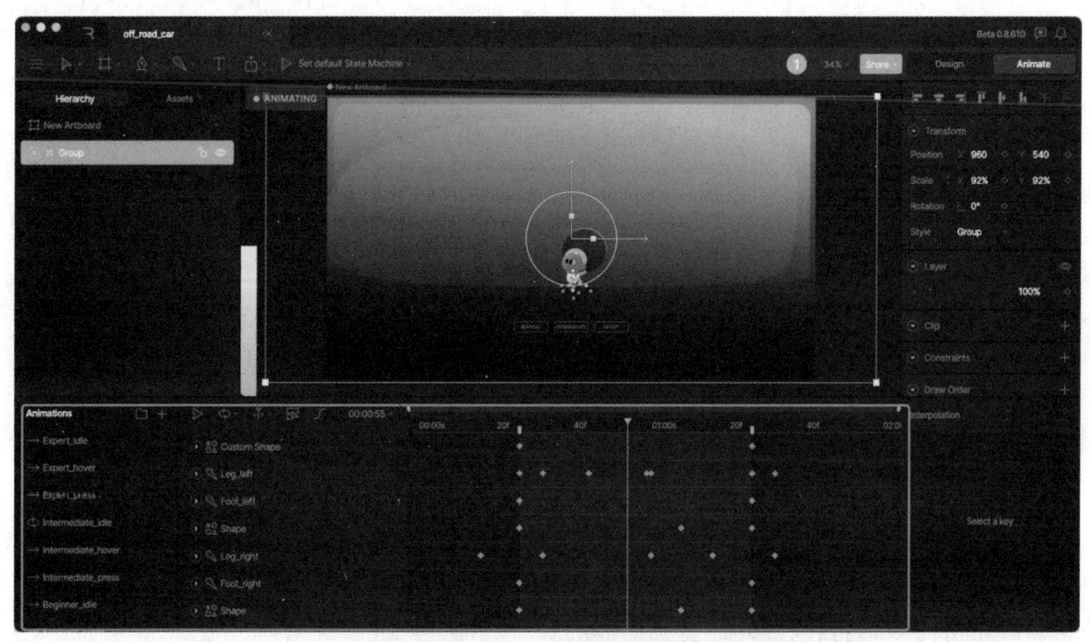

图 6-7 获取 Rive 动画文件操作节点

事实上，为了更好地在项目中使用 Rive 动画，并对动画进行精准控制，rive 插件提供了一个 RiveAnimationController 控制器。借助它，开发者可以很容易地监听 Rive 动画的各种状态，以及对动画节点进行更精准的控制，如下所示：

```
class PlayPauseAnimationState extends State<PlayPauseAnimation>{
```

```
    late RiveAnimationController controller;
    void togglePlay() => setState(() => controller.isActive = !controller
.isActive);
    bool get isPlaying => controller.isActive;

    @override
    void initState(){
      super.initState();
      controller = SimpleAnimation('idle');
    }

    @override
    Widget build(BuildContext context){
      return Scaffold(
        body: RiveAnimation.asset(
          'assets/off_road_car.riv',
          fit: BoxFit.cover,
          controllers:[controller],
        ),
        floatingActionButton:FloatingActionButton(
          onPressed: togglePlay,
          tooltip: isPlaying ? 'Pause' : 'Play',
          child: Icon(isPlaying ? Icons.pause : Icons.play_arrow),
        ),
      );
    }
}
```

在上面的代码中，我们使用 RiveAnimation 组件加载了一个本地 Rive 动画，然后再通过 RiveAnimationController 来控制动画的启动与运行。可以发现，相比传统的动画方案，Rive 动画更加灵活，可以用它来实现一些复杂的动画效果。

6.6 习题

一、选择题

1. Flutter 提供的动画 API 包含哪几个？（　　）

A. Animation　　B. Curve

C. Tween　　D. AnimationController

2. 以下哪些是 Curve 支持的动画曲线？（　　）

A. linear　　B. decelerate

C. ease　　D. easeIn

3. 以下哪些是Flutter提供的动画组件？（ ）

A. AnimatedBuilder B. AnimatedWidget

C. AnimatedContainer D. AnimatedOpacity

二、简述题

1. 简述Flutter动画开发中四个角色Animation、Curve、Controller、Tween的作用。
2. 简述完成Flutter动画的流程。

三、操作题

1. 自定义路由动画，实现页面渐隐渐入的效果。
2. 在项目中使用Rive动画，并对动画节点进行监听。

第 7 章　路由与导航

7.1 路由基础

如果说构成页面的基本单位是组件，那么构成应用程序的基本单位就是页面，也被称为路由。在前端应用程序中，单页面的程序几乎是不存在的，而对于拥有多个页面的应用程序来说，如何从一个页面平滑地过渡到另一个页面就是路由框架需要处理的事情。

7.1.1 基本概念

在前端开发中，或许大家已经听说过诸如 react-router 或者 vue-router 等路由框架。而在移动应用开发中，也有与之对应的路由框架，比如 Android 开发中的 ARouter 路由框架，或者 iOS 开发中的 WisdomRouterKit 路由框架。可以发现，不管是移动开发还是前端开发，对于拥有多个页面的应用来说，路由框架都是必不可少的。

Flutter 的路由导航和管理借鉴了前端和客户端的设计思路，并提供了 Route 和 Navigator 来对路由进行统一的管理。在 Flutter 中，Route 可以认为是页面的抽象，我们可以用它来创建界面、传递参数以及响应 Navigator 操作。而 Navigator 则是 Flutter 官方提供的路由组件，可以用它来管理路由栈，以及执行路由的入栈和出栈操作。

作为官方提供的路由组件，Navigator 提供了一系列操作路由的方法，其中最常用的两个函数是 push() 和 pop()，它们的含义如下。

push()：将给定的路由放到路由栈里面，返回值是一个 Future 对象，用于接收路由出栈时的返回数据。

pop()：将位于栈顶的路由从路由栈移除，返回结果为路由关闭时上一个路由需要的数据。

除了 push() 和 pop() 方法外，Navigator 组件还提供了其他很多有用的方法，比如 replace()、removeRoute()、removeRouteBelow() 和 popUntil() 等，在应用开发过程中我们可以根据实际的使用场景进行合理的选择。

7.1.2　路由使用

和原生 Android、iOS 打开路由的方式非常类似，使用 Navigator 组件打开一个新的路由时，需要创建一个 MaterialPageRoute 路由对象实例，然后再调用 Navigator 的 push() 方法即可打开一个新的路由。MaterialPageRoute 是 Flutter 提供的路由模板，定义了路由创建和路由切换的动画配置，该配置可以根据运行平台的不同，实现与平台路由切换风格一致的路由切换动画。

默认情况下，使用 Navigator push() 方法打开的路由会将路由放到路由栈的顶部，如果需要返回上一个页面，只需要调用 Navigator.pop() 方法即可。下面是使用 Navigator 组件实现两个路由跳转及返回的示例。

```
class PageA extends StatelessWidget{
  @override
  Widget build(BuildContext context){
    return Scaffold(
      body: Center(
        child: MaterialButton(
          child: const Text('打开页面B'),
          onPressed: (){
            Navigator.push(context, MaterialPageRoute(builder: (context){
              return PageB();
            }));
          },
        ),
      ),
    );
  }
}

class PageB extends StatelessWidget {
  @override
  Widget build(BuildContext context){
    return Scaffold(
      body: Center(
        child: MaterialButton(
          child: const Text('返回页面A'),
          onPressed: (){
              Navigator.pop(context);
          },
        ),
      ),
    );
  }
```

```
}
```

在上面的代码中，我们创建了PageA和PageB两个路由，当单击PageA的按钮时会打开PageB，单击PageB的按钮时会返回PageA。运行上面的代码，效果如图7-1所示。

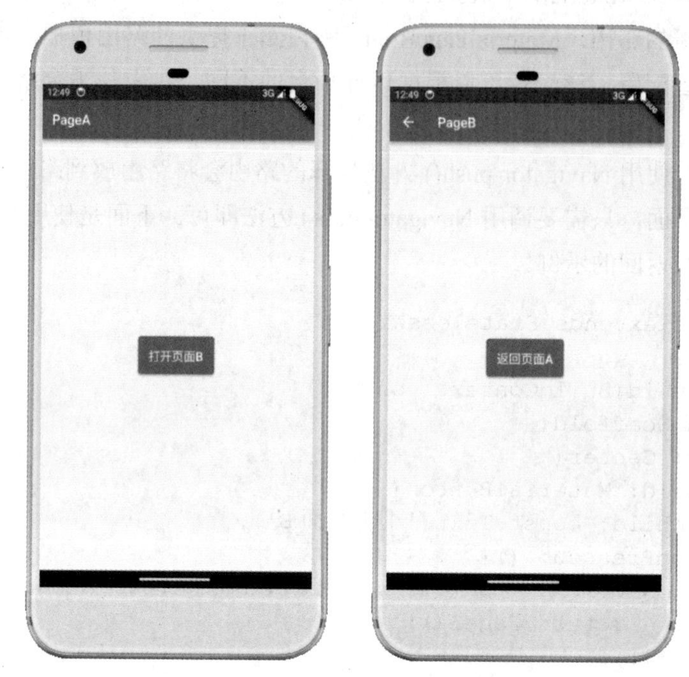

图7-1　Navigator路由组件使用示例

7.1.3　命名路由

在Flutter开发中，根据是否需要提前注册路由标识符，路由可以分为普通路由和命名路由两种，它们的说明如下。

普通路由：无须提前注册，在路由切换时需要手动创建路由实例。

命名路由：需要提前全局注册路由标识符，在路由切换时通过路由标识符打开一个新的路由。

可以发现，普通路由使用起来相对灵活，没太多的规范和约束，通常适用于应用中页面不多的应用程序。而对于应用中页面比较多的场景，如果直接使用普通路由，那么每次执行路由跳转前都需要手动创建一个MaterialPageRoute实例，然后再调用push()打开路由，不过对于大型项目来说，管理普通路由是一件棘手的事情。

为了避免频繁地创建MaterialPageRoute实例，Flutter提供了命名路由来简化路由管理。所谓命名路由，其实就是给路由取一个别名，然后使用路由的跳转都使用这个别名。事实上，使用此种方式来管理路由，不仅使得路由的管理更加清晰直观，而且性能也得到了提升，因此特别适合在页面比较多的应用程序中使用。

和前端 Web 中使用命名路由的流程一样，想要通过别名来实现路由的切换，首先需要建立一个路由映射规则，即路由表。在 Flutter 开发中，路由表是一个 Map<String, WidgetBuilder> 的结构，其中第一个参数对应路由的别名，第二个参数表示路由的类名，代码如下：

```
MaterialApp(
  routes:{
     'PageA': (context)=> PageA(),
     'PageB': (context)=> PageB(),
  },
  initialRoute: 'PageA',
);
```

完成路由表注册之后，就可以使用路由的别名来打开新的路由了。此时，打开新路由使用的是 Navigator.pushNamed() 方法，如下所示：

```
Navigator.pushNamed(context, 'PageB');
```

不过，需要注意的是，由于注册路由采用路由标识符来标识路由，如果路由标识符写错就可能会打开一个不存在的路由，从而出现应用白屏的情况。

对于这种找不到路由的情况，路由框架有一个通用的解决方案，就是在打开一个不存在的路由时显示一个默认的页面。为了实现这一效果，Flutter 提供了一个 onUnknownRoute 属性，用来处理找不到路由标识符的场景，代码如下：

```
MaterialApp(
  routes:{ },
  onUnknownRoute: (settings)=>MaterialPageRoute(builder: (context)=>
PageDefault())
);
```

在上面的代码中，PageDefault 就是默认的路由。执行上面的代码，当我们打开一个错误的或者不存在的路由时，就会打开这个默认的路由，从而提升了程序的用户体验。

7.1.4　路由传参

对于多路由的应用程序来说，必然会碰到需要路由传递参数的场景，而路由参数传递也是路由框架和组件必须支持的功能。在 Flutter 开发中，为了实现路由之间的参数传递，Navigator 提供了一个 arguments 参数，并且 arguments 参数是一个 Object 类型。也就是说，我们可以使用它传递几乎所有的基本数据类型，代码如下：

```
Map<String, String> routeParams = {'name': 'PageA'};
Navigator.pushNamed(context, 'PageA', arguments: routeParams);
```

然后，在目标路由再使用 ModalRoute 的 RouteSettings 获取页面传递的参数，代码所示：

```
class PageB extends StatelessWidget {

  late Map<String, String> routeParams;

  @override
  Widget build(BuildContext context){
    routeParams=ModalRoute.of(context)?.settings.arguments as Map<String,
String>;
     ...
  }
}
```

在某些特定的场景中，我们打开一个新路由后，返回当前路由时可能还需要回传一些数据。对于这种需求，我们可以在使用 push() 打开路由时，额外再添加一个 then() 监听函数，而目标路由只需要在执行路由返回时调用 pop() 方法回传需要回传的数据即可，代码如下：

```
class PageA extends StatelessWidget {

  @override
  Widget build(BuildContext context){
    return Scaffold(
      appBar: AppBar(title: const Text('PageA')),
      body: Center(
        child: MaterialButton(
          child: const Text('打开页面 B'),
          onPressed: (){
            Navigator.pushNamed(context, 'PageA').then((value) =>{
               debugPrint(value as String?)
            });
          },
        ),
      ),
    );
  }
}

class PageB extends StatelessWidget {
  Map<String, String> results = {'name': 'PageB'};

  @override
  Widget build(BuildContext context){
    return Scaffold(
```

```
        appBar: AppBar(title: const Text('PageB')),
        body: Center(
          child: MaterialButton(
            child: const Text('返回页面A'),
            onPressed: (){
                Navigator.pop(context, results);
            },
          ),
        ),
      );
    }
  }
```

需要说明的是，在使用Navigator传递路由参数过程中，如果涉及到中文字符，需要在传递之前使用utf-8进行转码处理。

7.1.5 路由嵌套

有时一个应用程序内可能会出现需要多个路由导航的场景。在软件开发中，将一个路由导航嵌套在另一个路由导航的行为称为路由嵌套。事实上，在移动开发中过程中，路由嵌套是一种很常见的场景。例如，应用程序的主页面除了会包含底部导航功能外，还会在每个底部导航栏中嵌套其他路由。

事实上，对于这种需求，由于底部导航和路由使用的是不同的组件来实现的，所以只需要按照页面布局进行拆分，然后再使用不同的组件进行开发。对于上面的场景，底部导航需要使用BottomNavigationBar即可达到目的，而页面内部的跳转，只需要使用Navigator即可，代码如下：

```
class MainPageState extends State<MainPage>{
  var tabPages=[PageA(),PageB(),PageC()];
  var currentIndex=0;

  @override
  Widget build(BuildContext context){
    return Scaffold(
      appBar: AppBar(title: const Text("导航栏", style: TextStyle
(fontSize: 24))),
      body: tabPages[currentIndex],
      bottomNavigationBar: BottomNavigationBar(
        currentIndex: currentIndex,
        type: BottomNavigationBarType.fixed,
        unselectedItemColor: Colors.grey,
        selectedItemColor: Colors.blue,
```

```
            items: const [
              BottomNavigationBarItem(
                icon: Icon(Icons.home),
                label: "首页",
              ),

              BottomNavigationBarItem(
                icon: Icon(Icons.phone),
                label: "通讯录",
              ),
             ...
            ],

            onTap: (index){
              setState((){
                currentIndex=index;
              });
            },
          ),
        );
      }
    }
```

可以看到，上面的场景虽然涉及路由嵌套，但是由于我们对页面进行了拆分，所以在开发过程中并没有出现什么技术难点。

7.2 路由栈管理

在原生 Android 开发中，为了满足不同的路由跳转需求，官方提供了四种路由启动模式，分别是 standard、singleTop、singleTask 和 singleInstance。当执行不同的启动模式打开路由时，路由栈中路由的结构也是不一样的。

7.2.1 路由栈简介

与原生路由管理的方式一样，Flutter 也提供了不同的路由启动模式来满足不同的开发需求。默认情况下，我们使用 push() 或者 pushNamed() 打开一个新的路由时，路由会默认将当前路由添加到路由栈的顶端。假如有一个路由栈，里面已经存在 PageA 和 PageB 两个路由，如果现在 PageB 页面中使用 push() 或者 pushNamed() 打开一个新的路由 PageC，那么此时路由栈执行入栈操作，如图 7-2 所示。

此时，如果我们在 PageC 页面执行 pop() 操作关闭 PageC 页面，那么路由栈会将 PageC 页面从栈中移除，即路由栈执行出栈操作，如图 7-3 所示。

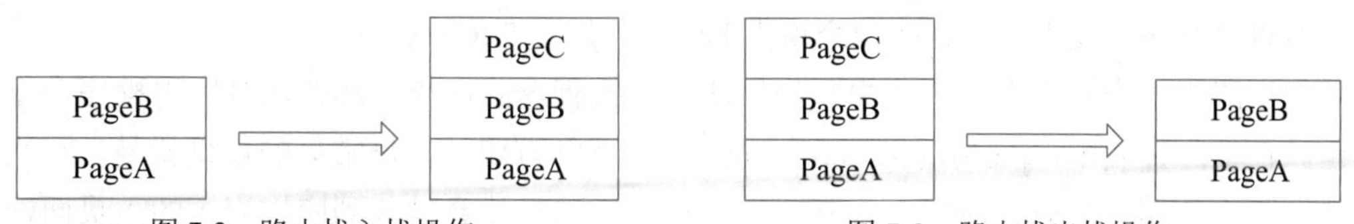

图 7-2　路由栈入栈操作　　图 7-3　路由栈出栈操作

可以发现，Flutter 路由栈其实就是一个后进先出的线性表，而路由栈管理的本质就是一个入栈和出栈的过程。入栈就是将路由放到路由栈的顶部，出栈则是从路由栈的顶部移除路由。

7.2.2　pushReplacement

默认情况下，路由栈是一个后进先出的线性表，即入栈会将路由放到路由栈的顶部，出栈则会移除栈顶的路由。但是在某些场景下，我们希望打开路由时直接将新的路由添加到上一个路由之上，直接替换它。对于这种需求，我们可以在打开路由时使用 pushReplacement 或 pushReplacementNamed 来实现。

例如，现在有一个路由栈，栈中已经存在 PageA 和 PageB 两个路由，现在我们 PageB 中使用 pushReplacementNamed 打开一个新的路由 PageC，那么此时栈顶的路由 PageB 将被 PageC 替换，示意图如图 7-4 所示。

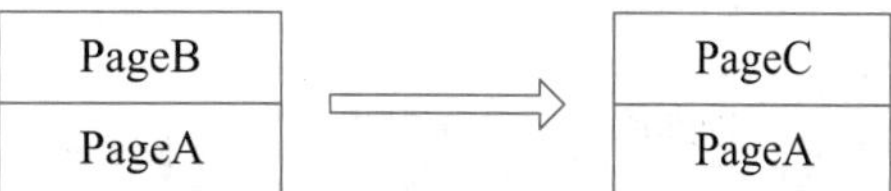

图 7-4　路由栈栈顶路由替换

可以看到，执行 pushReplacement 操作后，路由栈只存在 PageA 和 PageC 两个路由。如果此时执行返回操作，那么路由栈只会存在 PageA 一个路由。

7.2.3　pushAndRemoveUntil

pushAndRemoveUntil 和 pushNamedAndRemoveUntil 的作用都是向路由栈中添加一个路由，并删除路由栈中其他所有的路由，也就是说，当前路由栈只有当前一个路由，其作用类似于 Android 开发中的 singleTask 启动模式。

事实上，使用 pushAndRemoveUntil 打开一个新的路由时，是否删除路由栈中之前的路由是由表达式 (Route router)=>false 确认的，如果不需要清空之前的路由那么只需要将表达式的返回值设置为 true 即可。例如，某个路由栈中存在 PageA 和 PageB 两个路由，如果我们现在在 PageB 使用 pushAndRemoveUntil 打开一个新的路由 PageC，如下所示：

```
Navigator.pushAndRemoveUntil(context, MaterialPageRoute(builder:
(context){
  return PageC()}), (route) => false);
```

由于默认情况下，使用 pushAndRemoveUntil 打开路由 PageC 时会清空路由栈中的路由，所以此时路由栈中只会存在一个路由 PageC，如图 7-5 所示。

由于路由栈中只存在一个路由，如果此时再执行返回操作，那么此时应用程序会直接退出。在实际开发中，pushAndRemoveUntil 也是非常有用的。最常见的场景就是，每次首次打开一个应用程序时，应用会打开一个启动页，然后才会进入到应用程序的主页面，如果此时执行返回操作需要直接退出应用，而不是返回之前的启动页面。

除了用于删除路由栈中栈顶之下所有的路由外，pushAndRemoveUntil 还可以用来删除指定个数的路由。假如某个由栈中存在 PageA、PageB 和 PageC 三个路由，如果现在在路由 PageC 中使用 pushAndRemoveUntil 打开路由 PageD，并且删除 PageA 之上的路由，那么代码如下：

```
Navigator.pushAndRemoveUntil(context, MaterialPageRoute(builder:
(context){
  return PageD();}), PageA() as RoutePredicate);
```

执行上面的代码时，会发现打开新的路由 PageD 的同时会删除路由 PageA 之上的所有路由，也就是说路由栈只会存在 PageA 和 PageD 两个路由，如图 7-6 所示。

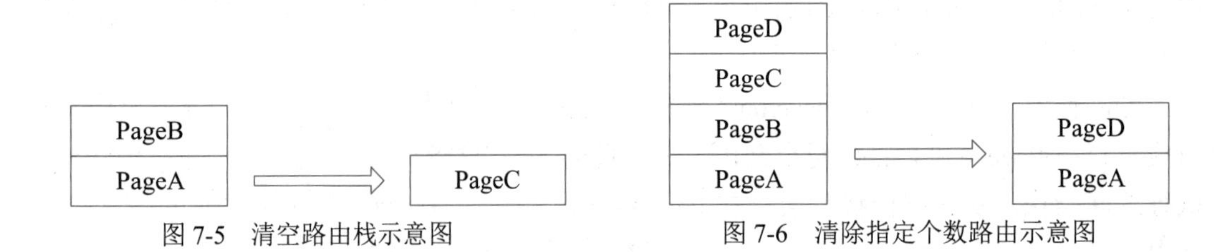

图 7-5　清空路由栈示意图　　图 7-6　清除指定个数路由示意图

除此之外，Flutter 还支持移除某个指定的路由。如果需要移除路由栈中某个指定的路由，可以使用 removeRoute() 或 removeRouteBelow()，如下所示：

```
Navigator.removeRoute(context, MaterialPageRoute(builder: (context){
  return PageB();}));
```

7.2.4　popUntil

popUntil 和 pushNamedAndRemoveUntil 都是用来清除路由栈中指定路由的，只不过 popUntil 没有执行 push 操作，而是直接执行 pop 操作并清除除了指定路由之外的所有路由。假如某个路由栈中存在 PageA、Page 和 PageC 三个路由，如果现在在路由 PageC 中调用 popUntil() 方法执行清除路由操作，如下所示：

```
Navigator.popUntil(context,PageA() as RoutePredicate);
```

执行上面的代码，会发现路由栈中只存在路由 PageA，其他路由会从路由栈中被移

除，示意图如图 7-7 所示。

PageC
PageB
PageA
PageA

图 7-7　清除指定路由之上的路由

7.3 自定义路由

7.3.1 自定义路由动画

默认情况下，使用 Navigator 组件创建路由时都需要用到 MaterialPageRoute 或者 CupertinoPageRoute 路由组件。作为 PageRoute 的子类，MaterialPageRoute 组件是基于 Android 的 Material 组件库提供的一个路由模板，而 CupertinoPageRoute 组件则是基于 iOS 的 Cupertino 组件库提供的路由模板。不管使用哪种模板，路由的转场动画在不同平台上的动画效果都是一致的。

如果需要修改这些默认的转场动画属性和配置，那么就需要用到自定义路由动画。在 Flutter 开发中，自定义路由动画需要用到 PageRouteBuilder 类，该类的构造函数如下：

```
PageRouteBuilder({
    super.settings,
    required this.pageBuilder,
    this.transitionsBuilder = _defaultTransitionsBuilder,
    this.transitionDuration = const Duration(milliseconds: 300),
    this.reverseTransitionDuration = const Duration(milliseconds: 300),
    this.opaque = true,
    this.barrierDismissible = false,
    this.barrierColor,
    this.barrierLabel,
    this.maintainState = true,
    super.fullscreenDialog,
    super.allowSnapshotting = true,
  });
```

PageRouteBuilder 类的构造函数有几个重要的属性，也是我们能够实现自定义路由动画的关键点之一，说明如下：

（1）pageBuilder：创建需要跳转的路由。

（2）opaque：是否需要遮挡整个路由。

（3）transitionsBuilder：自定义转场动画。

（4）transitionDuration：自定义转场动画的执行时间。

在 Flutter 应用开发中，自定义路由动画需要继承 PageRouteBuilder 基类，然后重写 pageBuilder、transitionsBuilder 等几个必要的属性。使用 FadeTransition 组件实现渐变路由动画的例子代码如下：

```
class CustomFadeRoute extends PageRouteBuilder {
```

```
  final Widget widget;
  final int duration;

  CustomFadeRoute(this.widget,{this.duration = 500})
      : super(
    transitionDuration: Duration(milliseconds: duration),
    pageBuilder:(BuildContext context, Animation<double> animation,
        Animation<double> secondaryAnimation){
      return widget;
    },
    transitionsBuilder:(BuildContext context,
        Animation<double> animation,
        Animation<double> secondaryAnimation,
        Widget child){
      return FadeTransition(
        opacity: Tween(begin: 0.0, end: 1.0).animate(CurvedAnimation(
            parent: animation, curve: Curves.fastOutSlowIn)),
        child: child,
      );
    },
  );
}
```

在上面的代码中，我们使用transitionsBuilder属性自定义了一个渐变动画，当执行路由跳转时就会看到路由渐入的效果。然后，我们只需要在执行路由跳转的地方将MaterialPageRoute换成我们自定义的路由组件即可，如下所示：

```
Navigator.push(context, CustomFadeRoute(PageB(),duration: 1000));
```

当然，除了上面所说的渐变路由动画外，我们还可以使用ScaleTransition实现路由的缩放动画效果，使用ScaleTransition实现旋转动画效果，以及使用SlideTransition实现左右滑动切换动画效果等，只需要在自定义路由时修改transitionsBuilder的属性值即可。

7.3.2 Fluro

在Flutter开发中，除了使用默认的Navigator路由组件外，我们还可以使用一些第三方路由框架来实现路由导航和管理，如fluro、grouter和auto_route等。其中，使用的最多的还是fluro，它具有层次分明、条理化、方便扩展和便于整体管理路由等优点。同时，作为一款优秀的企业级应用路由框架，fluro非常适合用在中大型Flutter项目开发中。

使用fluro路由框架之前，我们需要先在pubspec.yaml配置文件中添加fluro依赖，如下所示：

```
dependencies:
  fluro: ^2.0.5
```

完成 fluro 库依赖后，接下来就可以使用 fluro 进行路由导航管理开发工作了。为了方便统一管理应用程序的路由，fluro 使用的是声明式的路由方案。因此，我们首先需要新建一个路由映射配置文件，用来对路由进行统一的管理，下面是路由映射配置文件 route_handlers.dart 的示例代码。

```
var defaultHandler = Handler(handlerFunc:(BuildContext? context, Map
<String, dynamic> params){
  return PageDefault();
});

var pageAHandler = Handler(handlerFunc: (BuildContext? context, Map<String,
dynamic> params){
  return PageA();
});
... //省略其他
```

完成路由映射文件的配置后，接下来还需要一个统一的对外静态路由配置，使用的是声明式的路由方案，目的是方便我们在路由中使用别名就可以完成路由跳转。下面是静态路由配置文件 routes.dart 的示例代码。

```
class Routes {
  static String pageA = "/";
  static String pageB = "/pageB";

  static void configureRoutes(FluroRouter router){
    router.define(pageA, handler: pageAHandler);
    router.define(pageB, handler: pageBHandler);
    router.notFoundHandler = defaultHandler;
  }
}
```

需要说明的是，在处理静态路由配置时，需要单独处理路由不存在的情况，即当找不到路由时需要使用一个默认的路由进行“兜底”。同时，需要注意的是，应用程序的启动路由一定要用“/”标识符进行配置。

接下来，我们还需要创建一个全局的 fluro 路由对象，作用是方便我们在应用的任何地方都可以调用它，实现路由代码的解耦。下面是 application.dart 全局路由对象的示例代码。

```
class Application {
  static late final FluroRouter router;
```

```
}
```

最后，我们还需要在应用的入口文件main.dart中初始化fluro以及添加路由配置，代码如下：

```
void main(){
  final router = FluroRouter();
  Routes.configureRoutes(router);
  Application.router = router;

  runApp(const MyApp());
}

class MyApp extends StatelessWidget {
  const MyApp({super.key});

  @override
  Widget build(BuildContext context){
    return MaterialApp(
      onGenerateRoute: Application.router.generator,
    );
  }
}
```

如果要导航到某个路由，只需要使用Application.router.navigateTo()方法即可，如下所示：

```
Application.router.navigateTo(context, Routers.pageB);
```

其中，Routers.pageB是routes.dart静态路由文件中定义的路由别名。同时，为了满足路由导航过程中参数传递，导航方法navigateTo还提供了一个routeSettings属性，使用它我们即可实现路由间的参数传递，如下所示：

```
Map<String, String> param = {'name': 'I'am from pageA'};
Application.router.navigateTo(context, Routers.pageB, routeSettings:
RouteSettings(arguments: param));
```

事实上，除了基本的数据类型，routeSettings还支持Map、JsonObject以及数据实体类等数据类型。接下来，我们就可以在route_handlers.dart路由映射文件中使用上下文获取传递的数据，如下所示：

```
var pageBHandler = Handler(handlerFunc: (context, params){
    final args = context?.settings?.arguments as Map<String,dynamic>;
    var name = args['name'];
    return PageB();
```

```
});
```

可以发现，相比于Flutter官方提供的Navigator组件，fluro虽然使用起来较为烦琐，但是只需要前期配置好路由之后，后面在业务开发时使用就很方便了。这种统一管理路由的思想，非常适合在中大型项目中应用，同时分层架构思想也非常方便应用后期的维护和升级。

7.4 习题

一、选择题

1. 以下哪些是Flutter路由组件Navigator提供的方法？（　　）

A. push()　　B. pop()　　C. replace()　　D. remove()

2. Navigator组件支持传递的基本参数类型包含哪些？（　　）

A. String　　B. Int　　C. Boolean　　D. Map

3. 打开一个路由并移除路由栈中之前的所有路由，使用以下哪个方法？（　　）

A. pushReplacement　　B. pushAndRemoveUntil

C. popUntil　　D. popAndPushNameed

4. 使用PageRouteBuilder可以实现哪些路由动画？（　　）

A. FadeTransition　　B. ScaleTransition

C. SlideTransition　　D. Tween

二、操作题

1. 熟悉Navigator的使用流程，并使用它完成路由的参数传递。
2. 掌握Navigator的栈管理，熟悉不同的路由打开方式对栈的影响。
3. 基于fluro路由框架搭建应用程序的路由。

第8章 网络编程

8.1 网络基础

8.1.1 HTTP

超文本传输协议（HyperText Transfer Protocol，HTTP）是一种基于 TCP/IP 的应用层协议，是在互联网上进行数据通信的基础协议。其设计的初衷是提供一种发布和接收 HTML 页面的方法。

HTTP 协议是互联网上基础的协议之一，它被用于在 Web 浏览器和 Web 服务器之间，传输 HTML 页面、图像、视频、音频和其他类型的文件。HTTP 协议基于 TCP 协议，它定义了客户端和服务器之间信息交换的格式和规则。同时，HTTP 协议使用的是请求响应模型，客户端发送一个 HTTP 请求到服务器，服务器则返回一个 HTTP 响应，工作原理示意图如图 8-1 所示。

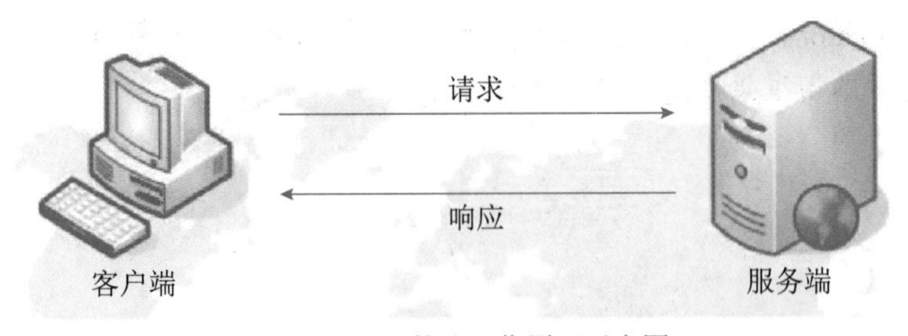

图 8-1　HTTP 协议工作原理示意图

同时，HTTP 还是一个无状态的协议。所谓无状态，是指客户端和服务端之间不需要建立持久的连接，当客户端向服务端发出请求时，服务端返回响应后连接就被关闭了。HTTP 协议遵循请求、应答模型，即客户端向服务端发送请求，服务端处理请求并直接返回结果。

在 HTTP 协议中，一次 HTTP 请求又称为事务，整个过程涉及地址解析、请求数据包封装、TCP 包封装、发送请求命令，服务端响应请求、返回响应以及关闭连接等。

在 HTTP 协议的工作流程中，最核心的流程莫过于“三次握手”与“四次挥手”。首先，由客户端向服务端发送一个建立连接的请求，在这次请求过程中客户端发送一个 SYN 包，然后客户端等待服务端的响应。服务端收到请求和 SYN 包后返回给客户端一个确认的 SYN 包和额外的 ACK 包，客户端收到返回之后向服务端发送 TCP 报文包，即 HTTP 协议中著名的“三次握手”的工作流程，如图 8-2 所示。

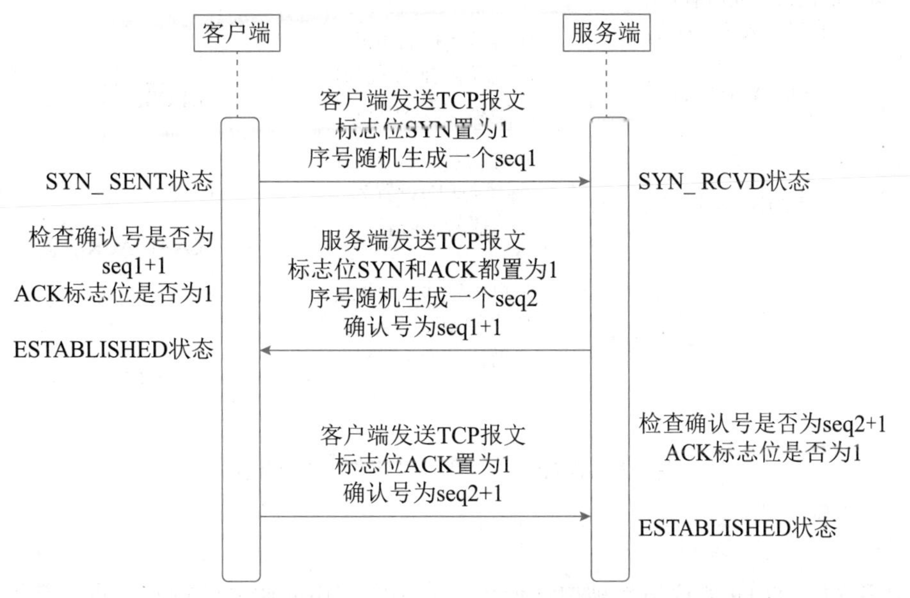

图 8-2　HTTP 协议“三次握手”工作时序图

由于 HTTP 协议是一个无状态的协议，所以在数据传输完成之后还需要断开与服务端的连接，即“四次挥手”。在断开连接的流程中，首先由客户端发送一个关闭请求的 FIN 标志位，服务器收到 FIN 后返回一个 ACK 码确认收到请求，然后服务器将 FIN 的值置为 1 返回给客户端并主动关闭与客户端的连接，客户端收到返回的 FIN 后也关闭与服务端的连接，整个流程如图 8-3 所示。

使用 HTTP 协议执行网络请求时，为了处理不同情况的返回结果，HTTP 提供了一些常见的状态码，如下所示。

（1）1**：信息状态码，服务器收到请求，正在处理请求。

（2）2**：成功状态码，请求被成功接受并处理。

（3）3**：重定向状态码，重定向处理请求。

（4）4**：客户端状态码，服务器无法处理请求。

（5）5**：服务器状态码，服务器处理请求出现内部错误。

HTTP 协议在 1.0 版本并没有考虑性能问题，导致每次连接都需要经历“三次握手”“四次挥手”，所以在 2.0 和 3.0 版本，专门针对连接进行优化，特别是 HTTP 3.0 版本底层改用 UDP+QUIC 通信方式之后，有效解决了请求队列阻塞的问题，并且减少了握手次数，因而性能上得到了大幅度提升。

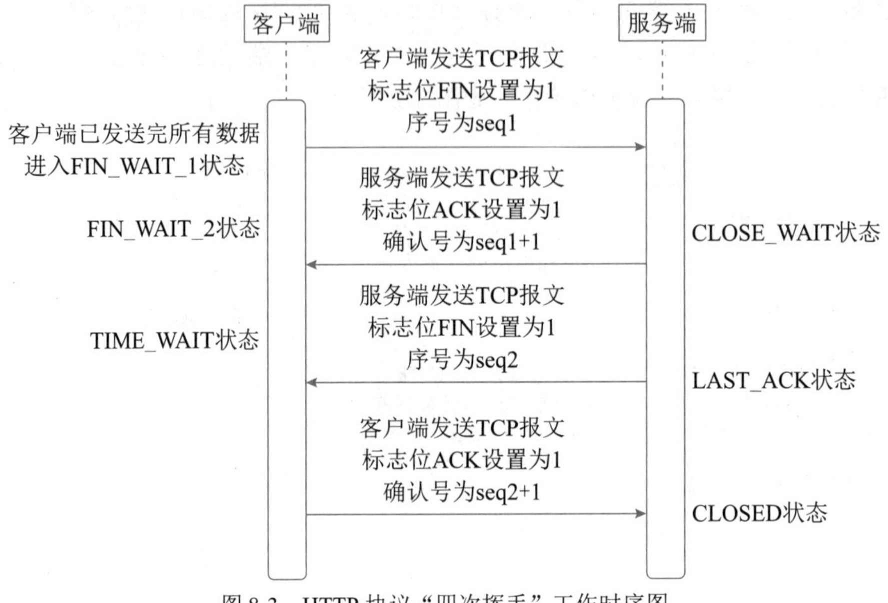

图 8-3 HTTP 协议“四次挥手”工作时序图

8.1.2 HTTPS

众所周知，HTTP 协议虽然被广泛使用，但是它使用的明文传输和消息完整性检测机制的缺乏，可能会带来信息窃听、信息篡改和信息劫持的风险，而这些恰好是网络支付和交易等新兴行业最关心的话题。为了解决这类安全问题，HTTPS 在 HTTP 的基础上新增了一个 TLS/SSL 加密流程，并通过身份验证、信息加密和完整性校验等过程来避免安全问题的产生，它们的区别如下：

采用 HTTPS 的服务器需要申请 CA 认证。

HTTP 传输的信息是未加密的，而 HTTPS 传输的信息是加密的。

HTTP 的端口是 80，而 HTTPS 的端口是 443。

总的来说，HTTPS 协议就是由 HTTP 加上 TLS/SSL 构建的可加密传输、身份认证的网络协议，通过数字证书、加密算法、非对称密钥等技术完成传输过程中的数据加密，保证传输过程中的数据安全，其工作流程如图 8-4 所示。

可以发现，相比 HTTP 协议的工作流程，HTTPS 新增的工作主要体现在客户端的加密和服务器的校验上，总体的工作流程没有太大的变化。在加密流程中，非对称加密算法用于身份认证和密钥协商，对称加密算法用来对协商的密钥数据进行加密，散列函数则用来验证信息的完整性。

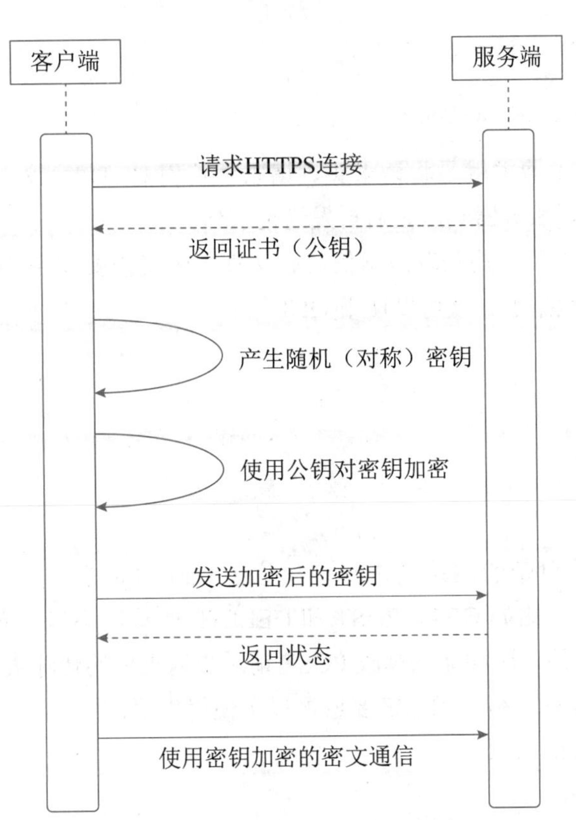

图 8-4　HTTPS 协议工作时序图

8.1.3　GET 与 POST

作为客户端和服务器之间的通信协议，HTTP 协议已经被广泛用在互联网开发中。在客户端 / 服务器模型中，客户端向服务器提交 HTTP 请求，服务器收到请求后向客户端返回响应。

目前，HTTP 一共支持八种常见的请求方式，分别是 HTTP1.0 定义的 GET、POST 和 HEAD 请求，以及 HTTP1.1 新增的 OPTIONS、PUT、DELETE、TRACE 和 CONNECT 请求。其中，使用频率最高的是 GET 和 POST，它们的区别如下。

GET：从指定的资源中获取数据，请求链接不包含请求体。

POST：向指定的资源提交请求来获取数据，数据被包含在请求体中。

通常，GET 请求提交的参数会显示在 URL 中，而 POST 请求使用表单提交的参数不会显示在 URL 上，因此 POST 请求更具隐蔽性。下面是 GET 请求和 POST 请求的示例，代码如下：

```
// GET 请求
/test/getMovies?name1=value1&name2=value2
// POST 请求
```

```
POST /test/getMovies HTTP/1.2
Host: runoob.com
name1=value1&name2=value2
```

本质上来说，GET 请求就是将请求头、请求体使用 HTTP 协议一并发出去，而 POST 请求则是先发请求头，服务器响应之后再发送请求体。

综上所述，如果涉及一些获取敏感信息、文件上传就需要使用 POST 请求，而如果是获取一些无关紧要的数据那么就可以使用 GET 请求。

8.2 网络请求

8.2.1 HttpClient

HttpClient 是 Dart 自带的网络请求模块，位于 Dart 的 io 包中，可以使用它进行一些基本的网络请求操作，比如 GET、POST 和 DELETE 请求。不过，对于一些复杂的场景 HttpClient 是无法胜任的，比如无法修改 POST 请求中请求体的传输类型。

使用 HttpClient 执行网络请求，需要遵循以下使用步骤：

（1）创建 HttpClient 对象。

（2）构造请求 Uri。

（3）发起请求，配置请求头和请求体等内容。

（4）等待响应，并解码响应的内容。

下面是使用 HttpClient 实现 GET 请求的示例，代码如下：

```
void getData() async {
  var httpClient = HttpClient();
  var uri = Uri.parse("xxx/api/v1/recommend");
  var request = await httpClient.getUrl(uri);
  var response = await request.close();
  if(response.statusCode == HttpStatus.ok){
    print(await response.transform(utf8.decoder).join());
  } else {
    print(response.statusCode);
  }
}
```

可以看到，使用 HttpClient 获取网络数据非常简单，只需要初始化一个 HttpClient 对象，然后调用 getUrl() 方法等待服务器响应即可。由于获取网络资源是一个异步的过程，所以网络请求需要使用 async 关键字进行修饰。

不过，HttpClient 虽然可以正常发送网络请求，但是对于细节的支持还是不够的。比如，需要开发者自己关闭请求，网络返回的数据需要手动解码等。于是，Flutter 官方推出了一个网络请求库 http。

8.2.2 http

http 是 Flutter 官方推荐的一个网络请求库，相比于 HttpClient，http 的易用性和可扩展能力提升了不少。由于 http 没有默认集成到 Dart 的 SDK 中，所以使用它之前需要先在 pubspec.yaml 中添加依赖，代码如下：

```
dependencies:
  http: ^1.1.0
```

Flutter 官方之所以推荐使用 http 库，是因为 http 库中提供了一些高阶函数，可以让开发者更方便地访问网络资源。并且，http 库能够同时支持移动端设备和 PC 平台，具有良好的跨平台兼容性。例如，下面是使用 http 库实现 GET 请求的示例。

```
void getData() async {
    var client = http.Client();
    var uri = Uri.parse("xxx/api/v1/recommend");
    var response = await client.get(uri);
    if (response.statusCode == HttpStatus.ok){
      print(response.body);
      client.close();
    } else {
      print(response.statusCode);
    }
  }
```

可以看到，http 的使用流程和 HttpClient 是大体一致的。首先需要创建一个 Client 对象，然后使用 Uri 构造请求，接着再调用 get() 方法执行网络请求。同时，get() 方法支持传入一个 Map 类型的请求参数，代码如下：

```
Future<Response> get(Uri url,{Map<String, String>? headers});
```

需要注意的是，get() 方法返回的也是一个 http.Response 的数据流类型，所以需要调用 utf8.decoder() 方法进行转码处理，否则可能会出现内容乱码。

与 HttpClient 的 POST 的使用方式大体类似，http 库的 POST 请求就是将 get() 方法替换为 post() 方法，然后传入请求头和请求体等必要的参数即可，代码如下：

```
void postData() async {
    var client = http.Client();
    var uri = Uri.parse("xxx/api/v1/recommend");
    Map<String, String> mHeaders = {'content-type': 'application/json'};
```

```
    Map<String, String> mBody = {"name": "admin", "pass": "*****"};
    var response = await client.post(uri,headers:mHeaders,body: mBody);
    if (response.statusCode == HttpStatus.ok){
      print(response.body);
      client.close();
    } else {
      print(response.statusCode);
    }
  }
```

除此之外，http 还支持重试某个请求，如下所示：

```
void retryClient() async {
    var client = RetryClient(http.Client());
    var uri = Uri.http('example.org', '')
    try {
      print(await client.read(uri));
    } finally {
      client.close();
    }
  }
```

可以发现，相比于 HttpClient，http 提供的功能确实要更多，并且使用起来也更加方便，仅需要一次异步调用即可获取网络资源。

8.2.3 dio

事实上，HttpClient 和 http 虽然都能够正常发送网络请求，但是可定制化和可扩展方面的能力还是相对较弱的。因此，为了满足现代的应用程序的开发需求，推荐使用 Flutter 社区开源的 dio 库。

dio 是 Flutter 技术社区开源的一款网络请求库，除了支持一些常见的网络请求方式，dio 还支持 Restful API、FormData、自定义拦截器、取消请求、文件上传下载、Cookie 管理和超时处理等功能，并且开发者还可以根据实际情况扩展已有的功能，非常强大。

和 http 网络请求库一样，由于 dio 并非 Flutter 自带的插件，所以在使用之前需要先在 pubspec.yaml 文件中添加依赖，如下所示：

```
dependencies:
  dio: ^5.3.2
```

和 HttpClient、http 等网络请求库的流程一样，使用 dio 进行网络请求也需要先创建一个 dio 对象，然后根据需要设置请求 URl、Header 及请求参数，然后再使用 dio 对象发送请求，代码如下：

```
void getData() async {
    var dio = Dio();
    var uri = 'xxx/api/v1/recommend';
    var option = Options(headers:{'content-type': 'application/json'});
    var param = {'page': '1', 'pageSize': '10'};
    var response = await dio.get(uri,options: option,queryParameters:
param);
    if(response.statusCode == HttpStatus.ok){
      print(response.data);
      dio.close();
    } else {
      print(response.statusCode);
    }
  }
```

并且，使用 dio 库执行网络请求时，不需要再对返回数据进行转码。并且相比其他的网络请求库，dio 提供了更多的自定义能力。当然，dio 的 POST 请求也同样方便，只需要将 GET 请求中的 get() 方法改为 post() 方法，然后传入对应的参数即可，如下所示：

```
void postData() async {
    var dio = Dio();
    var uri = 'xxx/api/v1/recommend';
    Map<String, String> headers = {'content-type': 'application/json'};
    dio.options.headers=headers;
    var param = {'page': '1', 'pageSize': '10'};
    var response = await dio.post(uri,queryParameters: param);
    if(response.statusCode == HttpStatus.ok){
      print(response.data);
      dio.close();
    } else {
      print(response.statusCode);
    }
  }
```

可以看到，在应对基本的 GET 和 POST 请求时，dio 可以说是毫无压力的。有时在应用开发过程中，我们需要处理多个请求并发的情况，为了应对这种场景，dio 提供了一个 wait 并发处理函数，如下所示：

```
response = await Future.wait([dio.post('/info'), dio.get('/token')]);
```

需要说明的是，由于网络请求是一个异步的过程，所以执行并发请求时我们并不能保证先执行网络请求一定会先返回结果。

在应用开发中，文件下载也是一种很常见的需求，为了实现文件下载操作，dio 提供了一个 download() 方法，代码如下：

```
response = await dio.download(
  'https:// www.google.com/',
  '${(await getTemporaryDirectory()).path}google.html',
);
```

除了 GET 和 POST 请求，表单提交也是一种很常见的请求。通常，执行表单提交时需要将请求头的 contentType 设置为 multipart/form-data 类型。不过在 dio 中，如果请求的参数类型是 FormData 类型，那么不需要额外设置请求头的 contentType 的值，如下所示：

```
var formData = FormData.fromMap({
  'name': 'dio',
  'date': DateTime.now().toIso8601String(),
});
var dio = Dio();
var response = await dio.post('/info', data: formData);
```

除了用于表单提交，FormData 还可以用于文件上传操作。例如，下面是使用 FormData 上传多个文件的示例。

```
var formData = FormData.fromMap({
  'name': 'dio',
  'date': DateTime.now().toIso8601String(),
  'file': await MultipartFile.fromFile('./text.txt', filename: 'upload.
txt'),
  'files': [
    await MultipartFile.fromFile('./text1.txt', filename: 'text1.txt'),
    await MultipartFile.fromFile('./text2.txt', filename: 'text2.txt'),
  ]
});
var response = await dio.post('/info', data: formData);
```

如果需要监听文件上传的进度，可以使用 post() 方法提供的 onSendProgress 回调函数，代码如下：

```
final response = await dio.post(
  'xxx',
  onSendProgress: (int sent, int total){
    print('$sent $total');
  },
);
```

此外，为了对 HTTP 请求进行一些预处理或者后处理，在网络请求过程中还会用到拦截器。拦截器的作用有很多，主要是在方法执行前后进行相应的处理，典型的使用场景是身份验证，检查用户是否具有权限访问某个资源。

使用 dio 执行网络请求时，我们可以使用 InterceptorsWrapper 来自定义一个拦截器，然后再将其添加到请求头中，如下所示：

```
dio.interceptors.add(
  InterceptorsWrapper(
    onRequest: (RequestOptions options, RequestInterceptorHandler
handler){
      return handler.next(options);
    },
    onResponse: (Response response, ResponseInterceptorHandler handler){
      return handler.next(response);
    },
    onError: (DioException e, ErrorInterceptorHandler handler){
      return handler.next(e);
    },
  ),
);
```

可以看到，InterceptorsWrapper 有三个回调函数，分别用来处理请求之前、响应之后和发生异常时的三种情况。同时，每个 dio 实例对象都可以添加任意多个拦截器，并且拦截器队列的执行顺序遵循先进先出规则。

为了适配原生混合 Flutter 工程的网络请求，dio 还提供了一个网络适配器。比如，IOHttpClientAdapter 就可以将 http 请求转发给原生移动平台，然后再由原生平台进行统一的网络请求，如下所示：

```
// Web 平台适配器
import 'package:dio/browser.dart';
dio.httpClientAdapter = BrowserClientAdapter();

// 原生平台适配器
import 'package:dio/io.dart';
dio.httpClientAdapter = IOClientAdapter();
```

除此之外，dio 还支持请求取消、请求代理、HTTPS 证书校验、跨域资源共享等功能。不过，这些都不是 dio 库的全部，如果仔细挖掘它远比我们想象的要更加强大。

8.3 JSON 解析

8.3.1 手动解析

在与服务器的交互中，后台接口往往会返回一些结构化的数据，如 JSON、XML 等。作为一种轻量级的数据交换格式，JSON 被广泛应用在互联网开发的各个领域。同时，为了更好地操作返回的数据，通常在获取到接口返回的JSON数据之后还需要我们将其转化为实体对象。

Flutter官方提供了两种解析JSON数据的方式，分别是手动解析和自动解析，自动解析需要用到JSON解析插件。事实上，对于那些数据结构不是很复杂的场景，完全可以使用手动解析的方式来解析JSON数据。比如有下面这样一个JSON格式的数据。

```
{
  "userId": "0001",
  "name": "John Smith",
  "email": "john@example.com"
}
```

对于上面的JSON数据，我们完全可以使用手动解析的方式来获取数据。在Flutter开发中，手动解析通过调用json.decode()方法来进行解析，解析时需要传入一个JSON格式的字符串作为参数，如下所示：

```
var result='{}';
Map<String, dynamic> user = json.decode(result);
print('json parse, ${user['name']}');
print('json parse, ${user['email']}');
```

在上面的代码中，我们首先通过json.decode()方法将JSON格式的数据转化为Map类型，然后通过键值对的方式即可获取数据的值。除此之外，更通用的方式是新建一个实体类，然后将JSON数据解析到实体对象中，如下所示：

```
class UserEntity {
  String? userId;
  String? name;
  String? email;

  UserEntity({this.userId, this.name, this.email});

  UserEntity.fromJson(Map<String, dynamic> json){
    userId = json['userId'];
    name = json['name'];
    email = json['email'];
  }

  Map<String, dynamic> toJson(){
    final Map<String, dynamic> data = Map<String, dynamic>();
    data['userId'] = this.userId;
    data['name'] = this.name;
    data['email'] = this.email;
    return data;
```

```
    }
}
```

在上面的实体类代码中，fromJson() 方法的作用就是将 Map 类型的数据映射到实体类中，而 toJson() 方法的作用是将实体类转化成 Map 类型。所以，我们直接调用 fromJson() 方法即可实现 JSON 数据到实体类的解析，如下所示：

```
var result='{}';
Map<String, dynamic> user = json.decode(result);
UserEntity entity=UserEntity.fromJson(user);
print('entity parse, ${entity.name!}');
print('entity parse, ${entity.email!}');
```

事实上，对于数据量不是很大且数据结构不是很复杂的情况，完全可以使用手动的方式来解析 JSON 数据。但是对于数据结构复杂的场景，再使用手动方式进行解析就比较费时费力了，并且还容易出现解析错误。对此，我们需要通过一些插件或者工具来进行自动解析。

8.3.2 自动解析

从事过原生 Android、iOS 的开发者都知道，在 JSON 解析的过程中如果直接使用手动解析的方式来解析数据是非常麻烦的，并且手动解析还容易出错。为此，我们可以使用一些工具来辅助完成 JSON 数据的解析，比如 Android 开发中 GsonFormat 插件，以及 iOS 开发中的 ESJsonFormat 插件，都是不错的 JSON 解析工具。

同样，为了简化 Flutter 开发中的数据解析流程，也可以使用一些插件或工具来辅助生成实体类，比如 FlutterJsonBeanFactory 等。作为一款 JSON 解析插件，FlutterJsonBeanFactory 能够将 JSON 数据转化成 Dart 实体类。

使用 FlutterJsonBeanFactory 之前，需要在 Android Studio 上线安装它。首先打开 Android Studio，然后依次选择【Settings】→【Plugins】打开插件的安装页面，然后搜索 FlutterJsonBeanFactory 插件，单击【Install】按钮安装插件，如图 8-5 所示。

安装完成之后重启 Android Studio，然后打开设置面板中的 Tools 选项，如果看到 FlutterJsonBeanFactory 插件则说明安装成功，如图 8-6 所示。

接下来，只需要在项目上右击，然后依次选择【New】→【JsonToDartBeanAction】即可打开创建 JSON 数据转化页面，如图 8-7 所示。

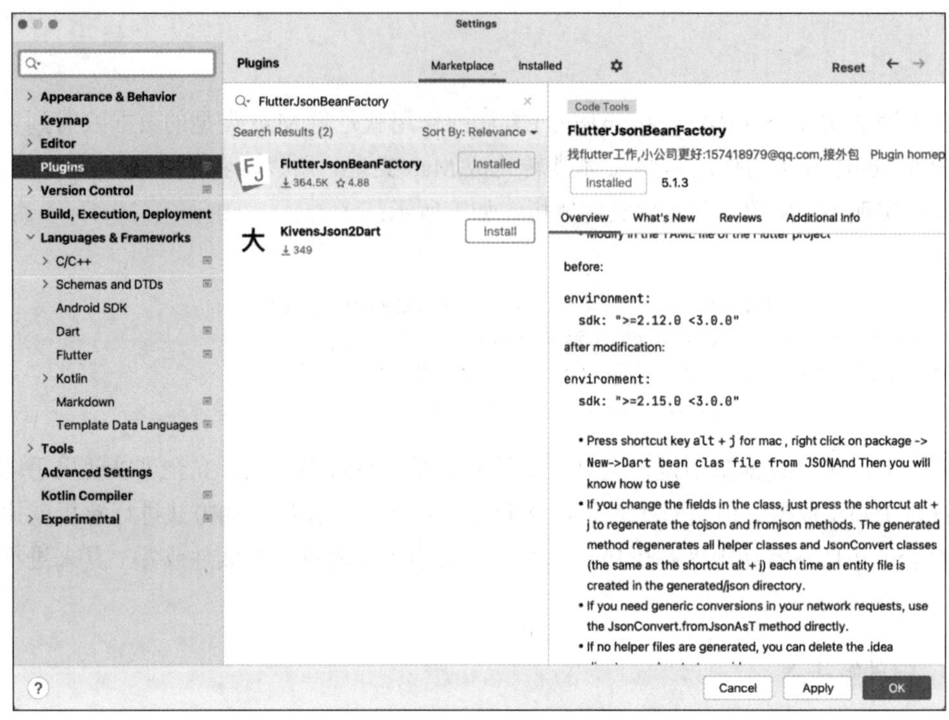

图 8-5　安装 FlutterJsonBeanFactory 插件

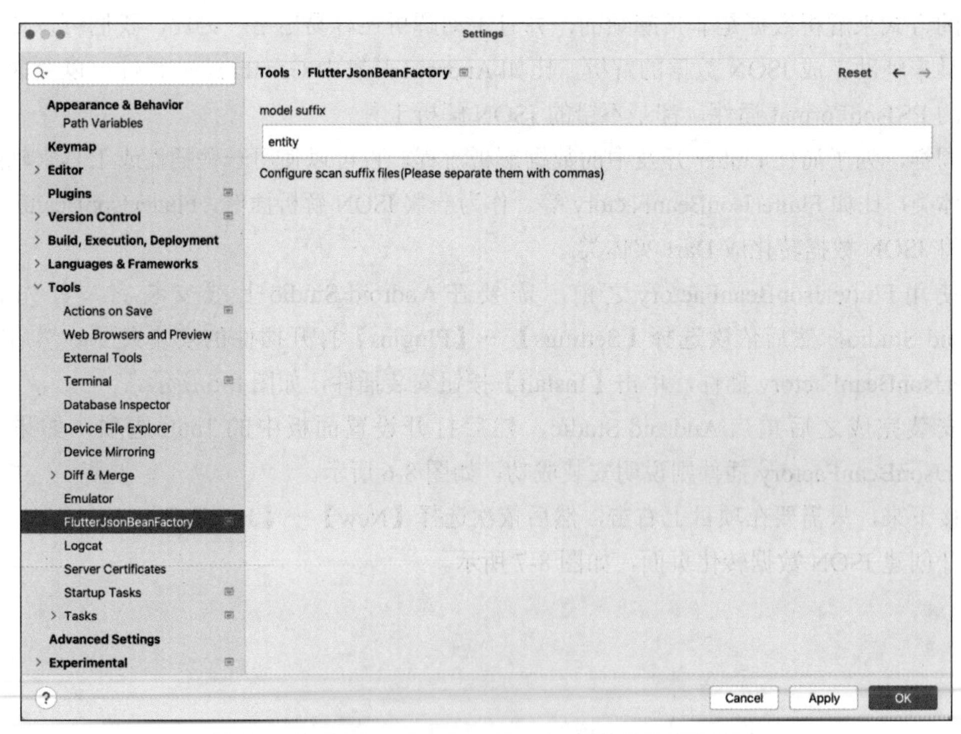

图 8-6　查看 FlutterJsonBeanFactory 插件是否安装成功

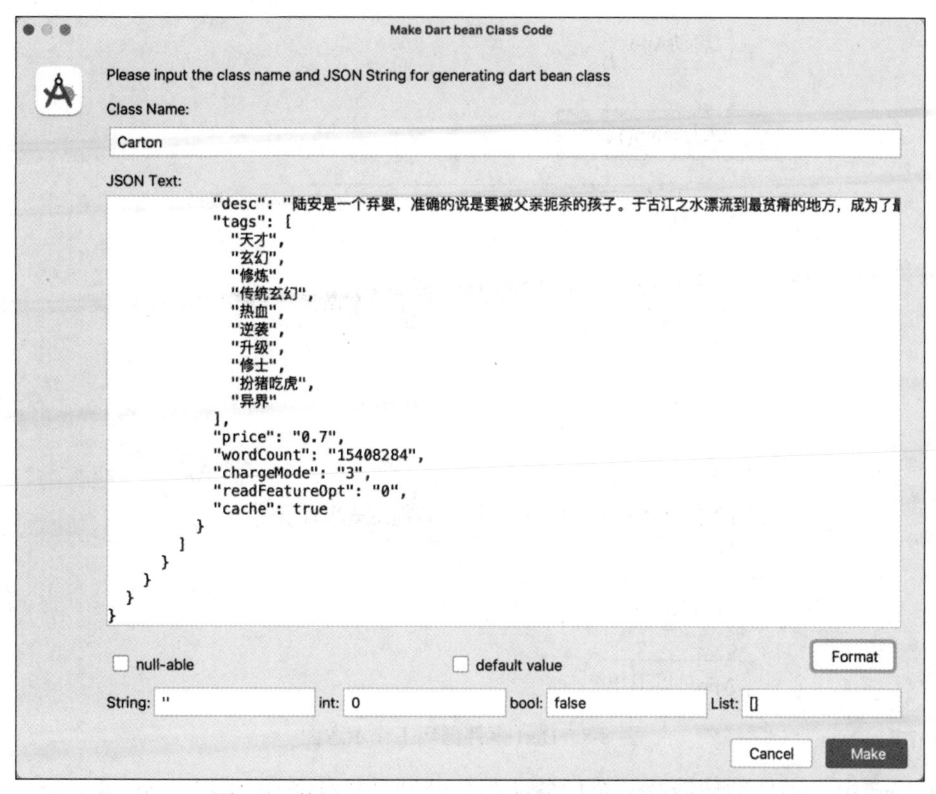

图 8-7　使用 FlutterJsonBeanFactory 插件解析 JSON

将需要解析的 JSON 格式的数据复制进去，然后填写实体类的名称，单击【Make】按钮就会生成需要的实体对象，同时生成的还有一个 generated 的映射文件。

可以看到，相比笨拙的手动解析，使用 IDE 插件的方式进行解析，不仅效率更高，还不容易出错，推荐使用这种方式来解析 JSON 数据。

8.4 异步编程

8.4.1　事件循环

在移动 App 开发中，经常会遇到需要处理异步任务的场景，如网络请求、文件读写等。为了处理异步任务，原生 Android、iOS 使用的是多线程，而 Flutter 使用的 Dart 是一门单线程模型的编程语言，所以实现异步操作使用的是单线程事件循环。

众所周知，Dart 是一门单线程模型的编程语言，这意味着 Dart 在同一时刻只能执行一个操作，其他操作需要在当前操作执行完成之后才能被执行，而多个操作的执行需要通过 Dart 的事件驱动模型。前端的 eventloop 事件循环机制和 Android 开发中的 Handler 消息传递机制是类似的，其工作流程如图 8-8 所示。

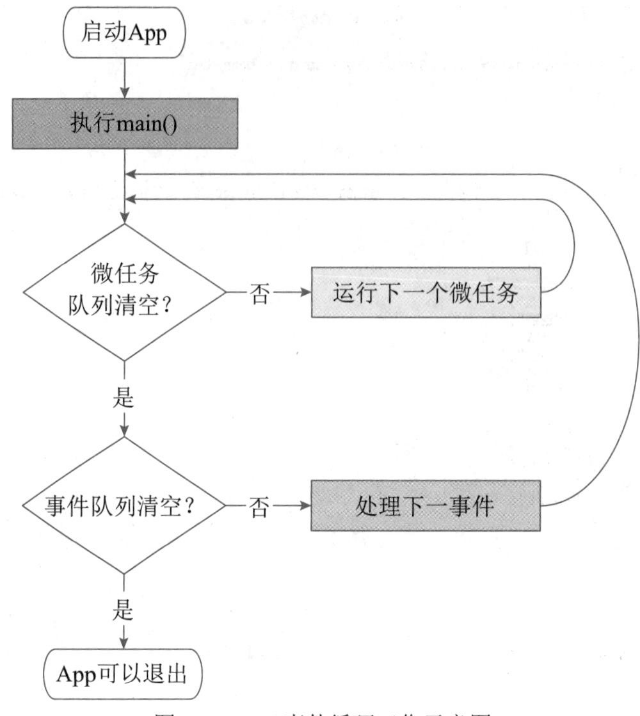

图 8-8　Dart 事件循环工作示意图

在 Dart 中，事件循环涉及两个任务队列，分别是微任务队列（Microtask queue）和事件队列（Event queue）。队列中的任务按照先进先出的顺序依次执行，而微任务队列的执行优先级要高于事件队列。

在 main() 方法执行完毕后事件循环就启动了。首先，系统会优先执行微任务队列中的任务，微任务队列执行完毕后再去执行事件队列中的任务，接着事件队列中的任务执行完成后会再去执行微任务队列中的任务，如此反复，直到所有队列中的任务都被执行完成，而这个处理过程就是 Dart 事件循环的处理机制。事实上，这种机制可以让开发者更简单地处理异步任务，不用担心锁的问题。我们可以很容易地预测任务执行的顺序，但无法准确预测到事件循环何时会处理执行某个具体的任务。

同时，Dart 中的方法一旦开始执行就不能被打断，而事件队列中的事件还可能来自用户输入、IO、定时器、绘制等，这意味着在两个队列中都不适合执行计算量过大的任务，只有这样才能保证流畅的 UI 绘制和用户事件的快速响应。而且 Dart 是一种单线程模型的编程语言，所以当一个任务的代码发生异常时，通常只会打断当前任务，后续任务将不受影响，程序更不会退出。

从图 8-8 还可以看出，将一个任务加入微任务队列，可以提高任务的优先级，所以如果我们希望提高某个任务的优先级，那么可以将其定义为微任务类型。但是一般不建议这么做，除非比较紧急的任务并且计算量不大，因为 UI 绘制和处理用户事件是在事件队列

中的，滥用微任务队列可能会影响用户体验。同时，当事件循环出现异常时，我们可以使用 Dart 提供的异常捕捉机制 try-catch-finally 来捕获并处理异常，比如捕获异常后直接跳过异常执行其他事件。

8.4.2 Isolate

由于 Dart 是一门基于单线程模型的编程语言，因此耗时任务往往会堵塞其他任务的执行，为了解决这一问题，Dart 在事件循环机制的基础上提供了另外一套线程模型，即 Isolate。

Isolate 又被称为隔离，本质上来说就是 Dart 中的一个线程，不过与 Java 中的线程实现方式有所不同，lsolate 是通过 Flutter 的引擎层创建出来的，并且由它进行管理，Dart 代码默认就运行在主 Isolate 上。

每个 Isolate 都拥有单独的内存和单线程控制的运行实体，并且每个 Isolate 之间都是相互隔离的。而且 Isolate 中的代码都是顺序执行的，任何并发都是执行多个 Isolate 的结果。Flutter 可以拥有多个 Isolate，但多个 Isolate 之间不能共享内存，也就是说不用考虑锁的问题，而不同 Isolate 之间进行通信的唯一方式就是消息传递机制。

在 Dart 中，创建 lsolate 主要有两种方式，分别是 spawnUri 和 spawn。同时，与 Isolate 相关的代码都位于 isolate.dart 文件中，spawnUri 的构造函数如下所示：

```
external static Future<Isolate> spawnUri(
      Uri uri,
      List<String> args,
      var message,
      {bool paused = false,
       SendPort? onExit,
       SendPort? onError,
       bool errorsAreFatal = true,
       bool? checked,
       Map<String, String>? environment,
       @Deprecated('The packages/ dir is not supported in Dart 2')
           Uri? packageRoot,
       Uri? packageConfig,
       bool automaticPackageResolution = false,
       @Since("2.3")
           String? debugName});
```

使用 spawnUri 构造方法创建 Isolate 时需要传入三个必传参数，分别是 Uri、args 和 message。其中，Uri 用于指定 Isolate 代码文件的路径，args 用于表示参数列表，message 用于表示需要发送的动态消息。

需要注意的是，运行 Isolate 代码文件时必须在 main() 方法中启动，它是新创建的

Isolate的入口方法，并且main()中的args参数需要与spawnuri()方法中的args参数对应。如果不需要向Isolate中传递参数，args参数可以传入一个空的列表。

首先使用IntelliJ IDEA创建一个Dart工程，新建一个main_isolate.dart文件，然后添加代码如下：

```
void main(){
  print('[main isolate] start');
  createIsolate();
  print('[main isolate] stop');
}

createIsolate(){
  var rp = ReceivePort();
  var sp = rp.sendPort;
  Isolate.spawnUri(Uri(path: './other_isolate.dart'), ['main isolate',
'main args'], sp);

  rp.listen((message){
    print('[main isolate] message: $message');
  });
}
```

在上面的代码中，我们使用spawnUri构造方法创建了一个Isolate，创建的时候需要指定消息接收方Isolate的文件路径，所以此处还需要在同级目录下再新建一个other_isolate.dart文件，代码如下：

```
void main(args, SendPort sp){
  print("[child isolate] start");
  print("[child isolate] args: $args");
  createIsolate(sp);
  sp.send([1, "[child isolate] finish"]);
}

void createIsolate(sp){
  var rp = ReceivePort();
  var port = rp.sendPort;

  rp.listen((message){
    print("[child isolate] message: $message");
  });
  sp.send([0, port]);
  sleep(Duration(seconds:5));
}
```

在上面的代码中，主要是创建了一个ReceivePort对象用来接收Isolate发送的消息。

当运行 main_isolate.dart 文件时，输出的日志如下：

```
[main isolate] start
[main isolate] stop
[child isolate] start
[child isolate] args: [main isolate, main args]
[main isolate] message: [0, SendPort]
[main isolate] message: [1, [child isolate] finish]
```

事实上，在 Dart 中，多个 Isolate 对象之间进行消息通信就是通过 Port 来实现的。其中，用于接收消息的是 ReceivePort，用于发送消息的是 SendPort，并且 SendPort 不能单独创建，它需要被包含在 ReceivePort 之中。同时，还可以使用 ReceivePort 对象的 listen() 方法来监听并处理发送过来的消息。

除了使用 spawnUri 方式，更常用的方式是使用 spawn 来创建 Isolate。spawn 的构造函数如下：

```
external static Future<Isolate> spawn<T>(
      void entryPoint(T message), T message,
      {bool paused = false,
      bool errorsAreFatal = true,
      SendPort? onExit,
      SendPort? onError,
      @Since("2.3") String? debugName});
```

使用 spawn 方式来创建 Isolate 时需要传入两个必需的参数，分别是运行在子 Isolate 中的耗时函数和动态消息。同时，使用 spawn 方式创建的 Isolate，主 Isolate 和子 Isolate 位于同一个文件的 main() 函数中，这样做不仅可以降低资源消耗，还有利于代码的组织和复用。下面是使用 spawn 方式创建 Isolate，并实现主 Isolate 与子 Isolate 通信的例子，代码如下：

```
void main(){
  print('[main isolate] start');
  createIsolate();
  print('[main isolate] end');
}

createIsolate() async {
  var rp = ReceivePort();
  var sp = rp.sendPort;
  await Isolate.spawn(backgroundWork, sp);

  rp.listen((message){
    print('[main isolate] message: $message');
```

```
    });
  }

  void backgroundWork(SendPort port){
    print('[child isolate] start');
    var rp = ReceivePort();
    var sp = rp.sendPort;

    rp.listen((message){
      print('[child isolate] message: $message');
    });
    port.send([0, sp]);
    sleep(Duration(seconds:5));
    port.send([1, '[child isolate] finish']);

    print('[child isolate] end');
  }
```

与spawnUri方式创建的Isolate不同，spawn方式创建的Isolate都位于同一个文件中，然后子Isolate使用SendPort将消息发送给主Isolate，主Isolate使用ReceivePort接收消息，反之也是可以的，最终实现主Isolate和子Isolate之间的双向通信。运行上面的代码，输出的日志如下：

```
[main isolate] start
[main isolate] stop
[child isolate] start
[child isolate] args: [main isolate, main args]
[main isolate] message: [0, SendPort]
[main isolate] message: [1, [child isolate] finish]
```

事实上，无论是spawn还是spawnUri，它们运行后都会创建两个进程，一个是主Isolate的进程，一个是子Isolate的进程，两个进程通过ReceivePort实现双向绑定。并且，即使子Isolate中的任务已经完成，它的进程也不会立刻退出，因此需要调用kill()方法来手动停止Isolate的运行。

当然，如果直接在Flutter中使用spawn或者spawnUri来创建Isolate还是显得比较烦琐的，因此Flutter官方对ReceivePort进行了更高级别的封装，并对外提供了一个compute()方法，使用示例如下：

```
createIsolate() async {
    var str = "New Task";
    var result = await compute(doBackgroundWork, str);
    print(result);
  }
```

```
String doBackgroundWork(String value){
  print("[child isolate] doWork start");
  sleep(const Duration(seconds: 5));
  print("[child isolate]] doWork end");
  return "[child isolate] complete:$value";
}
```

可以看到，compute() 方法需要传入两个参数，第一个参数表示待执行的耗时函数，第二个参数表示需要发送的动态消息。

不过，Isolate 虽好，但是如果滥用 Isolate 也可能带来负面的作用。同时，应当尽可能多地使用 Dart 的事件循环去处理异步任务，这样才能更好地发挥 Dart 语言的优势。

8.4.3　线程管理

众所周知，Flutter 框架一共分为三层，分别是框架层（Framework）、引擎层（Engine）和嵌入层（Embedder）。其中，嵌入层的作用就是将 Flutter 嵌入各个操作系统平台，如图 8-9 所示。

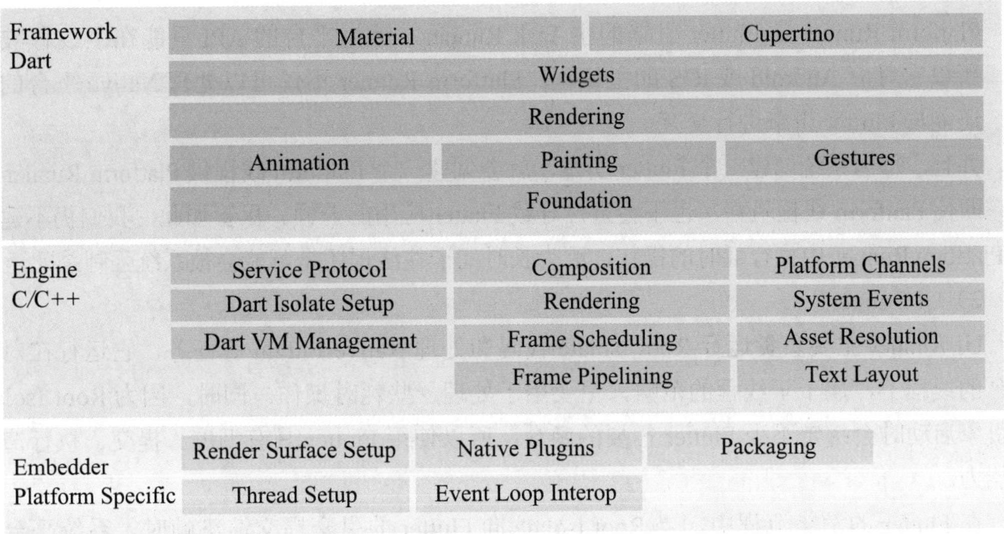

Framework
Dart
Material　Cupertino
Widgets
Rendering
Animation　Painting　Gestures
Foundation

Engine
C/C++
Service Protocol　Composition　Platform Channels
Dart Isolate Setup　Rendering　System Events
Dart VM Management　Frame Scheduling　Asset Resolution
Frame Pipelining　Text Layout

Embedder
Platform Specific
Render Surface Setup　Native Plugins　Packaging
Thread Setup　Event Loop Interop

图 8-9　Flutter 架构图

默认情况下，Flutter 的引擎层会创建一个 Isolate，当 Flutter 项目启动后就会默认启动这个主 Isolate。因此，Isolate 其实就是通过 Flutter 的引擎层创建的，但是 Flutter 引擎 Isolate 的创建与管理又是由嵌入器负责的，也就是说嵌入器是平台引擎移植的中间代码，如图 8-10 所示是 Flutter 引擎层的架构示意图。

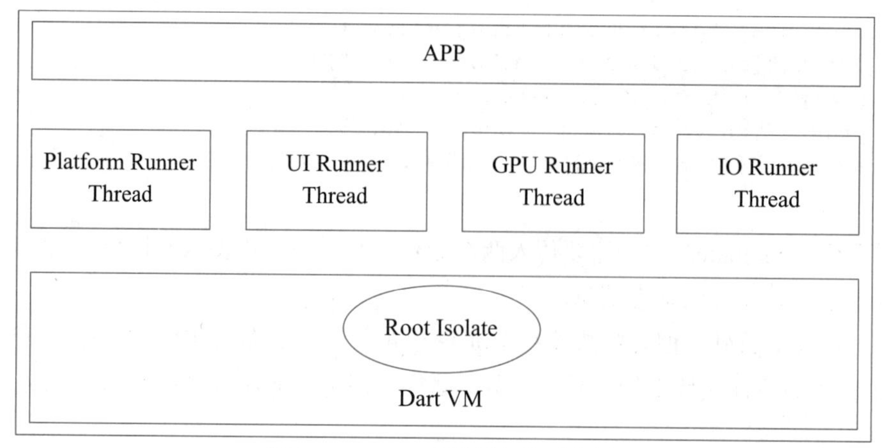

图 8-10 Flutter 引擎层架构示意图

嵌入层中存在 4 个 Runner，分别是 Platform Runner、UI Runner、GPU Runner 和 IO Runner。其中，每个引擎都会各自对应 UI Runner、GPU Runner、IO Runner 中的任何一个，并且它们共享一个 Platform Runner。下面分别介绍这 4 个 Runner 的作用。

1）Platform Runner

Platform Runner 是 Flutter 引擎的主 Task Runner，因为平台的 API 只能在主线程被调用，所以它对应 Android 或 iOS 的主线程。Platform Runner 不仅可以处理 Native 平台的交互，还能与 Flutter 引擎进行交互。

并且，每当系统创建一个 Flutter 引擎，就会创建一个 Platform 线程供 Platform Runner 使用，即使 Platform 线程阻塞，也不会直接导致 Flutter 应用的卡顿。尽管如此，我们仍不建议在 Platform Runner 中执行耗时的操作，因为长时间卡住线程还是可能会被系统强制杀死。

2）UI Runner

UI Runner 主要负责运行 Root Isolate 代码和处理 Native Plugin 等任务，它运行在对应平台的线程上，属于子线程的范畴，主要用于处理一些耗时操作。同时，因为 Root Isolate 在引擎启动时会绑定不少 Flutter 需要的函数，所以使得 Flutter 具有调度、提交、执行渲染的能力。

在 Flutter 的渲染流程中，当 Root isolate 向 Flutter 的引擎提交渲染帧时，系统平台就会生成一个 Layer Tree，并将 Layer Tree 的信息提交给 Flutter 引擎进行处理。此时，仅生成了需要描绘的内容，没有执行屏幕视图的创建和渲染，要想将 Layer Tree 的信息绘制到屏幕上，就需要用到 Root Isolate。因此，我们不能在 UI Runner 中执行大量耗时操作，否则可能会造成应用卡顿问题。

除此之外，Root Isolate 还可以处理 Native Plugins 的消息、Timers、微任务、文件操作和异步 IO 任务等。并且，对于那些无法避免的耗时任务，建议将其放到独立的 Isolate 去处理，从而避免应用 UI 的卡顿问题。

3）GPU Runner

GPU Runner 被用于执行与设备 GPU 相关的调用。在 UI Runner 创建 Layer Tree 之后，GPU Runner 会将 Layer Tree 提供的信息转化为平台可执行的 GPU 指令，同时它也负责管理每一帧绘制所需要的 CPU 资源，包括 Framebuffer 的创建、Surface 生命周期的管理以及 Texture、Buffers 的绘制时机等。

GPU Runner 运行的线程对应平台的子线程，UI Runner 和 GPU Runner 运行在不同的线程上。GPU Runner 会根据目前帧执行的进度向 UI Runner 请求下一帧的数据，在任务繁重时可能会出现 UI Runner 的延迟情况。这种调度机制可以确保 GPU Runner 不至于过载，也避免了 UI Runner 不必要的耗时操作。

为了避免 GPU Runner 出现耗时太久的极端情况，Flutter 提供了另一个 Runner，即 IO Runner，主要用来执行一些预处理操作。

4）IO Runner

IO Runner 运行的线程也是对应平台的子线程。在 Flutter 开发中，当 UI Runner 和 GPU Runner 都出现过载时，就需要使用 IO Runner 来执行一些预处理的读取操作，然后再上报给 GPU Runner。因为只有 GPU Runner 才能接触到 GPU，所以 IO Runner 又相当于 GPU Runner 的助手。

合理使用 IO Runner 可以有效减少 GPU Runner 的额外工作，反之，不合理使用 IO Runner 虽然并不会直接导致应用的卡顿，但是可能会导致图片和其他资源加载的延迟，最终影响应用的渲染性能和使用体验。

8.4.4 事件流

在 Dart 中，事件流（Stream）和 Future 是异步编程的两个核心 API，它们都可以用来处理异步任务或者延迟任务。不同之处在于，Future 只需要执行一次异步即可获得的数据，Stream 可能需要执行多次异步才能获取。所以，在处理异步任务时，Future 只会返回一个值，而 Stream 可能有无限多个的返回值。

作为 Dart 异步编程的实现方案之一，我们可以简单地将 Stream 想象成管道的两端，它只允许从一端流入数据，然后通过管道后再从另一端流出数据。同时，Flutter 提供了一个 StreamController 对象来管理和控制事件流。具体来说，StreamController 提供了一个类型为 StreamSink 的 sink 属性作为数据的入口，同时还提供了一个 Stream 属性作为数据的出口，工作流程示意图如图 8-11 所示。

事件流可以传输任何数据，包括基本值、事件、对象、集合、Map 等，即任何基本的数据类型都可以被事件流触发和传输。如果需要获取事件流中传输的数据，可以使用 listen() 方法来监听 StreamController 的 stream 属性的内容。

图 8-11 Stream 工作流程示意图

使用 StreamController 结合官方提供的 StreamBuilder 组件实现计数器应用的示例代码如下：

```
class PageStreamState extends State<PageStream>{
  int count = 0;
  var sc = StreamController<int>();

  @override
  Widget build(BuildContext context){
    return Scaffold(
      body: StreamBuilder<int>(
        stream: sc.stream,
        builder: (context, snapshot){
          return snapshot.data == null
              ? const Text('0')
              : Text(snapshot.data.toString());
        },
      ),
      floatingActionButton: FloatingActionButton(
        onPressed: (){
          sc.sink.add(++count);
        },
        child: const Icon(Icons.add),
      ),
    );
  }
}
```

可以看到，在上面的代码中，并没有使用官方默认的 setState 方式来管理对象的状态，而是通过 StreamController 来管理对象的状态。事实上，除了 setState 和 StreamController 这两种方式，InheritedWidget、ScopedModel 及 Provider 也都是平时开发过程中会经常使用的状态管理方案。

8.4.5 FutrueBuilder

与 StreamBuilder 一样，FutureBuilder 也是 Flutter 提供的一个操作异步任务的小组件。它接收一个 Future 对象，然后根据异步操作的结果来构建 UI，其构造函数如下：

```
const FutureBuilder({
    super.key,
    this.future,
    this.initialData,
    required this.builder,
  });
```

可以看到，FutureBuilder 有 4 个参数，其中 builder 是一个必传参数，说明如下。

（1）future：异步操作返回的 Future 对象。

（2）initialData：异步操作完成前默认的初始数据。

（3）builder：一个 AsyncWidgetBuilder 类型的回调函数，可以根据异步操作返回的不同状态来构建不同的 UI。

同时，在 builder 回调函数中，异步操作的状态主要有以下几种，说明如下。

（1）ConnectionState.none：异步操作未开始，显示加载进度条即其他信息。

（2）ConnectionState.waiting：异步操作正在进行中，显示加载进度条及其他信息。

（3）ConnectionState.active：异步操作正在进行中，提供了一个取消操作的 Future 对象。

（4）ConnectionState.done：异步操作已完成，构建 UI。

下面是使用 FutureBuilder 实现网络请求，并根据返回数据的不同构建 UI 的例子。

```
class PageFutureBuilder extends StatelessWidget {

  @override
  Widget build(BuildContext context){
    return Scaffold(
      body: FutureBuilder<dynamic>(
        future: getData(),
        builder: (BuildContext context, AsyncSnapshot<dynamic> snapshot){
          if(snapshot.connectionState == ConnectionState.waiting){
            return  const Center(child: CircularProgressIndicator());
          } else if(snapshot.hasError){
            return Text('Error: ${snapshot.error}');
          } else {
            return Text('Result: ${snapshot.data}');
          }
        },
      ),
    );
  }

  getData() async {
    var dio = Dio();
    var uri = 'https://jsonplaceholder.typicode.com/posts/';
```

```
    var response = await dio.get(uri);
    if (response.statusCode == 200){
      return response.data;
    } else {
      return '';
    }
  }
```

在上面的例子中，getData() 方法是一个异步操作函数，返回的是一个 JSON 格式的数据。builder 回调函数就是根据异步操作返回的状态数据来构建 UI 的，即如果数据还没有返回则显示一个加载指示器，如果发生错误则显示错误页面，正确返回则显示异步操作返回的数据。

需要注意的是，FutureBuilder 只会在第一次构建时执行异步操作。如果需要在异步操作完成后重新构建 UI，则需要手动调用 setState() 方法来触发 UI 的重绘。

8.5 习题

一、选择题

1. 以下哪些是 HTTP 1.0 就已经支持的请求方式？（　　）

   A. GET　　B. POST　　C. DELETE　　D. PUT

2. 以下哪个是 Flutter 自带的网络请求，不需要再额外安装插件？（　　）

   A. HttpClient　　B. http　　C. dio　　D. Future

3. 以下哪些属于 Flutter 自带 Runner？（　　）

   A. Platform Runner　　B. UI Runner

   C. GPU Runner　　D. IO Runner

4. 以下哪些 Flutter 自带的异步编程方式？（　　）

   A. ScopedModel　　B. InheritedWidget　　C. Provider　　D. Stream

二、简述题

1. 简述 HTTPS 的工作流程，以及 TLS/SSL 加密过程。
2. 简述 Dart 事件循环机制。
3. 简述 Dart 的线程模型，以及如何管理它们。

三、操作题

1. 使用 dio 执行网络请求，然后使用 JSON 自动解析插件解析数据并显示到页面上。
2. 使用 Isolate() 和 compute() 函数创建一个无限循环任务，保证应用不会卡顿。
3. 分别使用 StreamBuilder、FutureBuilder 实现异步操作。

第 9 章　数据存储

9.1 SharedPreferences 存储

在服务端 / 客户端网络模型中，服务端和客户端进行会话时，为了保证会话双方的合法性和安全性，于是特意设计了 Cookie 和 Session 机制。Cookie 是服务端或者脚本维护客户端信息的一种方式，Session 则用于存储特定用户会话所需的属性及配置信息。正是由于 Cookie 和 Session 机制的存在，才使得用户在应用程序的 Web 页面之间执行跳转时，存储在 Session 对象中的变量才不会丢失，并且在整个用户会话过程中一直存在下去。

事实上，不管是 Cookie 还是 Session，其内部都是通过轻量级的数据存取来实现的。同样，Android 和 iOS 系统也分别提供了 SharedPreferences 和 NSUserDefaults 来实现轻量级的数据存取。不过在 Flutter 开发中，官方并没有提供轻量级数据存储组件，如果有轻量级的数据存储需求，可以使用官方推荐的 shared_preferences 插件。

9.1.1　基本操作

事实上，shared_preferences 插件其实就是对 Android 的 SharedPreferences 和 iOS 的 NSUserDefaults 轻量级存储工具类的高度抽象与封装。由于并非 Flutter 自带的组件，所以使用 shared_preferences 之前需要先在 pubspec.yaml 文件添加依赖，代码如下：

```
dependencies:
  shared_preferences: ^2.2.0
```

和原生移动平台的轻量级存取组件一样，shared_preferences 也是以键值对的方式来存取数据的，其数据结构类似于 Java 语言中的集合。

shared_preferences 库的操作也十分简单，首先获取 shared_preferences 存取对象的实例，然后就可以执行保存、读取、删除和清空等操作，代码如下：

```
var prefs = await SharedPreferences.getInstance();
```

```
//save
await prefs.setString(key, value);
//read
prefs.getString(key)
//remove
prefs. remove(key)
//clear
prefs.clear();
```

当然，除了上面例子中的 String 类型，shared_preferences 支持所有的 Dart 基本数据类型。如果需要保存 Map 这种复杂的数据类型，可以使用下面的方式。

```
Map<String, Object> values = <String, Object>{'counter': 1};
SharedPreferences.setMockInitialValues(values);
```

需要提醒的是，SharedPreferences 并没有提供更新方法，如果需要执行数据更新，可以直接调用保存方法。因为 SharedPreferences 内部使用的是 Map 数据结构，所以执行保存操作时，同一个键名的值会被自动覆盖，即达到了更新的效果。

9.1.2 综合示例

在 Flutter 应用开发中，使用 SharedPreferences 轻量级存取数据的场景有很多，最常见的有用户账号管理、首页默认数据等。例如，某些 App 提供了自动登录的功能，即只要登录过下次启动时就免登录。

具体实现时，只需要在应用的启动页判断用户是否登录过，如果登录过则直接跳过登录逻辑并跳转到应用的主页面，如果没有登录过则跳转到登录页面。为了实现上述功能，首先需要创建一个启动页 page_splash.dart，代码如下：

```
class _SplashPageState extends State<SplashPage>{

  @override
  void initState(){
    super.initState();
    setUp();
  }

  @override
  Widget build(BuildContext context){
    return Container(
      color: Colors.white,
      child: Center(child: Image.asset('assets/images/icon.png', width:
200,)),
    );
```

```
  }

  setUp() async {
    var prefs = await SharedPreferences.getInstance();
    bool? isLogin = prefs.getBool('login');
    if(isLogin==true){
      goMainPage();
    }else {
      goLoginPage();
    }
  }


  void goLoginPage(){
     … //打开登录页面
  }

  void goMainPage(){
     … //打开应用主页面
  }
}
```

在上面的代码中，我们通过 SharedPreferences 去获取用户的登录状态数据，如果没有登录则打开登录页面，如果已经登录则打开主页面。事实上，如果第一次启动应用时，SharedPreferences 中没有登录状态数据，那么此时一定会跳转到登录页面，登录页面 page_login.dart 对应的代码如下：

```
class _PageLoginState extends State<PageLogin>{

  @override
  Widget build(BuildContext context){
    return Scaffold(
      body: Form(
        child: ListView(
          children:[
            …. //省略其他代码
            buildLoginButton(context),
            …. //省略其他代码
          ],
        ),
      ),
    );
  }

  Widget buildLoginButton(BuildContext context){
```

```
        return Align(
          child: SizedBox(
            height: 45,
            width: 270,
            child: ElevatedButton(
              style: ButtonStyle(
                  shape: MaterialStateProperty.all(const StadiumBorder(
                      side: BorderSide(style: BorderStyle.none)))),
              child: Text('登录'),
              onPressed:(){
                 login();
              },
            ),
          ),
        );
      }

      login() async {
         var prefs = await SharedPreferences.getInstance();
         prefs.setBool('login',true);
         exit(0);
      }
    }
```

在上面的代码中，当用户第一次打开应用时，默认是没有登录状态数据的，那么一定会跳转到登录页面。登录成功之后，我们会往 SharedPreferences 中存入登录状态数据，所以当应用再次启动时就有了登录状态数据，此时就会直接打开应用的主页面。

9.2 SQLite 存储

9.2.1 基本操作

使用 SharedPrefernces 方式进行数据存储固然方便，但它只适合存储数据量不是很大的场景，如果需要存储的数据量比较大，且数据的结构也比较复杂，那么使用 Shared-Prefernces 是非常困难的，此时需要使用另外一种数据持久化方式，即 SQLite 数据库存储。

SQLite 是一款轻量级的数据库，是具备 ACID（数据库 4 个基本要素原子性、一致性、隔离性和持久性的缩写）的关系型数据库，最早应用于服务器开发中。后因为其嵌入式的设计目标，以及占用的资源非常少的优点，多被应用于 Android 和 iOS 等嵌入式系统中。目前，SQLite 数据库已经成为手机最常用的一种数据存储方式。

同时，与常见的客户端 / 服务器模式不同，SQLite 引擎不是一个程序间通信的独立进程，而是连接到程序中，成为程序的一个重要部分。因为主要的通信协议是在编程语言内

的 API 直接调用的，所以在性能消耗、延迟时间和操作简单方面有积极的作用。并且，整个数据库（定义、表、索引和数据本身）都在宿主机上，存储在一个单一的文件中，因而执行效率极高，灵活性也更强。

事实上，相比 SharedPreferences 轻量级存储方式，SQLite 特别适合用来存储数据量大的场景，比如聊天数据、文章草稿等。默认情况下，Android、iOS 等嵌入式设备都会内置 SQLite 数据库。不过，由于 Flutter 并没有直接提供操作 SQLite 数据库的方法，所以在 Flutter 开发中，使用 SQLite 数据库存储需要事先安装 sqflite 插件。

打开 Flutter 项目，在 pubspec.yaml 文件中添加依赖，如下所示：

```
dependencies:
  sqflite: ^2.3.0
  path: ^1.8.3
```

1. 创建数据库和表

和其他的关系型数据库使用步骤一样，使用 SQLite 数据库存储数据需要先创建一个数据库，创建数据库时需要传入数据库路径和名称两个参数，如下所示：

```
var databasesPath = await getDatabasesPath();
String path = join(databasesPath, 'demo.db');
```

数据库创建成功之后，接下来还需要创建一个数据表。在 SQLite 数据库开发中，创建数据表需要使用到 openDatabase() 方法，该方法需要传入数据库路径、数据表版本及创建的表内容等信息，如下所示：

```
Database database = await openDatabase(path, version: 1,
    onCreate: (Database db, int version) async {
  await db.execute(
      'CREATE TABLE Test (id INTEGER PRIMARY KEY, name TEXT, value
INTEGER, num REAL)');
});
```

数据库与数据表都创建完成之后，接下来就可以执行数据插入、更新、查询、删除等操作。事实上，当创建数据库与数据表后，可以打开 Android Studio 提供的浏览功能来查看是否创建成功，如图 9-1 所示。

2. 数据插入操作

SQLite 的数据插入操作需要用到 rawInsert() 方法，定义如下：

```
Future<int> rawInsert(String sql, [List<Object?>? arguments]);
```

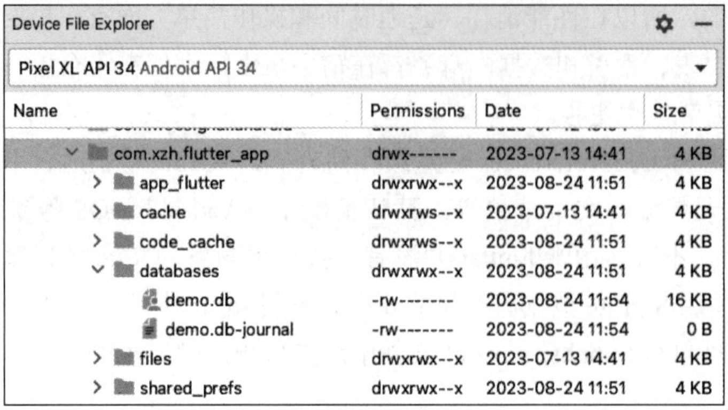

Device File Explorer

Pixel XL API 34 Android API 34

Name	Permissions	Date	Size
com.xzh.flutter_app	drwx------	2023-07-13 14:41	4 KB
app_flutter	drwxrwx--x	2023-08-24 11:51	4 KB
cache	drwxrws--x	2023-07-13 14:41	4 KB
code_cache	drwxrws--x	2023-08-24 11:51	4 KB
databases	drwxrwx--x	2023-08-24 11:51	4 KB
demo.db	-rw-------	2023-08-24 11:54	16 KB
demo.db-journal	-rw-------	2023-08-24 11:54	0 B
files	drwxrwx--x	2023-07-13 14:41	4 KB
shared_prefs	drwxrwx--x	2023-08-24 11:51	4 KB

图 9-1 查看数据库和数据表

从构造函数可以看到，执行数据插入操作需要两个参数，分别是需要执行插入的 SQL 语句和 List 类型的值。并且，只有第一个参数的 SQL 语句使用了占位符“？”代替时才能传递第二个参数，示例代码如下所示：

```
Database database = await openDatabase(path, version: 1,
await database.transaction((txn) async {
  int id1 = await txn.rawInsert(
      'INSERT INTO Test(name, value, num) VALUES("Jack", 1234, 456.789)');
  print('inserted1: $id1');
  int id2 = await txn.rawInsert(
      'INSERT INTO Test(name, value, num) VALUES(?, ?, ?)',
      ['Tom', 12345678, 3.1416]);
  print('inserted2: $id2');
});
```

使用 rawInsert() 方法执行数据插入操作之后，数据库会返回该条数据的执行 ID，如果 ID 大于 0 则表示成功插入数据。

在上面的代码中，使用了事务 database.transaction() 方式来提交操作，也就是说，只有所有的操作都成功之后才会提交给数据库，如果有一个操作失败就会回滚，也就无法提交给数据库执行相应的操作，这也是数据库事务的特性之一。

除了 rawInsert 方式，还可以使用表名的方式来执行数据插入操作，使用表名方式需要用到 insert() 方法，定义如下：

```
Future<int> insert(String table, Map<String, Object?> values,{String?
nullColumnHack, ConflictAlgorithm? conflictAlgorithm});
```

可以看到，insert() 方法需要两个参数，分别是表名和需要插入的数据，插入的数据需要的是一个 Map 集合类型，示例代码如下：

```
Map<String,dynamic> values= {
```

```
        'name':'Jackson',
        'value': 123123,
        'num': 1.00,
    };
await database.insert('Test', values);
```

3. 数据库查询操作

在数据库的使用过程中，用得最多其实就是查询操作，所以掌握数据库查询操作是数据库开发的必备技能。同数据库的插入操作一样，查询操作也有两种方法。第一种是使用 rawQuery() 方法，其定义如下：

```
Future<List<Map<String,dynamic>>> rawQuery(String sql,[List<dynamic> arguments]);
```

可以看到，rawQuery() 方法需要两个参数，分别是需要执行查询的 SQL 语句和 List 类型的填充 SQL 语句的值。并且只有第一个参数使用占位符“？”代替时才能传递第二个参数，示例代码如下：

```
List<Map> list = await database.rawQuery('SELECT * FROM Test');
//条件查询
List<Map<String,dynamic>> id1 = await database.rawQuery('SELECT * FROM Test WHERE name=?',['Jack']);
```

接下来，我们来看一下使用数据库的 query() 方法来查询数据。此种方法是为了优化 SQL 语句，将查询条件放在后面的参数中，定义如下：

```
Future<List<Map<String, Object?>>> query(String table,
      {bool? distinct,                          //是否去重
      List<String>? columns,                    //查询字段
      String? where,                            //查询子句 where
      List<Object?>? whereArgs,                 //查询子句占位参数
      String? groupBy,                          //分组查询子句
      String? having,                           //having 子句
      String? orderBy,                          //排序规则
      int? limit,                               //查询条数上限
      int? offset});                            //查询偏移量
```

可以看到，query() 方法的参数是非常多的，其中一个必需的参数是查询操作的表名，后边的参数都是一些可选的参数，具体含义已在代码中给出，使用示例如下：

```
await database.query('Test',where: 'name=?',whereArgs: ['Tom']);
```

4. 数据库更新操作

和数据库的插入和查询操作一样，修改操作也有两种操作方式。其中，第一种方法是

使用 rawUpdate() 方法，定义如下：

```
Future<int> rawUpdate(String sql, [List<Object?>? arguments]);
```

可以看到，rawUpdate () 方法需要两个参数，分别是执行修改操作的 SQL 语句和 List 类型的填充 SQL 语句的值。并且，只有第一个参数使用占位符“？”代替时才能传递第二个参数，使用示例如下：

```
int count = await database.rawUpdate('UPDATE Test SET name = ?, value = ?
WHERE name = ?', ['Lily', '9876', 'Tom']);
```

上面示例代码的含义就是对 Test 表中名为 Tom 的记录进行修改，修改后的记录名变为 Lily，值变为 9876。除此之外，另外一种修改数据的操作是使用 update() 方法，定义如下：

```
Future<int> update(String table, Map<String, Object?> values,{String?
where, List<Object?>? whereArgs, ConflictAlgorithm? conflictAlgorithm});
```

可以看到，相比 insert() 数据插入操作，update() 多了两个可选参数。其中，参数 where 表示需要执行修改的条件，而参数 whereArgs 则是 where 参数中占位符“?”的具体值。最后一个参数 conflictAlgorithm 则用来表示发生冲突时的操作策略，比如回滚、终止、忽略等操作策略，使用示例如下：

```
Map<String,dynamic> values= {
      'value':'123',
      'num':'1.0',
    };
await database.update('Test', values,where: 'name=?',whereArgs: ['Tom']);
```

5. 数据库删除操作

与数据的插入、查询和修改操作一样，数据库的删除操作也有两种方法。分别是 rawDelete() 方法和 delete() 方法，rawDelete() 方法的定义如下：

```
Future<int> rawDelete(String sql, [List<Object?>? arguments]);
```

可以看到，rawDelete() 方法有两个参数，分别是执行删除操作的 SQL 语句和可选参数占位符列表。同样，也是只有第一个参数中使用占位符“？”代替时才能传递第二个参数，使用示例如下：

```
await database.rawDelete('DELETE FROM Test WHERE name = ?', ['Tom']);
```

另外一种删除数据的方法是使用 delete()，定义如下：

```
Future<int> delete(String table,{String? where, List<Object?>?
```

```
whereArgs});
```

可以发现，delete() 方法也是为了简化 SQL 语句，将删除的条件放到后面的参数中，示例代码如下：

```
database.delete('Test', where: 'name=?',whereArgs: ['Tom']);
```

6. 其他数据库操作

当一系列的数据库操作执行完毕之后，为了避免造成资源消耗，还需要在适当的时候调用 close() 方法关闭数据库，使用示例如下：

```
await database.close();
```

同时，当执行 App 更新，不再需要使用 SQLite 的某些数据库时还需要删除数据库。需要删除数据库时，直接使用 sqflite 提供的 deleteDatabase() 方法即可，如下所示：

```
var databasesPath = await getDatabasesPath();
String path = join(databasesPath, 'demo.db');
await deleteDatabase(path);
```

9.2.2　数据库工具类

在实际项目开发中，虽然使用一条一条的执行 SQL 语句也能够实现 SQLite 数据库操作，但是缺点也是显而易见的，即当需要创建的表非常复杂时，直接执行 SQL 语句就非常容易出错。

为了降低开发人员的工作量和出错的概率，行业内出现了很多用来操作数据库的 ORM（Object Relational Mapping）框架。事实上，只要提供了持久化类与表的映射关系，ORM 框架就能在运行时参照映射文件的信息，把对象持久化到数据库中，而 GreenDAO 就是 Android 应用开发过程中一款不错的 ORM 框架。

当然，sqflite 也是支持 ORM 框架的。按照 ORM 框架的使用流程，首先需要创建一个数据库的实体类。例如，下面是 Todo 实体类的示例代码。

```
String tableTodo = 'todo';
String columnId = '_id';
String columnTitle = 'title';
String columnDone = 'done';

class Todo {
  int id=0;
  String title='';
  bool done=false;

Todo();
```

```
  Map<String, Object> toMap(){
    var map = <String, Object>{
      columnTitle: title,
      columnDone: done
    };
    map[columnId] = id;
    return map;
  }

  Todo.fromMap(Map<dynamic, dynamic> map){
    id = map[columnId];
    title = map[columnTitle];
    done = map[columnDone];
  }
}
```

在上面的代码中，除了创建实体类，还加入了类型转换的代码，以便在数据库与实体类数据之间进行转换。接下来，需要实现一个数据库帮助类，用来统一管理数据库的创建、销毁，以及数据的插入、查询、更新、删除等操作，TodoProvider帮助类的代码如下：

```
class TodoProvider {
  late Database db;

  open(String path) async {
    db = await openDatabase(path, version: 1,
        onCreate: (Database db, int version) async {
      await db.execute('''create table $tableTodo(
            $columnId integer primary key autoincrement,
            $columnTitle text not null,
             $columnDone integer not null)
        ''');
    });
  }

  //插入数据
  Future<Todo> insert(Todo todo) async {
    todo.id = await db.insert(tableTodo, todo.toMap());
    return todo;
  }

  //查询数据
  Future<Todo?> getTodo(int id) async {
    List<Map> maps = await db.query(tableTodo,
```

```
          columns: [columnId, columnDone, columnTitle],
          where: '$columnId = ?',
          whereArgs: [id]);
      if(maps.isNotEmpty){
        return Todo.fromMap(maps.first);
      }
      return null;
    }

    //删除数据
    Future<int> delete(int id) async {
      return await db.delete(tableTodo, where: '$columnId = ?', whereArgs:
[id]);
    }

    //更新数据
    Future<int> update(Todo todo) async {
      return await db.update(tableTodo, todo.toMap(),
          where: '$columnId = ?', whereArgs: [todo.id]);
    }
  }
```

可以看到，经过TodoProvider类的封装之后，数据库的插入、删除、更新、查询等操作已经变得非常简单。在之后的Flutter开发中，我们只需要调用对应的操作方法即可，不再需要拼写烦琐的SQL代码，大大降低了开发难度。

9.2.3 综合示例

事实上，ORM框架的出现大大地降低了数据库开发和管理的难度，而ORM框架采用的模块化开发思路，也大大地降低了数据库开发的难度和维护成本。并且，由ORM框架统一处理数据对象的持久化，既提升了数据库的性能，又降低了数据库的维护成本。

经过TodoProvider的封装之后，我们无须再拼写繁杂的SQL语句就可以实现数据库操作。接下来，创建一个测试页面，使用TodoProvider类来实现数据库的插入、删除、更新、查询操作，代码如下：

```
class PageTodoState extends State<PageTodo>{
  TodoProvider provider = TodoProvider();
  var result = '';

  @override
  void initState(){
    super.initState();
    initSqlite();
```

```
}

@override
Widget build(BuildContext context){
  return Column(
      mainAxisAlignment: MainAxisAlignment.center,
      children:[
        buildTip(),
        buildInsert(),
        buildGetRecord(),
        … //省略其他操作
      ],),}

Widget buildTip(){
  return Container(child: Text(result));
}

Widget buildInsert(){
  return SizedBox(height: 50, width: 250,
    child: ElevatedButton(
      child: const Text('插入数据', style: TextStyle(fontSize: 18)),
      onPressed:(){
        insertRecord();
      },));}

buildGetRecord(){
  return SizedBox(height: 50, width: 250,
      child: ElevatedButton(
        child: const Text('查询记录', style: TextStyle(fontSize: 18)),
        onPressed:(){
          getRecord();
        },),);}

//创建数据库和数据表
void initSqlite() async {
  var databasesPath = await getDatabasesPath();
  String path = join(databasesPath, 'todo.db');
  provider.open(path);
}

//插入数据
insertRecord() async {
  Todo todo = Todo();
  todo.id = 0;
  todo.title = '待办事项1';
  todo.done = false;
```

```
    await provider.insert(todo);
  }

  //查询数据记录
  getRecord() async {
    Todo todo = await provider.getTodo(1);
    setState((){
      result = '${todo.id},${todo.title},${todo.hashCode}';
    });
  }
  …//省略其他代码
}
```

可以看到，经过 TodoProvider 的封装之后，数据的插入、查询、更新操作都变得非常简单了，并且不需要再直接操作任何 SQL 语句。不过，需要说明的是，由于数据库操作是一个异步的过程，所以任何操作数据库的方法都需要使用 async 关键字进行修饰。

运行上面的代码，当页面启动后会自动调用 initSqlite() 方法执行数据库和表的创建，然后单击插入按钮向数据库插入测试数据，并单击查询按钮查询数据，效果如图 9-2 所示。

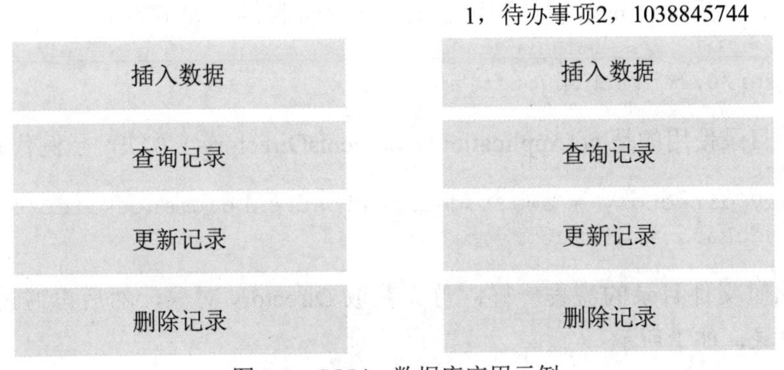

图 9-2　SQLite 数据库应用示例

9.3 文件存储

9.3.1　基本概念

在 Flutter 开发中，除了 SharedPreferences 键值对存储和 SQLite 数据库存储，另外一种最常见的数据存储方式是文件存储。所谓文件存储，指的是将数据以文件的形式存储到 SD 卡等介质上的过程，文件存储需要指定文件存储的目录和文件格式。

Flutter 一共提供了三种文件存储目录，分别是临时文件目录、文档目录和外部存储目录。其中，临时文件目录是操作系统可以随时清除的目录，通常用来存放一些不重要的临时缓存数据；文档目录则是只有在删除应用程序时才会清除的目录，用来存放应用使用过程中产生的数据；外部存储目录存储的数据不会随应用的删除而删除，用来存储一些安全性要求不高的数据。

在 Flutter 开发中，由于官方并没有提供文件操作的 API，所以实现文件操作需要用到第三方库，如 path_provider 库。该库提供了获取原生平台临时文件目录、文档目录的方法，可以快速地访问指定目录的文件。使用文件存储功能之前，需要先在 pubspec.yaml 文件中添加 path_provider 库的依赖，如下所示：

```
dependencies:
  path_provider: ^2.1.0
```

打开 path_provider.dart 文件代码，会发现 path_provider 库提供了三种获取文件目录的方法，分别对应临时文件目录、文档目录和外部存储目录。首先是获取临时文件目录，使用的是 getTemporaryDirectory() 方法，示例代码如下：

```
Directory directory = await getTemporaryDirectory();
String tempPath = directory.path;
```

可以看到，上面的代码还是很简单的，首先通过 getTemporaryDirectory() 方法获取 Directory 对象，然后通过 path 属性即可获取临时文件目录，如下所示：

```
/data/user/0/com.xzh.flutter_app/cache
```

获取文档目录使用的是 getApplicationDocumentsDirectory() 方法，示例代码如下：

```
Directory directory = await getApplicationDocumentsDirectory();
String docPath = directory.path;
```

和获取临时文件目录的流程一样，首先获取 Directory 对象，然后再通过 path 属性即可获取文档目录，如下所示：

```
/data/user/0/com.xzh.flutter_app/app_flutter
```

最后，获取外部存储目录使用的是 getExternalStorageDirectory() 方法，示例代码如下：

```
Directory? directory = await getExternalStorageDirectory();
String? extPath = directory?.path;
```

需要说明的是，由于 iOS 文件系统没有外部存储目录的概念，所以目前只有 Android 系统支持 getExternalStorageDirectory() 方法，使用时需要注意进行平台判断。同时，在 Android 开发中，文件的外部读写都属于敏感行为，需要在 AndroidManifest.xml 文件中添加读取权限后才能正常运行。

```
<uses-permission android:name="android.permission.MOUNT_UNMOUNT_
FILESYSTEMS" />
```

```
<uses-permission android:name="android.permission.WRITE_EXTERNAL_
STORAGE" />
<uses-permission android:name="android.permission.READ_EXTERNAL_
STORAGE" />
```

由于文件操作是一个非常耗时的工作，所以对于文件的操作需要放到异步任务中去执行。并且，为了防止文件读写过程中出现异常，需要对代码使用try/catch语句包裹可能出现的异常。

9.3.2 文件操作工具类

虽然path_provider库提供了很多操作文件目录的方法，但是还是有很多覆盖不到的场景，并且直接使用还可能会产生很多冗余的代码和逻辑，因此需要对其进行封装。

首先创建一个文件管理类，用来统一管理文件的读写和其他文件操作，代码如下：

```
class FileProvider {

  //保存到文档目录
  saveToDocumentFile(String content, String fileName) async {
    Directory dir = await getApplicationDocumentsDirectory();
    String docPath = dir.path;
    try {
      File file = File('$docPath/$fileName');
      file.writeAsString(content);
    } catch (e){
      print(e.toString());
    }
  }

  //从文档目录读取
  Future<String> readFromDocumentFile(String fileName) async {
    Directory dir = await getApplicationDocumentsDirectory();
    String docPath = dir.path;
    try {
      File file = File('$docPath/$fileName');
      String content = await file.readAsString();
      return content;
    } catch (e){
      return '';
    }
  }

  //获取指定目录下的所有文件和目录
  List<String> getFiles(String path){
```

```
    List<String> list = [];
    var directory = Directory(path);
    directory.listSync().forEach((file){
      list.add(file.path);
    });
    return list;
  }
  …// 省略其他操作方法
}
```

在上面的代码中，基于 path_provider 库提供的三种不同的文件目录，分别封装了文件目录创建、文件保存和读取的方法。比如，我们需要将数据保存到文档目录中，那么只需要调用 saveToDocumentFile() 方法即可，代码如下：

```
FileProvider provider=FileProvider();
String str='a test for file read android write';
String fileName='document.txt';
provider.saveToDocumentFile(str, fileName);
```

可以看到，只需要传入保存的文件内容和文件名称即可将需要保存的内容保存到文档目录下。运行上面的代码，然后打开 Android Studio 的文件浏览器即可在 data 目录下看到保存的文件，如图 9-3 所示。

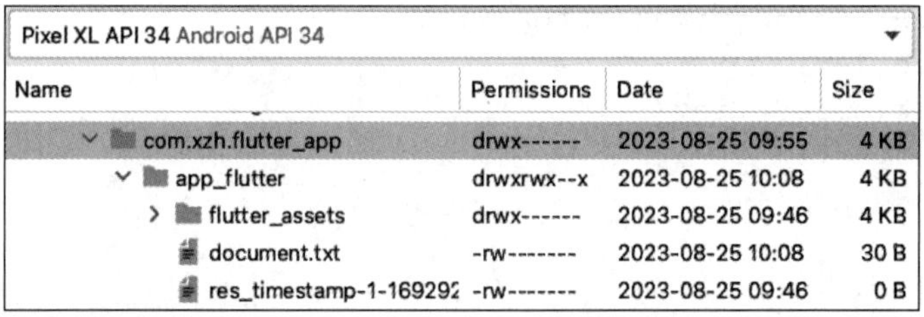

Pixel XL API 34 Android API 34

Name	Permissions	Date	Size
com.xzh.flutter_app	drwx------	2023-08-25 09:55	4 KB
app_flutter	drwxrwx--x	2023-08-25 10:08	4 KB
flutter_assets	drwx------	2023-08-25 09:46	4 KB
document.txt	-rw-------	2023-08-25 10:08	30 B
res_timestamp-1-169292	-rw-------	2023-08-25 09:46	0 B

图 9-3　path_provider 文档目录存储示例

同样，读取文档目录下的内容只需要调用 readFromDocumentFile() 方法即可，如下所示。

```
FileProvider provider=FileProvider();
String fileName='document.txt';
String str=await provider.readFromDocumentFile(fileName);
print(str);
```

9.3.3　综合示例

除了基本的文件和文件路径操作，path_provider 库的 Directory 类还提供了一个 listSync() 方法，此方法可以获取指定目录下的所有文件和文件夹。我们可以使用它来遍历文件夹下的所有文件，进而实现文件管理器的功能，基本用法如下：

```
List<FileSystemEntity> files = [];
var directory = Directory(sDCardDir);
files = directory.listSync();
```

可以看到，只需要把获取到的所有文件和文件夹都存放到上面的 files 对象中，然后使用列表显示出来就实现了一个文件管理器的需求。

事实上，要实现这样一个文件管理器，只需要知道系统的根目录路径，就能找出根路径下的所有文件和文件夹，然后逐步执行递归操作就能获取文件和文件夹列表，示例代码如下：

```
List<FileSystemEntity> getPathFiles(String path){
    List<FileSystemEntity> currentFiles = [];
    try {
      Directory currentDir = Directory(path);
      List<FileSystemEntity> files = [];
      List<FileSystemEntity> folder = [];
      for(var v in currentDir.listSync()){
        if(FileSystemEntity.isFileSync(v.path))
          files.add(v);
        else
          folder.add(v);
      }
      files.sort((a, b) => a.path.toLowerCase().compareTo(b.path
.toLowerCase()));
      folder.sort((a, b) => a.path.toLowerCase().compareTo(b.path
.toLowerCase()));
      currentFiles.clear();
      currentFiles.addAll(folder);
      currentFiles.addAll(files);
    } catch (e){
      print(e);
    }
    return currentFiles;
  }
```

使用 getPathFiles() 方法获取文件列表时，需要传入要遍历的文件路径参数。当遍历完对应路径的文件和文件夹之后，接下来只需要使用列表组件将文件和文件夹展示出来即可。由于遍历出来的文件数量是不确定的，所以选择使用 ListView.builder 组件来构建文件列表，代码如下：

```
class PageFileExplorerState extends State<PageFileExplorer>{
  List<FileSystemEntity> currentFiles = [];

  @override
  void initState(){
    super.initState();
```

```
    getFiles();
  }

  void getFiles() async {
    currentFiles = await FileProvider().getPathFiles(widget.currPath);
  }

  @override
  Widget build(BuildContext context){
    return Scaffold(body: buildBody());
  }

  buildBody(){
    return currentFiles.isEmpty? buildEmpty(): buildListView();
  }

  Widget buildListView(){
    return ListView.builder(
      itemCount: currentFiles.length,
      itemBuilder: (context, index){
        FileSystemEntity entity = currentFiles[index];
        if(FileSystemEntity.isFileSync(entity.path)){
          return buildFileItem(entity);
        } else {
          return buildFolderItem(entity);
        }
      },
    );
  }

  Widget buildFileItem(FileSystemEntity file){
    var fileSize = Common().getFileSize(file.statSync().size);
    return Container(
      child: ListTile(
        leading: _buildImage(file.path),
        title: Text(file.path.substring(file.parent.path.length + 1)),
        subtitle: Text(fileSize, style: const TextStyle(fontSize: 12.0)),
      ),
    );
  }

  Widget buildFolderItem(FileSystemEntity file){
    var files = FileProvider().calculateFiles(file.parent);
    return Container(
      child: ListTile(
```

```
            leading: Image.asset('assets/folder.png'),
            title: Row(
              children: <Widget>[
                Expanded(child: Text(file.path.substring(file.parent.path.
length + 1))),
                Text('$files 项', style: const TextStyle(color: Colors.grey),
                )
              ],
            ),
            trailing: const Icon(Icons.chevron_right),
          ),
        );
      }
      …// 省略其他代码
    }
```

可以看到，上面代码最核心的部分就是列表内容的渲染，执行列表渲染时需要针对文件和文件夹进行分开处理。如何判断需要渲染的是文件还是文件夹呢？对于这个问题，可以使用 FileSystemEntity 提供的 isFileSync() 方法进行判断，返回值为 true 表示是文件，值为 false 表示文件夹。

同时，考虑到文件管理器是一个通用的功能，为了兼容某些路径下文件和文件夹不存在的情况，还需要提供一个空页面。运行上面的代码，最终效果如图 9-4 所示。

图 9-4　path_provider 文件管理器

需要注意的是，由于获取 Android 外部存储目录属于危险行为，所以如果需要读取外部存储目录要先获得读取权限，并在 AndroidManifest.xml 文件添加如下代码。

```
<uses-permission android:name="android.permission.READ_EXTERNAL_
STORAGE" />
```

9.4 习题

一、选择题

1. Flutter 支持的存储方式有哪几种？（　　）

A. SharedPreterences　　B. SQLite

C. File　　D. Network

2. 以下哪些是 path_provider 支持的获取文件目录的方法？（　　）

A. getTemporaryDirectory　　B. getApplicationDocumentsDirectory

C. getLibraryDirectory　　D. getExternalStorageDirectory

二、操作题

1. 使用 SharedPreterences 轻量级存储模拟登录流程。

2. 熟悉 SQLite 数据库的使用流程，并使用它实现从云端获取数据存储到本地 SQLite 数据库中，保证应用在离线的情况下也能正常显示数据。

3. 熟悉 ath_provider 库的使用流程，使用它完善文件浏览器开发。

第 10 章　主题与国际化

10.1 应用主题

10.1.1 Theme 与 ThemeData

在 Flutter 开发中，应用程序的外观是通过主题 Theme 和主题数据 ThemeData 来进行统一管理和控制的。其中，Theme 是一个组件，它可以为其包含的所有组件提供样式数据，而 ThemeData 则是用来定义样式数据的。创建 Flutter 项目时，官方示例程序的入口文件 main.dart 有一段示例代码，如下所示：

```
class MyApp extends StatelessWidget {

  @override
  Widget build(BuildContext context){
    return MaterialApp(
      title: 'Flutter Demo',
      theme: ThemeData(
        colorScheme: ColorScheme.fromSeed(seedColor: Colors.deepPurple),
        useMaterial3: true,
      ),
      home: const MyHomePage(title: 'Flutter Demo Home Page'),
    );
  }
}
```

其中，MaterialApp 组件提供的 theme 属性就是用来设置全局 Flutter 应用主题的，该属性需要一个 ThemeData 组件。ThemeData 组件的构造函数如下：

```
factory ThemeData({
    bool? applyElevationOverlayColor,
    NoDefaultCupertinoThemeData? cupertinoOverrideTheme,
    Iterable<ThemeExtension<dynamic>>? extensions,
```

```
    InputDecorationTheme? inputDecorationTheme,
    MaterialTapTargetSize? materialTapTargetSize,
    PageTransitionsTheme? pageTransitionsTheme,
    TargetPlatform? platform,
    ScrollbarThemeData? scrollbarTheme,
    InteractiveInkFeatureFactory? splashFactory,
    bool? useMaterial3,
    VisualDensity? visualDensity,
    … //省略其他属性
  }){
    …
}
```

到目前为止，ThemeData组件提供了约65种主题属性，几乎包含了Flutter应用开发所需要设置的所有主题样式。其中，最常用的属性有primarySwatch、primaryColor、colorScheme、useMaterial3等几种，以下是具体说明。

（1）brightness：设置应用主题的亮度；

（2）primarySwatch：设置Material风格组件主题色；

（3）backgroundColor：与主色对比的颜色，比如进度条默认的背景颜色；

（4）primaryColor：设置toolbars、tab bars等部分的背景颜色；

（5）primaryColorBrightness：primaryColor的亮度；

（6）scaffoldBackgroundColor：Scaffold的默认颜色，也是程序内页面的背景颜色；

（7）accentColor：设置文本、按钮等基础组件的前景色；

（8）cardColor：设置Card组件的颜色；

（9）bottomAppBarColor：用于设置BottomAppBar组件的默认颜色；

（10）buttonColor：RaisedButton按钮使用的Material的默认填充颜色；

（11）textSelectionColor：TextField文本框中文本选中的颜色；

（12）buttonTheme：定义按钮组件的默认配置；

（13）textTheme：定义文本与卡片和画布的对比颜色；

（14）primaryTextTheme：定义与primaryColor对比的文本主题；

（15）appBarTheme：定义Appbar的颜色、高度、亮度、iconTheme和textTheme主题；

（16）dialogTheme：自定义Dialog主题。

当然，除了上面这些常用的主题属性，ThemeData组件提供的属性还有很多，可以通过查看源码来获取更详细的说明。同时，借助这些主题属性，可以开发出不同风格的Flutter界面。

10.1.2 全局主题

在创建Flutter项目时，Flutter默认已经为应用创建了一个全局的主题，代码如下：

```
ThemeData(
  colorScheme: ColorScheme.fromSeed(seedColor: Colors.deepPurple),
  useMaterial3: true,
)
```

如果想要修改应用默认的主题，可以通过修改全局的 ThemeData 对象配置来实现，如下所示：

```
ThemeData(
  scaffoldBackgroundColor: Colors.red,
  primarySwatch: Colors.orange,
  brightness: Brightness.light,
  buttonTheme: const ButtonThemeData(buttonColor: Colors.green),
  …
)
```

在上面的代码中，修改了 ThemeData 对象默认的界面背景颜色、状态栏和按钮样式。重新运行上面的代码，效果如图 10-1 所示。

图 10-1　修改 ThemeData 全局主题

需要注意的是，由于 Flutter 是一项跨平台的开发框架，为了保证在 iOS 和 Android 设备显示的主题更加完美，需要将两端的主题独立出来，然后通过系统判断选择系统的合适主题。

10.1.3　局部主题

除了支持设置全局主题，有些主题属性还可以直接运用在局部小组件中，并且与前端的主题规则一样，局部组件中的主题样式会覆盖全局主题的样式，如果不设置则使用默认的主题样式。

事实上，在一切皆组件的 Flutter 开发中，除了 ThemeData 组件，我们还可以配合 Theme 组件来开发局部主题。就像使用其他容器组件一样，我们只需要将主题属性全部设置到 Theme 组件中，然后应用到子组件中即可，如下所示：

```
Theme(
      data: ThemeData(
        backgroundColor: Colors.red,
        buttonTheme: ButtonThemeData(buttonColor: Colors.orange),
      ),
      child: MaterialButton(
        child: const Text('布局主题'),
        onPressed:() =>{},
      )),
```

事实上，在 Flutter 应用开发中，主题换肤就是基于 Theme 与 ThemeData 主题的更换来实现的。

10.1.4 主题换肤

在 Flutter 开发中，主题换肤可以说是一个非常常见的需求，比如黑白模式。当然，对于黑白主题模式这种简单的需求，完全可以使用 Theme 与 ThemeData 来实现。

由于使用 Theme 与 ThemeData 实现主题切肤需要基于状态管理进行实现，所以正式编码之前需要先安装 provider 状态管理库。作为官方推荐的状态管理库，provider 库内部使用了 Inheritedwidiget 组件，简化了组件之间共享状态的流程。安装 provider 库的命令如下：

```
dependencies:
  provider: ^6.0.5
```

接着需要创建一个全局的主题管理类，这个类的主要作用是存储当前的主题状态和提供主题切换的方法，代码如下：

```
class ThemeManager with ChangeNotifier {
  ThemeData themeData;

  ThemeManager(this.themeData);

  getTheme() => themeData;

  setTheme(ThemeData theme){
    themeData = theme;
```

```
    notifyListeners();
  }
}
```

其中，ChangeNotifier 提供了一个可变状态模型，当状态改变时，它会通知所有监听器并触发重新构建视图。需要注意的是，重写 ChangeNotifier 的属性和方法时，需要在属性更改时主动调用 notifyListeners() 方法通知监听器以触发状态刷新。

接下来可以在需要切换主题的地方调用 setTheme() 方法实现主题切换，如下所示：

```
final ThemeData lightTheme = ThemeData.light();
final ThemeData darkTheme = ThemeData.dark();

class PageTheme extends StatelessWidget {
  @override
  Widget build(BuildContext context){
    return ChangeNotifierProvider(
      create: (_) => ThemeManager(lightTheme),
      child: MaterialAppTheme(),
    );
  }
}

class MaterialAppTheme extends StatelessWidget {
  @override
  Widget build(BuildContext context){
    var tm = Provider.of<ThemeManager>(context);
    return MaterialApp(
      theme: tm.getTheme(),
      home: Scaffold(
        body: Center(
          child: ElevatedButton(
            child: const Text('切换主题'),
            onPressed:(){
               changeTheme(tm);
            },
          ),
        ),
      ),
    );
  }

  void changeTheme(ThemeManager tm){
    tm.setTheme(tm.getTheme() == lightTheme ? darkTheme : lightTheme);
  }
}
```

在上面的代码中，我们创建了一个ThemeManager工具类来管理应用的主题数据，然后使用Provider来管理ThemeManager中的主题，这样就可以在任何地方获取和修改主题数据了。运行上面的代码，单击按钮即可实现黑白主题的切换，如图10-2所示。

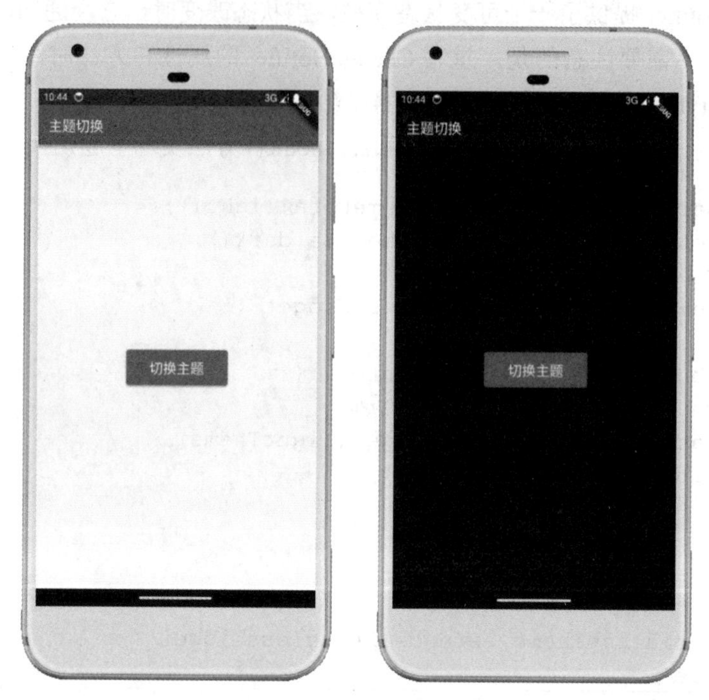

图10-2　黑白主题示例

当然，上面的示例只适合要求不高的主题切换场景，如果遇到的是大型的项目，那么实现主题切换就要复杂许多。不过，基本的实现流程都是一样的，即定义一个全局的主题管理类，然后通过事件广播通知MaterialApp组件主题属性进行相应的改变。

10.2 多语言支持

10.2.1 支持国际化

所谓国际化，是指在软件设计开发过程中，需要功能和代码设计能够处理多种语言和文化习俗，在创建不同语言版本时，不需要重新设计源程序代码的软件工程方法。换句话说，软件的国际化要求应用程序在设计时就需要考虑运行在不同的国家和地区，能够根据所在的国家和地区进行语言切换。在移动类软件开发中，实现国际化的场景通常有以下两种。

（1）识别手机系统语言，App能够自动加载相应的语言文件。

（2）允许用户在 App 内手动切换语言，此种情况不需要保证 App 语言与手机系统语言一致性。

作为软件开发中一种最常见的需求，软件国际化在软件开发过程中无处不在，特别是一些大型的工具类软件和社交软件。

默认情况下，Flutter SDK 中的组件使用的是美国英语本地化资源，如果需要添加对其他语言的支持，应用程序须添加 flutter_localizations 的包依赖，如下所示：

```
dependencies:
  flutter_localizations:
    sdk: flutter
```

事实上，flutter_localizations 是官方推荐的国际化实现方案所要依赖的库。完成依赖之后，需要打开应用的入口文件 main.dart，修改 MaterialApp 的 localizationsDelegates 和 supportedLocales 属性，如下所示：

```
MaterialApp(
 localizationsDelegates: const[
   GlobalMaterialLocalizations.delegate,
   GlobalWidgetsLocalizations.delegate,
 ],
 supportedLocales: const[
    const Locale('en', 'US'),       //英语
    const Locale('zh', 'CN'),       //中文
    //其他 Locales
  ],
   ...
)
```

在上面的代码中，supportedLocales 用来定义应用支持的语言，在本例中只支持英语和中文两种语言。而 localizationsDelegates 则是需要提供的本地化内容。其中，GlobalMaterial-Localizations.delegate 为 Material 组件库提供的本地化的字符串，GlobalWidgetsLocalizations .delegate 定义组件默认的文本方向。

通过上面代码的设置后，当用户切换设备的默认语言时，Flutter 会根据用户设备的语言自动切换应用程序的本地化内容。比如，下面是打开时间选择组件时随系统语言变化的示例。

```
var nowTime = TimeOfDay(hour: 12,minute: 20);

showTimePicker(
  context:context,
  initialTime: nowTime
);
```

运行上面的代码，然后切换设备的默认语言，时间选择器上的文本就会跟随系统的语言实现中英文切换，效果如图 10-3 所示。

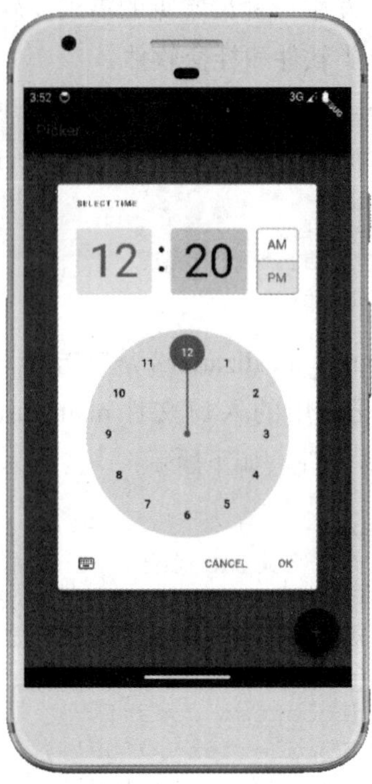

图 10-3 时间选择器国际化

10.2.2 自定义 Delegate

Flutter 组件之所以能够实现国际化，是因为本身就支持本地化值或资源的引用。如果是非系统的组件要实现国际化，我们需要继承 LocalizationsDelegate 然后实现文本内容的国际化处理。

首先，创建一个本地化值或资源的管理类，用来实现文本随语言变化，代码如下：

```
class AppLocalizations {

  final Locale locale;
  AppLocalizations(this.locale);

  static AppLocalizations? of(BuildContext context){
    return Localizations.of<AppLocalizations>(context, AppLocalizations);
  }

  final Map<String, Map<String, String>> localizedValues = {
    'en':{
      'title': 'Hello World, Flutter',
```

```
      },
      'zh':{
        'title': '你好，Flutter',
      },
    };

    String? get title {
      return localizedValues[locale.languageCode]?['title'];
    }
  }
```

上面代码的作用其实就是根据当前的语言返回对应的 title 文本，我们可以将所有需要支持的多语言文本都在此类中进行定义。配置完语言包之后，还需要创建一个加载语言的代理类，该类需要继承自 LocalizationsDelegate，如下所示：

```
  class AppLocalizationsDelegate extends LocalizationsDelegate<AppLoca
lizations>{
    const AppLocalizationsDelegate();

    @override
    bool isSupported(Locale locale) => ['en', 'zh'].contains(locale
.languageCode);

    @override
    Future<AppLocalizations> load(Locale locale){
      return SynchronousFuture<AppLocalizations>(AppLocalizations(locale));
    }

    @override
    bool shouldReload(AppLocalizationsDelegate old) => false;
  }
```

其中，shouldReload 的返回值用于决定 Localizations 组件重构时是否需要调用 load() 方法重新加载本地化资源。一般情况下，本地化资源只会在 Locale 切换时加载一次，不需要每次 Localizations 重构时都执行加载，所以返回 false 即可，而 load() 方法则用于重构时加载新的本地化资源。

接下来，还需要在 MaterialApp 或者 WidgetsApp 的 localizationsDelegates 属性中注册自定义的 Delegate 实例，如下所示：

```
  MaterialApp(
    localizationsDelegates: [
      AppLocalizationsDelegate(),
    ],
    …
```

```
)
```

最后，只需要在需要使用文本的地方使用 AppLocalizations 引入即可，如下所示：

```
Text('${AppLocalizations.of(context)!.title}')
```

运行上面的代码，然后切换设备的默认语言，就会看到示例中的文本内容跟随系统语言的变化而发生变化，效果如图 10-4 所示。

你好，Flutter　　　　Hello World，Flutter

图 10-4　自定义 Delegate 实现国际化

虽然使用自定义 Delegate 可以实现国际化，但是此种方案有一个严重的问题，就是需要在 LocalizationsDelegate 的实现类中进行国际化文本内容的处理。试想一下，如果需要支持的语言不是两种而是几十种时，那么需要编写非常多的适配代码，这将会是一件非常烦琐的事情，且不利于项目后期的维护。

那有没有一种像 i18n 或 l10n 标准那样的方案，将翻译单独保存为一个 arb 文件，交由翻译人员去翻译之后再通过工具将 arb 文件转为对应的代码？事实上，Flutter 已经提供了这方面的支持，即使用 Intl 插件实现国际化。

10.3 Intl 国际化

10.3.1 安装 Intl 插件

相比自定义 Delegate 方式，使用 Intl 方式实现国际化不仅也可以将字符串文本分离成单独的文件，方便开发人员和翻译人员分工协作，而且后期的项目维护成本也会降低。

使用 Intl 方式实现国际化需要先安装 Intl 插件。打开 Android Studio，依次选择【Settings...】→【Plugins】→【Maketplace】打开插件市场，搜索并安装 Flutter Intl 插件，如图 10-5 所示。

接下来打开 Flutter 项目，然后在项目的 pubspec.yaml 文件中添加 intl 依赖，如下所示。

```
dependencies:
  intl: ^0.18.1
dev_dependencies:
  intl_generator: ^0.4.1
```

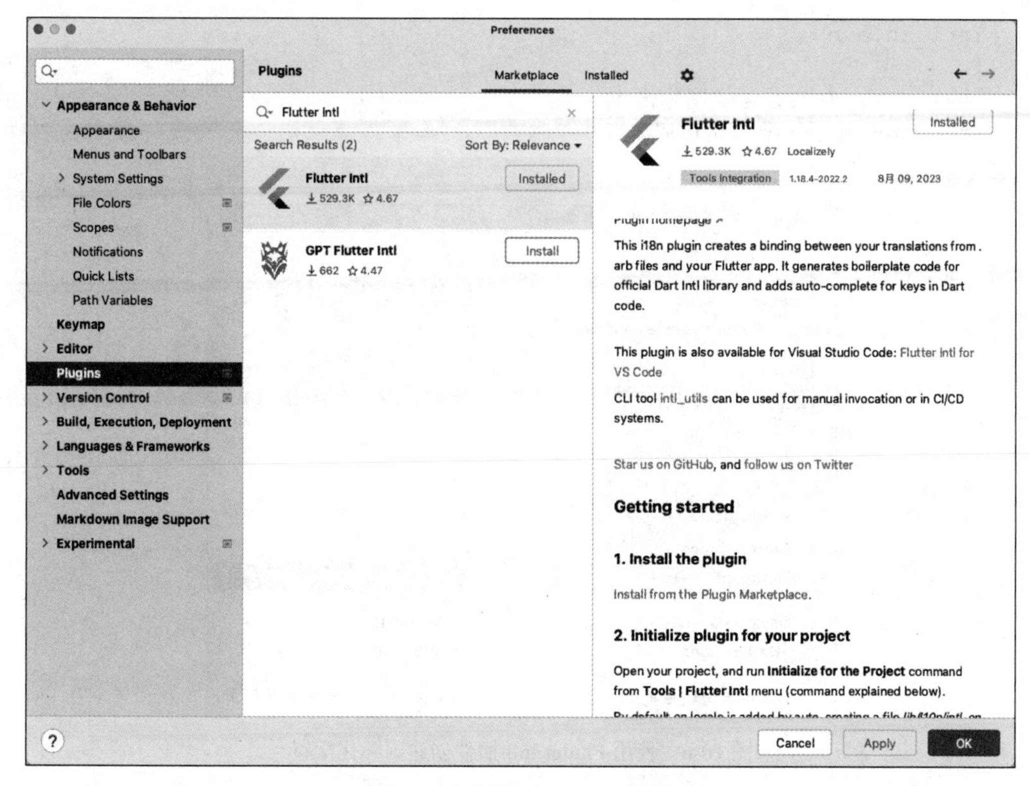

图 10-5　安装 Flutter Intl 插件

其中，intl_generator 包主要包含了一些工具，它在开发阶段主要的作用是从代码中提取要国际化的字符串到单独的 arb 文件和根据 arb 文件生成对应语言的 dart 代码，而 intl 包在实现国际化时就是引用和加载 intl_generator 生成的 dart 代码。

10.3.2　创建语言文件

打开 Android Studio，然后使用 Flutter Intl 插件来生成国际化配置文件。依次单击 Android Studio 的菜单栏的【Tool】→【Flutter Intl】为 Flutter 项目创建国际化配置，如图 10-6 所示。

执行上面的操作后，系统会在项目的 lib 目录下创建 I10n 和 generated 文件夹，同时 I10n 文件夹里面会默认包含一个 intl_en.arb 文件。再创建一个 intl_zh.arb 文件。分别打开 intl_en.arb 和 intl_zh.arb 文件，配置需要国际化的内容，如下所示：

```
#intl_en.arb
{
  "title": "Flutter intl",
  "content" : "You have click the button many times"
}
```

```
#intl_zh.arb
{
  "title": "Flutter 国际化 ",
  "content" : " 您点击按钮多次 "
}
```

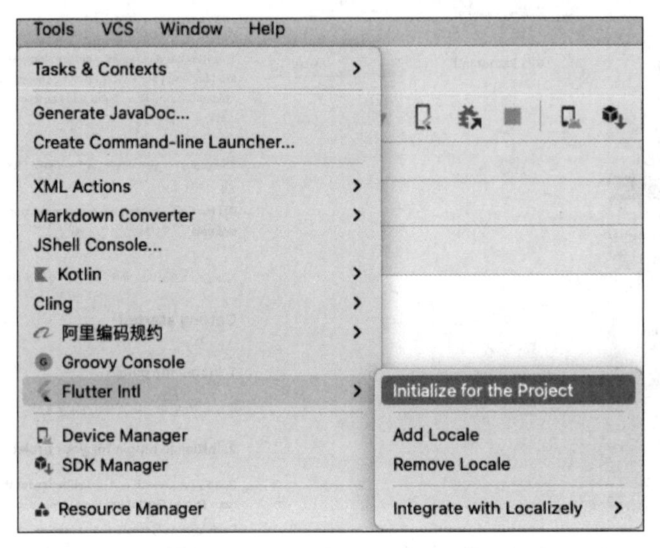

图 10-6　使用 Flutter Intl 插件创建国际化配置

10.3.3　实现国际化

完成国际化 arb 文件内容的定义之后，还需要在 MaterialApp 中进行初始化和添加 Intl 的相关配置，如下所示：

```
MaterialApp(
  localizationsDelegates:[
    S.delegate,
  ],
  supportedLocales: S.delegate.supportedLocales,
  …
)
```

完成上述操作后，接下来只需要在代码中使用 S.of() 方法即可获取 arb 文件中的定义的内容，如下所示：

```
Text(S.of(context).title),
```

运行上面的代码，然后切换设备的默认语言，就会看到文本内容会跟随系统语言的变化而发生变化，如图 10-7 所示。

Flutter Intl

You have click the button many times

Flutter 国际化

您单击按钮多次

图 10-7　使用 Flutter Intl 插件创建国际化配置

需要说明的是，使用 S.of() 方法实现国际化需要在能够获取到上下文对象的前提下才能生效，如果要对应用的标题也进行国际化，那么直接使用上面的方式是不行的。此时，可以使用 MaterialApp 组件提供的 onGenerateTitle() 回调方法来进行处理，如下所示：

```
MaterialApp(
    onGenerateTitle: (context){
      return S.of(context).appName;
    },
)
```

可以发现，相比于烦琐的自定义 Delegate 方式实现的国际化，使用 Intl 插件的方式实现应用的国际化更加方便高效。使用 Intl 插件方式实现国际化，只需要使用 Intl 插件创建对应的 arb 语言配置文件，然后完成对应语言文字的翻译即可。

10.4 习题

一、选择题

以下哪些是 ThemeData 组件支持的属性？（　　）

A. primarySwatch　　B. primaryColor

C. colorScheme　　D. accentColor

二、简述题

1. 简述 Flutter 主题换肤的原理及实现的流程。
2. 简述 Flutter 国际化的实现流程。

三、操作题

1. 不使用第三方插件，实现应用的全局换肤。
2. 基于 Intl 国际化方案，添加更多语言和地区的支持。

第 11 章 混合开发

11.1 混合开发简介

使用 Flutter 技术从零开始开发一款应用是一件很惬意的事情，但对于一些已经上线的产品，完全摒弃原有应用的历史沉淀，全面转向 Flutter 几乎是不现实的。因此，将 Flutter 作为原生 Android、iOS 项目的扩展模块，是目前 Flutter 混合开发最常见的方式。

目前，想要在原生项目中嵌入 Flutter 主要有两种实现方式。一种是将原生工程作为 Flutter 工程的子工程，由 Flutter 进行统一管理，这种模式称为统一管理模式。另一种则是将 Flutter 作为原生项目的子模块，将 Flutter 以子模块的方式嵌入原生项目中，这种模式称为三端分离模式，如图 11-1 所示。

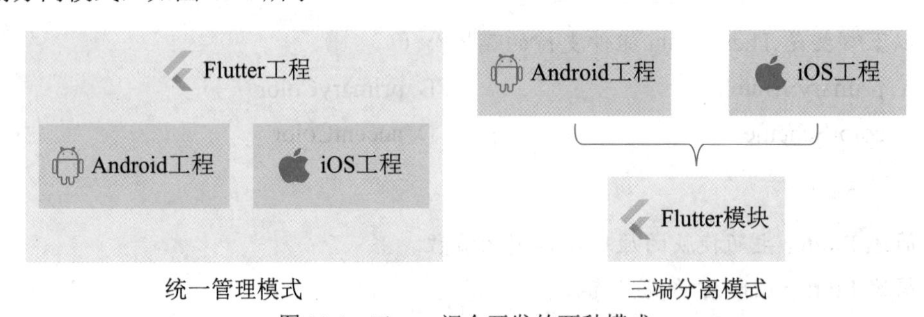

图 11-1 Flutter 混合开发的两种模式

事实上，在 Flutter 框架出现早期，由于技术的不成熟以及官方提供的混合开发资料相对有限，国内较早使用 Flutter 进行开发的技术团队大多使用的是统一管理模式。不过，随着业务迭代的深入，统一管理模式的弊端也随之显露，不仅三端代码耦合严重，相关工具链的编译耗时也大幅增长，最终导致开发效率相比原生开发反而降低了。所以，后续使用 Flutter 进行混合开发的团队大多使用三端分离模式来进行依赖治理，最终以 Flutter 模块的方式轻量级接入原生工程。

使用三端分离模式实现 Flutter 混合开发的关键是抽离 Flutter 模块，然后将不同操作平台的构建产物以插件的方式添加到原生工程中。具体来说，就是将 Flutter 模块编译打包成

aar 和 framework，然后在原生 Android 项目使用 aar，在原生 iOS 项目中使用 framework 进行依赖。事实上，使用三端分离模式接入 Flutter，不仅可以大大降低原工程接入 Flutter 的成本，还能提升开发效率。

11.2 集成 Flutter

11.2.1 Flutter 模块

众所周知，新创建的 Flutter 项目通常会包含 Flutter 模块和原生工程等内容。在这种情况下，原生工程是 Flutter 项目的一部分，Flutter 工程的运行需要依赖原生工程，而原生工程也会依赖 Flutter 项目的资源，因此它们是相互依赖的。事实上，也正是因为这种设计，才让 Flutter 项目具有了跨平台运行的能力。

在 Flutter 混合开发中，原生工程对 Flutter 的依赖主要分为两部分，其中一部分是 Flutter 项目运行所需的库和引擎，主要包含 Flutter 的 Framework 库和引擎库。另一个部分依赖为 Flutter 模块，即 Flutter 混合开发中的 Flutter 业务实现模块，主要包括 Flutter 模块 lib 目录下的 Dart 代码及相关的资源。

对于原生工程来说，不管是源码集成还是插件方式集成，都需要先创建一个 Flutter 模块项目，命令如下：

```
flutter create -t module flutter_module
```

执行上面的命令后，会在目录下生成一个名为 flutter_module 的 Flutter 模块。事实上，Flutter 模块也是一个 Flutter 项目，因此它的文件目录结构和普通的 Flutter 项目几乎是一样的。打开 flutter_module 项目，文件目录结构如图 11-2 所示。

flutter_module

名称	修改日期	大小	种类
.android	2023年8月24日 10:12	--	文件夹
.dart_tool	2023年8月24日 10:12	--	文件夹
.gitignore	2023年8月24日 10:11	468字节	文稿
.idea	今天 19:40	--	文件夹
.ios	2023年8月24日 10:11	--	文件夹
.metadata	2023年8月24日 10:11	312字节	文稿
analysis_options.yaml	2023年8月24日 10:11	154字节	YAML Document
build	2023年8月24日 10:13	--	文件夹
flutter_module_android.iml	2023年8月24日 10:11	1 KB	文稿
flutter_module.iml	今天 19:40	896字节	文稿
lib	2023年8月24日 10:11	--	文件夹
pubspec.lock	2023年8月24日 10:11	5 KB	文稿
pubspec.yaml	2023年8月24日 10:11	3 KB	YAML Document
README.md	2023年8月24日 10:11	337字节	Easy Markdown
test	2023年8月24日 10:11	--	文件夹

图 11-2　flutter_module 项目文件目录结构

可以看到，Flutter 模块也包含了原生 Android 和 iOS 工程目录，只不过默认情况下它们是隐藏的。因此，在 Flutter 模块开发中，也可以像开发 Flutter 应用程序一样来开发和调试 Flutter 模块项目。

打开 Flutter 模块下的 Android 工程，会发现工程目录下有一个 Flutter 目录，而该目录存在的主要作用就是构建 aar。同样在模块的 iOS 工程目录下能够找到一个 Flutter 目录，它的作用是生成 framework 静态文件。这也是 Flutter 模块既能像 Flutter 项目一样单独开发调试，又能打包构建 aar 包和 framework 文件的原因。

11.2.2 原生 Android 集成 Flutter

在原生 Android 项目中集成 Flutter 有两种方式，即源码集成和 aar 集成。首先，创建一个原生 Android 项目，再通过 flutter create 命令创建一个 Flutter 模块，如下所示：

```
flutter create -t module flutter_module
//或者带包名
flutter create -t module --org com.example flutter_module
```

然后，需要打开原生 Android 项目，将生成的 flutter_module 模块添加到原生 Android 项目中。打开原生 Android 项目的 setting.gradle 文件，添加如下配置脚本。

```
setBinding(new Binding([gradle: this]))
evaluate(new
File(settingsDir.parentFile,'flutter_module/.android/include_flutter.groovy'))
include ':flutter_module'
```

接着，在原生 Android 项目 app 目录下的 build.gradle 文件添加如下依赖。

```
dependencies {
  ...
  implementation project(':flutter')
}
```

单击【Sync】按钮同步一下 Android 工程，如果没有任何错误则说明使用源码方式集成 Flutter 模块的依赖就完成了。除了源码集成方式，官方更推荐使用 aar 方式集成 Flutter。

具体来说，就是先在 flutter_module 模块中开发 Flutter 业务，然后再将 Flutter 模块编译生成 aar 包，最后再以 aar 的方式集成到原生 Android 项目中。对于这种方式，只需要在 Flutter 模块开发完成之后，使用 flutter build 命令生成 aar 包即可，命令如下：

```
flutter build aar
```

等待 aar 命令执行完成之后，打开 Flutter 模块项目的 build 目录，会发现目录下多

了三个文件夹，分别对应 Debug、Profile 和 Release 三种不同环境的 aar 包，如图 11-3 所示。

名称	修改日期	大小	种类
flutter_debug	今天 10:12	--	文件夹
1.0	今天 10:12	--	文件夹
maven-metadata.xml	今天 10:12	340 字节	XML Document
maven-metadata.xml.md5	今天 10:12	32 字节	文稿
maven-metadata.xml.sha1	今天 10:12	40 字节	文稿
maven-metadata.xml.sha256	今天 10:12	64 字节	文稿
maven-metadata.xml.sha512	今天 10:12	128 字节	文稿
flutter_profile	今天 10:13	--	文件夹
1.0	今天 10:13	--	文件夹
maven-metadata.xml	今天 10:13	342 字节	XML Document
maven-metadata.xml.md5	今天 10:13	32 字节	文稿
maven-metadata.xml.sha1	今天 10:13	40 字节	文稿
maven-metadata.xml.sha256	今天 10:13	64 字节	文稿
maven-metadata.xml.sha512	今天 10:13	128 字节	文稿
flutter_release	今天 10:13	--	文件夹
1.0	今天 10:13	--	文件夹
maven-metadata.xml	今天 10:13	342 字节	XML Document
maven-metadata.xml.md5	今天 10:13	32 字节	文稿
maven-metadata.xml.sha1	今天 10:13	40 字节	文稿
maven-metadata.xml.sha256	今天 10:13	64 字节	文稿
maven-metadata.xml.sha512	今天 10:13	128 字节	文稿

图 11-3　编译 flutter aar 包

打开原生 Android 项目的 setting.gradle 文件，在 repositories 依赖节点下添加如下脚本。

```
String storageUrl = System.env.FLUTTER_STORAGE_BASE_URL ?: "https://storage.googleapis.com"
        repositories {
          ...
          maven {
              url '/./flutter_module/build/host/outputs/repo'
          }
          maven {
              url "$storageUrl/download.flutter.io"
          }
        }
```

紧接着，打开原生 Android 项目，在 app/build.gradle 文件中引入 aar 包的依赖，代码如下：

```
buildTypes {
    profile {
        initWith debug
    }
}
```

```
dependencies {
    debugImplementation 'com.example.flutter_module:flutter_debug:1.0'
    profileImplementation 'com.example.flutter_module:flutter_profile:1.0'
    releaseImplementation 'com.example.flutter_module:flutter_release:1.0'
}
```

在上面代码中，我们依赖了 debug.profile 和 release 所有环境的 Flutter aar 包，然后使用 buildTypes 节点的 initWith 属性来指定当前环境所使用的 aar 包。实际开发过程中，我们只需要依赖某个特定环境的 aar 包即可。

当然，也可以将生成的 aar 包复制到 Android 项目的 libs 目录下，然后在 app/build.gradle 文件中添加如下脚本来完成依赖。

```
implementation fileTree(dir: 'libs', include: ['*.jar','*.aar'])
implementation files('libs/flutter_debug-1.0.aar')
implementation  'io.flutter:flutter_embedding_debug:1.0.0-1ac611c64eadb
d93c5f5aba5494b8fc3b35ee952'
```

单击【Sync】按钮同步一下 Android 工程，如果没有任何编译错误则说明使用 aar 方式集成 Flutter 模块成功。当然，为了能够正常启动 Flutter 端，还需要在 Android 的 AdnroidManifest.xml 配置文件中注册 FlutterActivity。

```
<activity
    android:name="io.flutter.embedding.android.FlutterActivity"
    android:hardwareAccelerated="true"
    android:windowSoftInputMode="adjustResize" />
```

接下来，可以通过一个简单的测试来检查 Flutter 混合开发是否集成成功，即在原生 Android 项目中打开 Flutter 模块的入口文件 FlutterActivity，代码如下：

```
findViewById<Button>(R.id.btn_flutter).setOnClickListener {
     startActivity(
         FlutterActivity.createDefaultIntent(this)
     )
}
```

最后，重新编译并运行 Android 原生项目，如果能够正常打开 Flutter 的入口页面即表示成功，如图 11-4 所示。

11.2.3 原生 iOS 集成 Flutter

与原生 Android 集成 Flutter 只有两种集成方式不同，在原生 iOS 项目中集成 Flutter 主要有三种方式，分别是 CocoaPods、Flutter SDK 和 frameworks 方式集成。

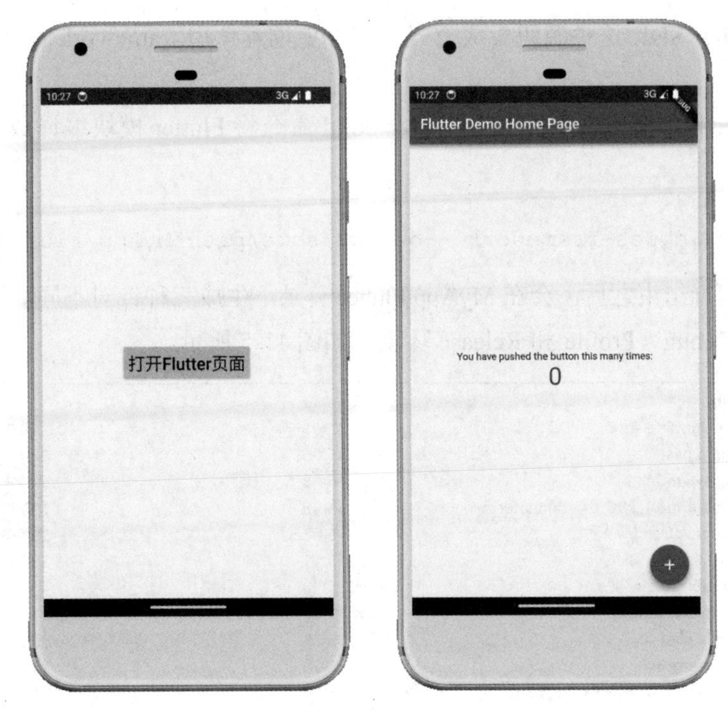

图 11-4　原生 Android 项目集成 Flutter

新建一个原生 iOS 项目，然后在同一文件目录下通过 flutter create 命令创建一个 Flutter 模块项目。打开原生 iOS 项目，在项目的根目录下执行 pod init 命令来创建一个 Podfile 文件，并在 Podfile 文件中引入 Flutter 扩展模块，代码如下：

```
flutter_application_path = '../[ flutter 工程目录 ]'
load File.join(flutter_application_path, '.ios', 'Flutter', 'podhelper.rb')

target '[iOS 项目名称 ]' do
  use_frameworks!
  install_all_flutter_pods(flutter_application_path)
end

post_install do |installer|
  flutter_post_install(installer) if defined?(flutter_post_install)
end
```

运行 pod install 命令安装依赖。在运行依赖命令时，Podfile 文件中的 podhelper.rb 脚本会将 plugins、Flutter.framework 和 App.framework 等 Flutter 所需的编译运行环境拉取下来。使用 Xcode 打开 MyApp.xcworkspace 文件，重新编译项目，如果没有任何报错则说明使用 Flutter SDK 方式集成成功。

需要注意的是，使用 Flutter SDK 方式集成 Flutter 需要本地安装 Flutter SDK 和 Cocoa-

Pods。相比 Flutter SDK 这种源码集成方式，官方更推荐使用 framework 静态库的方式集成 Flutter。

打开 Flutter 模块项目，然后使用 flutter build 命令将 Flutter 模块编译成 framework 包，命令如下：

```
flutter build ios-framework --output=some/path/MyApp/Flutter/
```

等待命令运行结束之后，会在 MyApp/Flutter 目录下生成三种针对不同环境的 framework 包，分别对应 Debug、Profile 和 Release 环境，如图 11-5 所示。

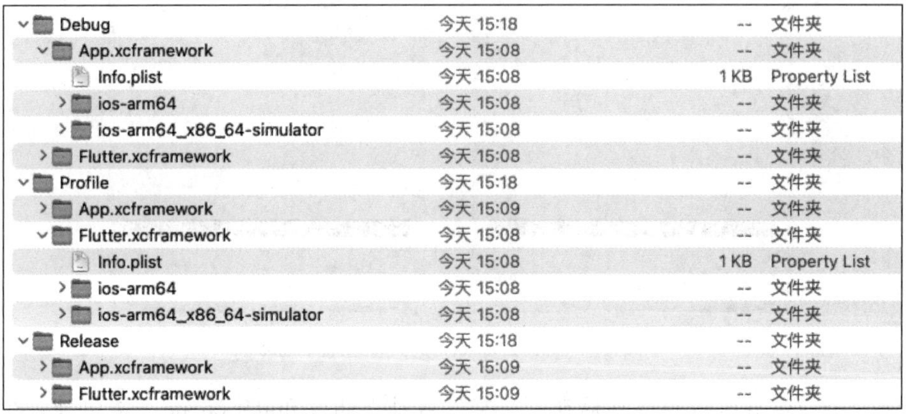

Debug	今天 15:18	--	文件夹
App.xcframework	今天 15:08	--	文件夹
Info.plist	今天 15:08	1 KB	Property List
ios-arm64	今天 15:08	--	文件夹
ios-arm64_x86_64-simulator	今天 15:08	--	文件夹
Flutter.xcframework	今天 15:08	--	文件夹
Profile	今天 15:18	--	文件夹
App.xcframework	今天 15:09	--	文件夹
Flutter.xcframework	今天 15:08	--	文件夹
Info.plist	今天 15:08	1 KB	Property List
ios-arm64	今天 15:08	--	文件夹
ios-arm64_x86_64-simulator	今天 15:08	--	文件夹
Release	今天 15:18	--	文件夹
App.xcframework	今天 15:09	--	文件夹
Flutter.xcframework	今天 15:09	--	文件夹

图 11-5　编译 flutter frameworks 包

接下来，只需要将 framework 静态库添加并关联到原生 iOS 工程中即可。

将上面生成的 framework 包拖到原生 iOS 工程子目录下，然后依次单击【Build Phases】→【Link Binary With Libraries】添加 framework 静态库，如图 11-6 所示。

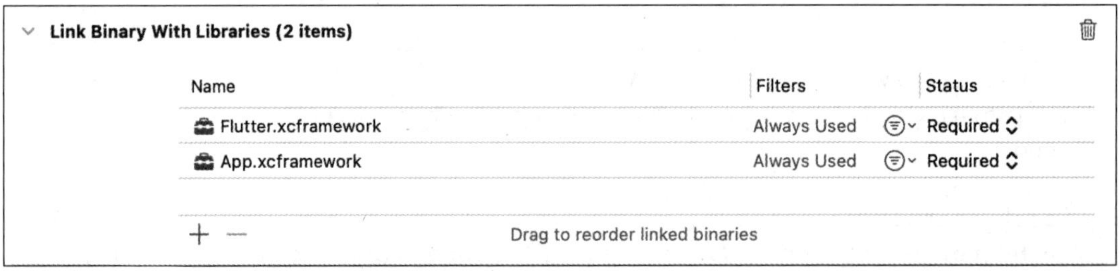

Link Binary With Libraries (2 items)

Name	Filters	Status
Flutter.xcframework	Always Used	Required
App.xcframework	Always Used	Required

\+ —　Drag to reorder linked binaries

图 11-6　添加并关联 frameworks 静态库

同时，为了让添加的 framework 静态库生效，还需要在项目的 General 栏下的【Frame-Works, Libraries, and Embedded Content】中将加入的 framework 设置成 Embed & Sign 模式，如图 11-7 所示。

事实上，将 General 设置成 Embed & Sign 后，Xcode 在执行编译时会自动把 framework 库复制到 app 的 Frameworks 文件夹里面，从而完成库的依赖。

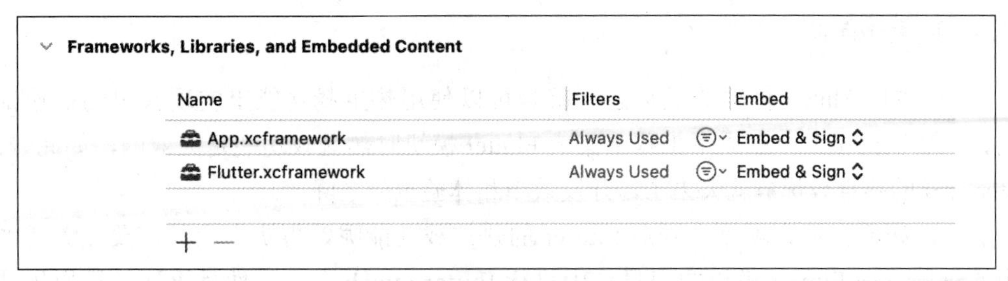

图 11-7　开启 Embed & Sign 编译

完成上述操作后，就已经完成了 Flutter 模块的依赖。接下来，可以打开原生 iOS 项目，然后添加一个按钮来打开 Flutter 模块的入口页面，代码如下：

```
    let flutterEngine = (UIApplication.shared.delegate as? AppDelegate)?
.flutterEngine;
    let flutterViewController = FlutterViewController(engine: flutterEngine,
nibName: nil, bundle: nil)!;
    self.present(flutterViewController, animated: true, completion: nil)
```

重新编译并运行原生 iOS 项目，如果能够正常打开 Flutter 模块的入口页面则说明使用 framework 静态库方式集成 Flutter 模块成功，如图 11-8 所示。

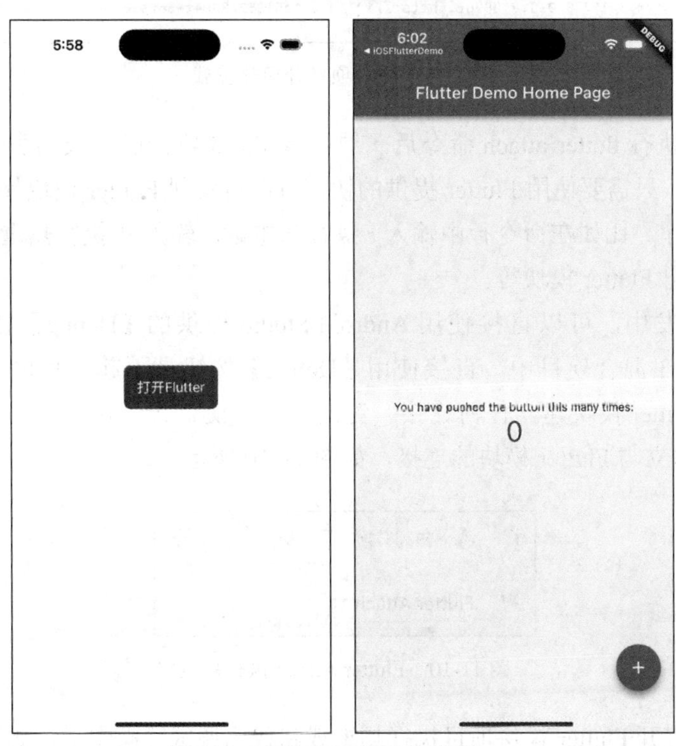

图 11-8　原生 iOS 项目集成 Flutter

11.2.4 热重载与调试

众所周知，Flutter 框架的优势之一就是可以使用热重载功能来实现代码的快速部署和调试。默认情况下，在原生工程中集成 Flutter 模块时热重载功能是失效的，如此一来，Flutter 开发的热重载优势就失去了，开发效率和体验也随之降低。

那么，如何在混合项目中开启 Flutter 的热重载功能呢？事实上，只需要先关闭混合应用的进程，在 Flutter 模块的根目录中执行 flutter attach 命令，然后再次运行原生项目只需要显示和 Flutter 模块连接成功，就可以打开 Flutter 模块的热重载功能，如图 11-9 所示。

```
flutter_module — dart ◂ dart --disable-dart-dev --packages=/Users/xzh/Fl...
xzh@A-MAC-C02GK0XSQ05R flutter_module % flutter attach
Waiting for a connection from Flutter on sdk gphone64 arm64...
Syncing files to device sdk gphone64 arm64...                    4.5s

Flutter run key commands.
r Hot reload. 🔥🔥🔥
R Hot restart.
h List all available interactive commands.
d Detach (terminate "flutter run" but leave application running).
c Clear the screen
q Quit (terminate the application on the device).

A Dart VM Service on sdk gphone64 arm64 is available at:
http://127.0.0.1:51852/BBP4z-S6vsI=/
The Flutter DevTools debugger and profiler on sdk gphone64 arm64 is available
at: http://127.0.0.1:9100?uri=http://127.0.0.1:51852/BBP4z-S6vsI=/
```

图 11-9　混合项目开启热重载

可以看到，执行 flutter attach 命令后，原生 Android 项目已经成功和 Flutter 模块进行了绑定。接下来，只需要使用 Flutter 提供的快捷键即可实现 Flutter 模块代码的热重载、热启动和调试等操作。比如在命令行中输入 r 执行热重载，输入 R 执行热重启，输入 d 断开连接，输入 q 退出 Flutter 模块等。

在 Flutter 开发中，可以直接使用 Android Studio 提供的【Debug】按钮来调试应用程序的代码，但在混合项目中，直接使用【Debug】按钮是不起作用的，这是因为原生项目并没有和 Flutter 模块建立任何连接。对此，需要使用 Android Studio 提供的【Flutter Attach】按钮先建立与 Flutter 模块的连接，如图 11-10 所示。

图 11-10　Flutter Attach 执行绑定

然后就可以打开 Flutter 模块项目执行热重载和代码调试等操作了，如图 11-11 所示。

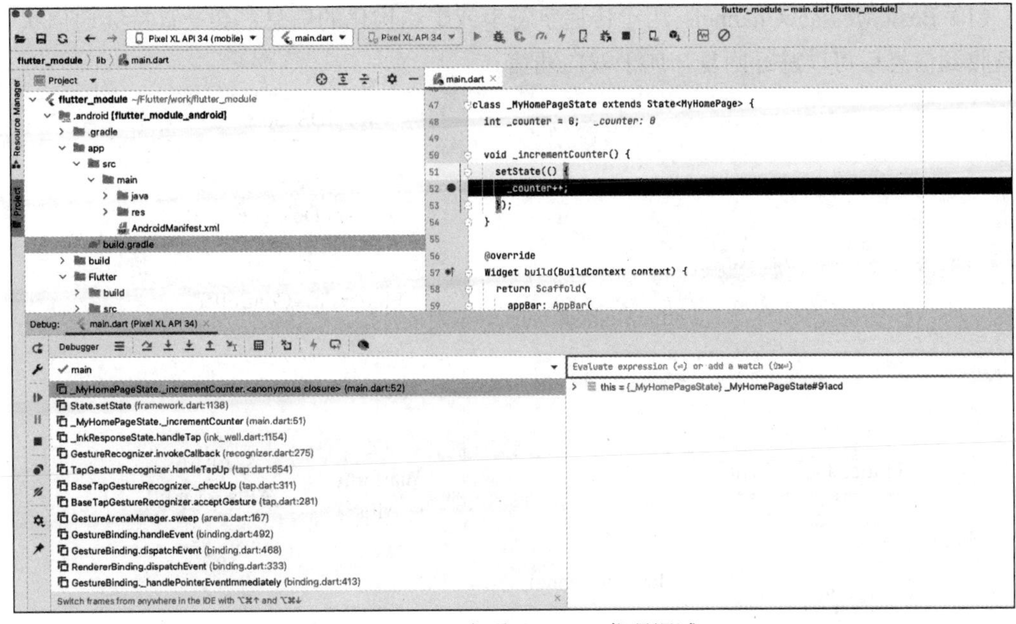

图 11-11　混合项目 Flutter 代码调试

11.3 与原生平台通信

11.3.1 混合工程通信》

在 Flutter 混合工程开发中，我们将 Flutter 模块作为原生项目的一部分，然后以模块化开发的方式将 Flutter 添加到原生项目中。相对于原生项目来说，Flutter 模块是独立的，它有自己单独的入口。具体来说，Flutter 模块的 Android 平台的入口是 FlutterView，iOS 平台的入口则是 FlutterViewController。事实上，原生工程和 Flutter 进行通信，就是通过它们实现的。

对于混合开发来说，一个最常见的需求就是 Flutter 模块与原生平台的通信。在混合项目开发中，Flutter SDK 提供了 Platform Channel 来实现跨端通信，传递的消息则使用 Channel 包装后再进行传递，其整体架构如图 11-12 所示。

可以看到，Flutter 模块与原生平台的通信是双向绑定的，目的是能够相互发送消息。在 Flutter 模块与原生平台的通信流程中，Flutter 首先通过平台通道将消息发送到应用所在的宿主中，宿主通过监听平台通道接收消息，然后调用平台的 API 响应 Flutter 模块发送的消息。

同时，为了满足不同的通信场景，Platform Channel 一共提供了三种不同类型的通道，分别是 BasicMessageChannel、MethodChannel 和 EventChannel，含义如下。

（1）BasicMessageChannel：用于传递字符串或半结构化的信息，会一直持续通信状态，并且收到信息后可以进行回复，属于双向通信。

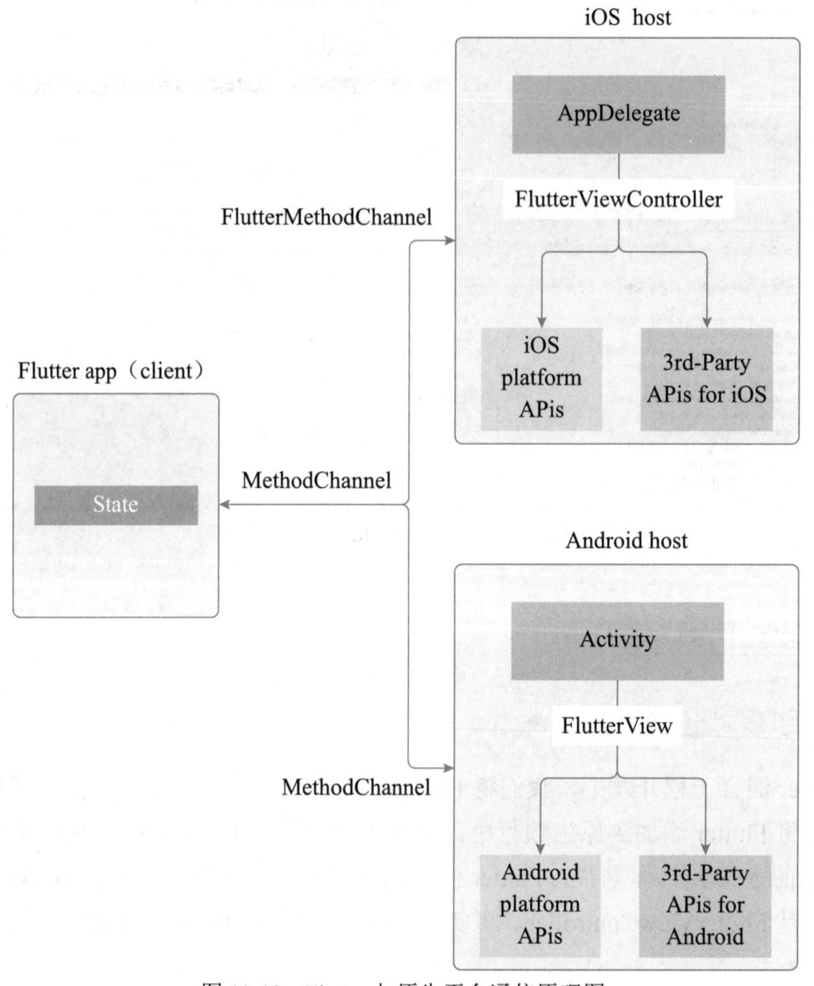

图 11-12 Flutter 与原生平台通信原理图

（2）MethodChannel：用于传递方法调用，一次性通信，可以用于 Flutter 主动调用原生平台的方法，也可以用于原生平台主动调用 Flutter 的方法，属于双向通信。

（3）EventChannel：用于数据流的通信，收到消息后不需要回复此次消息，通常用于原生平台主动向 Flutter 发送消息的通信场景，比如网络变化、传感器数据等，属于单向通信。

11.3.2 BasicMessageChannel

BasicMessageChannel 是 Flutter SDK 提供的一种可以双向通信的消息通道，支持字符串和半结构化的信息传递。其中，BasicMessageChannel 在 Android 平台中的构造函数

如下：

```
BasicMessageChannel(BinaryMessenger messenger, String name, MessageCodec
<T> codec)
```

可以看到，BasicMessageChannel() 方法需要三个参数，说明如下：

messenger：消息载体，消息发送和接受的工具。

name：消息通道的唯一标识，需要和 Flutter 端的名称统一。

codec：消息编解码器，消息传递过程中使用的是二进制数据，所以需要进行加密处理，加解密规则也需要和 Flutter 端统一。

同时，codec 支持四种编解码类型，分别是 BinaryCodec、StringCodec、StandardMessageCodec、JSONMessageCodec，四种编解码类型均属于 MessageCodec 的子类，默认类型是 StandardMessageCodec。

对于原生 Android 端来说，如果我们需要处理来自 Dart 端发送过来的消息，可以使用 setMessageHandler() 方法，定义如下：

```
void setMessageHandler(BasicMessageChannel.MessageHandler<T> handler)
```

其中，参数 handler 为消息处理器，主要是配合 BinaryMessenger 完成对消息的处理。同时，MessageHandler 是一个接口，具体的实现在 onMessage() 方法中，如下所示：

```
public interface MessageHandler<T>{
  void onMessage(T message, BasicMessageChannel.Reply<T> reply);
}
```

其中，参数 message 为 Dart 发送过来的数据，reply 则是用于回复消息的回调函数，可以使用 reply.reply() 方法来设置回复的内容。

上面的主要介绍的是原生 Android 端接收 Dart 端的消息，那如何处理原生 Android 端向 Flutter 端发送消息呢？此时，需要用到 BasicMessageChannel 的另一个方法，即 send() 方法，它有两个重载方法。

```
void send(T message)
void send(T message, BasicMessageChannel.Reply<T> callback)
```

其中，参数 message 为要发送给 Dart 端的数据，callback 回调则是用于处理 Dart 端收到消息后的回复信息。

借助 BasicMessageChannel，可以在原生 Native 端和 Dart 端之间相互发送消息，并且可以在收到消息后返回给对方信息。下面是 Flutter 官方给出的获取原生平台图片的示例。其中，Dart 端的代码如下：

```
class PlatformImageFetcher {
```

```
    static const _basicMessageChannel =
      BasicMessageChannel<dynamic>('platformImageDemo',StandardMessage
Codec());

    static Future<Uint8List> getImage() async {
      final reply = await _basicMessageChannel.send('getImage') as Uint8-
List?;
      if(reply == null){
        throw PlatformException(
          code: 'Error',
          message: 'Failed to load Platform Image',
          details: null,
        );
      }
      return reply;
    }
  }
```

要实现原生Native端和Dart端的相互通信，需要使用一个唯一标识来标志BasicMessageChannel，然后再通过调用send()方法发送一个获取图片的指令，同时异步获取该指令的返回值。

接下来是原生端的实现。对于原生Android端来说，需要定义通过同名的Channel和Handler来获取Dart端的请求，然后再使用reply ()方法返回图片的Uint8List数据，代码如下：

```
class MainActivity : FlutterActivity(){
    override fun configureFlutterEngine(flutterEngine: FlutterEngine){
        BasicMessageChannel(flutterEngine.dartExecutor, "platform-
ImageDemo", StandardMessageCodec()).setMessageHandler { message, reply ->
            if(message == "getImage"){
              val inStream: InputStream = assets.open("eat_new_orleans.jpg")
                  reply.reply(inStream.readBytes())
              }
          }
      }
}
```

对于原生iOS来说，处理流程和原生Android端的处理流程是一样的，代码如下：

```
@UIApplicationMain
@objc class AppDelegate: FlutterAppDelegate {
  override func application(
    _application: UIApplication,
    didFinishLaunchingWithOptions launchs: [UIApplication.Launch-
OptionsKey: Any]
```

```
) -> Bool {
    let controller = window.rootViewController as! FlutterViewController
        FlutterBasicMessageChannel(name: "platformImageDemo", binary-
Messenger: controller.binaryMessenger, codec: FlutterStandardMessageCodec
.sharedInstance()).setMessageHandler {
        (message: Any?, reply: FlutterReply) -> Void in
         if(message as! String == "getImage"){
           guard let image = UIImage(named: "eat_new_orleans.jpg") else {
              reply(nil)
              return
           }
        reply(FlutterStandardTypedData(bytes: image.jpegData(compression-
Quality: 1)!))
         }
      }
      GeneratedPluginRegistrant.register(with: self)
      return super.application(application, didFinishLaunchingWith-
Options: launchs)
   }
}
```

由于图片数据是使用Uint8List来进行传递的，所以在Flutter中调用Dart端的方法展示图片时，需要使用FutureBuilder组件来加载图片资源，如下所示：

```
Future<Uint8List>? imageData;

FutureBuilder<Uint8List>(
  future: imageData,
  builder: (context, snapshot){
    ... //省略其他代码
    return Image.memory(snapshot.data!, fit: BoxFit.fill);
  },
```

11.3.3 MethodChannel

MethodChannel提供了Flutter调用原生平台方法的能力，主要用于需要在Dart端调用原生平台方法的场景，如使用它调用原生平台的拍照、录像功能。其中，原生Android平台的MethodChannel构造函数如下：

```
MethodChannel(BinaryMessenger messenger, String name)
MethodChannel(BinaryMessenger messenger, String name, MethodCodec codec)
```

可以看到，第二个构造函数比第一个构造函数多了一个MethodCodec codec参数，表示消息采用的编解器是一个MethodCodec类型，支持的值有JSONMethodCodec和Standard-MethodCodec。

如果需要在原生Android平台接收来自Dart端的发送消息，那么可以使用setMethod-CallHandler()方法，定义如下：

```
setMethodCallHandler(@Nullable MethodChannel.MethodCallHandler handler)
```

其中，MethodCallHandler为一个接口，定义如下：

```
public interface MethodCallHandler {
  void onMethodCall(MethodCall call, MethodChannel.Result result);
}
```

其中，参数call有两个成员变量，分别是String类型的调用方法名和Object类型的调用方法所传递的参数。result则是回复此消息的回调函数，提供了成功、失败和未实现等方法来处理不同的调用场景。

使用MethodChannel执行跨端通信时，如果是原生Android端主动给Dart端发送消息，那么可以使用invokeMethod()方法，定义如下：

```
invokeMethod(@NonNull String method, @Nullable Object arguments)
invokeMethod(String method, @Nullable Object arguments, Result callback)
```

可以看到，第二个方法比第一个方法多了一个参数，即callback回调函数，它用来处理Dart端收到消息后需要回复消息的场景。其中，Result是一个接口，定义如下：

```
public interface Result {
    void success(@Nullable Object result);
    void error(String errorCode, @Nullable String errorMessage, @Nullable
Object errorDetails);
    void notImplemented();
}
```

对于Dart端来说，可以使用setMethodCallHandler()方法接收来自原生Native端的方法调用，定义如下：

```
void setMethodCallHandler(Future<dynamic> handler(MethodCall call))
```

当然，也可以使用invokeMethod()方法调用原生Native端的方法，定义如下：

```
Future<T> invokeMethod<T>(String method, [ dynamic arguments ])
```

下面是官方提供的使用MethodChannel实现计数器的例子。为了方便调用，我们对计数器的自加和自减操作进行了封装，如下所示：

```
class Counter {
  static MethodChannel methodChannel = MethodChannel('methodChannelDemo');
```

```
  static Future<int> increment({required int counterValue}) async {
    final result = await methodChannel
        .invokeMethod<int>('increment',{'count': counterValue});
    return result!;
  }

  static Future<int> decrement({required int counterValue}) async {
    final result = await methodChannel
        .invokeMethod<int>('decrement',{'count': counterValue});
    return result!;
  }
}
```

在上面的代码中，首先创建了一个带有标识的 MethodChannel 消息通道，通过这个唯一标志，就可以找到对应的 MethodChannel，然后再使用 MethodChannel 的 invokeMethod() 方法来调用原生端的自加和自减函数。

接下来就是处理原生端的自加和自减操作。对于原生 Android 端来说，需要打开 MainActivity 类，使用指定的通道标识创建 MethodChannel，然后再使用 setMethodCallHandler() 方法监听 Dart 端的调用，如下所示

```
MethodChannel(flutterEngine.dartExecutor, "methodChannelDemo")
    .setMethodCallHandler { call, result ->
      val count: Int? = call.argument<Int>("count")
        if(count == null){
          result.error("INVALID ARGUMENT", "Value of count cannot be
null", null)
        } else {
          when(call.method){
            "increment" -> result.success(count + 1)
            "decrement" -> result.success(count - 1)
            else -> result.notImplemented()
        }
      }
    }
```

其中，call 参数中包含了两个成员变量，分别是 method 和 argument，可以使用它们来获取调用的函数名和传递的值，然后再根据调用的方法名使用 result 返回不同的结果。

对于原生 iOS 端来说，MethodChannel 的处理流程和原生 Android 端的处理流程是一样的，代码如下：

```
let controller = window.rootViewController as! FlutterViewController

FlutterMethodChannel(name: "methodChannelDemo", binaryMessenger:
controller.binaryMessenger).setMethodCallHandler({
```

```
    (call: FlutterMethodCall, result: FlutterResult) -> Void in
      guard let count = (call.arguments as? NSDictionary)?["count"]
as? Int else {
         result(FlutterError(code: "INVALID_ARGUMENT", message: "xx",
details: nil))
            return
         }
         switch call.method {
           case "increment":result(count + 1)
           case "decrement":result(count - 1)
           default: result(FlutterMethodNotImplemented)
         }
   })
```

经过上面的操作后，就可以在 Flutter 的 Dart 端使用 Counter 封装的方法实现自加和自减操作了，代码如下：

```
final value = await Counter.increment(counterValue: count);
setState(() => count = value);
```

11.3.4 EventChannel

EventChannel 主要用在原生平台需要主动向 Dart 端发送消息的场景，支持数据流的持续通信，比如网络状态监听、传感器数据监听等。

事实上，EventChannel 的内部实现就是通过 MethodChannel 来完成的，所以它们的使用方式也大体相同。其中，原生 Android 端的 EventChannell 构造函数如下所示：

```
EventChannel(BinaryMessenger messenger, String name)
EventChannel(BinaryMessenger messenger, String name, MethodCodec codec)
```

可以看到，EventChannel 有两个构造函数，第二个构造函数比第一个构造函数多了一个 codec 参数，表示消息采用的编解器。如果需要监听 Dart 端发送的消息，可以使用 setStreamHandler() 方法，定义如下：

```
void setStreamHandler(EventChannel.StreamHandler handler)
```

其中，StreamHandler 是一个接口，定义如下：

```
public interface StreamHandler {
  void onListen(Object args, EventChannel.EventSink eventSink);
  void onCancel(Object o);
}
```

对于 Dart 端来说，首先需要使用 EventChannel 初始化一个通道对象，然后再调用 receiveBroadcastStream() 方法来监听原生端发送过来的消息，定义如下：

```
Stream<dynamic> receiveBroadcastStream([dynamic arguments])
```

下面是 Flutter 官方提供的使用 EventChannel 实现传感器状态监听的例子，当传感器的状态发生变化时，会不停地将数据同步给 Dart 端。因此，在 Dart 端的实现上，要使用 EventChannel 提供的 receiveBroadcastStream() 注册广播，代码如下：

```
class Accelerometer {
  static const _eventChannel = EventChannel('eventChannelDemo');

  static Stream<AccelerometerReadings> get readings {
    return _eventChannel.receiveBroadcastStream().map(
          (dynamic event) => AccelerometerReadings(
            event[0] as double,
            event[1] as double,
            event[2] as double,
          ),
        );
  }
}

class AccelerometerReadings {
  final double x;
  final double y;
  final double z;

  AccelerometerReadings(this.x, this.y, this.z);
}
```

对于原生端来说，主动向 Dart 端发送消息需要用到 setStreamHandler() 方法，该方法传入一个 StreamHandler 对象。即需要获取传感器的数据流，然后再使用 EventChannel 传递给 Dart 端。

对于原生 Android 端来说，需要先创建一个 SensorManager 对象，然后再使用它获取传感器的值，最后 EventChannel.EventSink() 方法将数据发送出去，代码如下：

```
class AccelerometerStreamHandler(sManager: SensorManager, s: Sensor) :
EventChannel.StreamHandler, SensorEventListener {
      private val sensorManager: SensorManager = sManager
      private val accelerometerSensor: Sensor = s
      private lateinit var eventSink: EventChannel.EventSink

      override fun onListen(arguments: Any?, events: EventChannel
.EventSink?){
            if (events != null){
               eventSink = events
```

```
            sensorManager.registerListener(this, accelerometerSensor,
SensorManager.SENSOR_DELAY_UI)
        }
    }

    override fun onCancel(arguments: Any?){
        sensorManager.unregisterListener(this)
    }

    override fun onAccuracyChanged(sensor: Sensor?, accuracy: Int){}

    override fun onSensorChanged(sensorEvent: SensorEvent?){
        if(sensorEvent != null){
            val axisValues = listOf(sensorEvent.values[0], sensorEvent
.values[1], sensorEvent.values[2])
            eventSink.success(axisValues)
        } else {
            eventSink.error("DATA_UNAVAILABLE", "Cannot get accelerometer
data", null)
        }
    }
}
```

在 Android 的 MainActivity 中使用 EventChannel 将数据发送给 Dart 端，对应的代码如下：

```
val sManger: SensorManager = getSystemService(Context.SENSOR_SERVICE)
as SensorManager
val sensor: Sensor = sensorManger.getDefaultSensor(Sensor.TYPE_
ACCELEROMETER)
EventChannel(flutterEngine.dartExecutor, "eventChannelDemo")
.setStreamHandler(AccelerometerStreamHandler(sManger, sensor))
```

对于原生 iOS 来说，其实现的流程也是一样的，即将获取的传感器数据使用 EventChannel 的 setStreamHandler() 传递给 Dart 端，代码如下：

```
FlutterEventChannel(name: "eventChannelDemo", binaryMessenger: flutter-
ViewController.binaryMessenger).setStreamHandler(AccelerometerStreamHandler())
```

由于跨端通信是一个异步的过程，所以在 Flutter 的 Dart 端接收消息时需要使用 StreamBuilder 组件来承载 EventChannel 返回的数据流，代码如下：

```
StreamBuilder<AccelerometerReadings>(
  stream: Accelerometer.readings,
  builder: (context, snapshot){
    if(snapshot.hasError){
```

```
            return Text((snapshot.error as PlatformException).message!);
          } else if (snapshot.hasData){
            return Column(
              …. //省略代码
            );
          }
        }
    );
```

可以发现，在Flutter混合项目开发中，不管是单向通信还是双向通信，原生平台与Dart模块之间进行通信的步骤都是一样的。即首先需要创建一个通道对象，然后调用通道对象提供的方法执行数据发送，消息的接收方则通过通道的API或者广播方式来获取数据，如果需要返回处理结果给发送方，还需要使用通道对象提供的回调函数进行处理。

事实上，不管是混合开发中的跨平台通信，还是平时的Flutter插件开发，Channel都是必不可少的内容，因此熟练掌握Channel的通信机制和使用流程是从事Flutter开发必须具备的技能。

11.4 混合路由栈管理

11.4.1 混合路由导航

对于Flutter混合项目来说，首先需要把Flutter工程改造成原生工程的一个组件依赖，然后以组件化的方式接入Flutter工程的构建产物，即Android项目使用aar的方式完成依赖，iOS项目使用pod的方式完成依赖。这样，我们就可以在原生Android工程中使用FlutterView，原生iOS工程中使用FlutterViewController，作为Flutter模块的入口，最终实现Flutter与原生工程的混合开发。

对于Flutter混合工程来说，原生代码和Dart代码是共存的。我们只需要将应用的部分模块使用Flutter进行开发，其他的核心模块则继续使用原生进行开发。因此，在混合开发的应用中，除了会存在使用Flutter开发的页面，还会存在很多原生Android、iOS页面。

而所谓混合导航栈，指的是在混合项目开发中，原生页面和Flutter页面相互掺杂，并且需要处理相互跳转的情况。如图11-13所示，是存在于用户视角的页面导航栈视图。

事实上，在混合项目开发中，Flutter和原生Android、iOS各自依照一套互不相同的页面映射机制。原生移动平台采用的是单容器、单页面的机制，即一个ViewController或Activity对应一个原生页面。而Flutter则采用单容器、多页面的机制，即一个View-Controller或Activity可能会对应多个Flutter页面。同时，Flutter在原生的导航栈之上又自建了一套Flutter导航栈，这使得原生页面与Flutter页面之间进行页面跳转时，需要处理跨引擎的页面跳转问题。因此，如何统一管理原生页面和 Flutter 页面之间的跳转及其交互就是混合导航栈需要解决的问题。

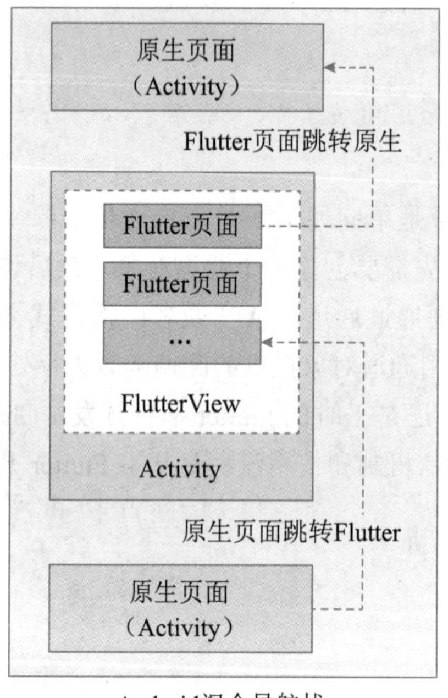

图 11-13　混合导航栈示意图

11.4.2　原生导航到 Flutter

对于混合项目来说，从原生页面跳转到 Flutter 页面是非常容易的，因为 Flutter 页面本身依托于原生页面提供的容器，Android 对应 FlutterView，iOS 则对应 FlutterViewController。所以，我们只需要初始化一个 Flutter 容器，然后为其设置初始路由页面，就可以实现原生页面到 Flutter 页面的跳转。

对于 iOS 混合工程来说，需要先初始化一个 FlutterViewController 实例，设置一个初始化路由，然后将其加入原生 iOS 的视图导航栈中即可实现原生 iOS 页面到 Flutter 页面跳转，如下所示：

```
FlutterViewController *vc = [[FlutterViewController alloc] init];[vc set-
InitialRoute:@"defaultPage"];
[self.navigationController pushViewController:vc animated:YES];
```

而对于 Android 混合工程来说，实现原生 Android 页面到 Flutter 页面的跳转则需要多一步。因为 Flutter 页面的入口并不是 Activity，而是 FlutterView，所以需要把 FlutterView 添加到 Activity 的 contentView 中，如下所示：

```
public class FlutterHomeActivity extends AppCompatActivity {
  protected void onCreate(Bundle savedInstanceState){
    super.onCreate(savedInstanceState);
    View FlutterView = Flutter.createView(this, getLifecycle(), "default-
Route");
    setContentView(FlutterView);
  }
}
```

在 Activity 的内部设置初始化路由之后，接下来只需要使用 Intent 方式打开 Flutter 页面即可，如下所示：

```
Intent intent = new Intent(MainActivity.this, FlutterHomeActivity.class);
startActivity(intent);
```

11.4.3　Flutter 导航到原生

相比于原生页面跳转 Flutter 页面，从 Flutter 页面跳转原生页面则会相对麻烦许多。因为需要两种不同的场景，分别是从 Flutter 页面打开原生页面和从 Flutter 页面回退到旧的原生页面，如图 11-14 所示。

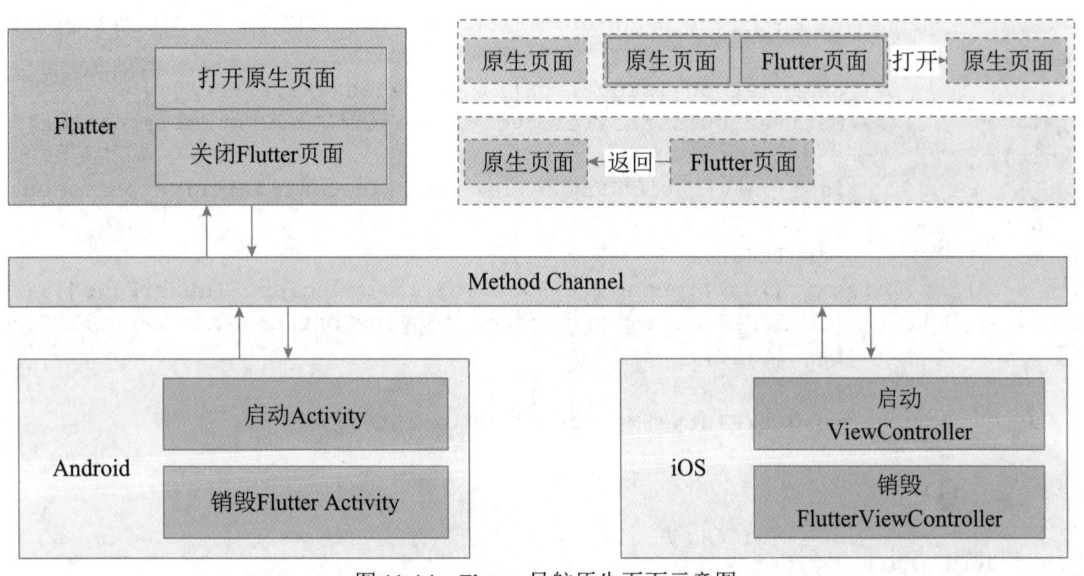

图 11-14　Flutter 导航原生页面示意图

由于 Flutter 并没有提供直接打开原生页面的方法，所以不能通过直接调用原生平台方法来实现页面的跳转，不过可以使用 Flutter 提供的方法通道来间接实现。具体来说，就是在 Flutter 和原生平台两端各自初始化方法通道，然后原生页面提供操作 Flutter 的方法，当原生端收到 Flutter 的方法调用时就执行打开原生页面操作。

接下来，再看一下 Flutter 导航原生页面的另一种场景，即从 Flutter 页面返回到原生页面。

由于 Flutter 模块本身属于原生导航栈的一部分，所以当 Flutter 模块内的根页面需要返回时，只需要关闭 Flutter 模块即可实现 Flutter 根页面的关闭。同样，由于 Flutter 并没有提供操作 Flutter 容器的方法，因此需要通过方法通道来实现 Flutter 根页面的关闭。

对于混合工程来说，注册方法通道最合适的地方就是 Flutter 模块的入口，即 iOS 对应的是 FlutterViewController，Android 对应的是 FlutterView。同时，为了实现页面的导航和回退，需要在原生 Android、iOS 中提供对应的方法，然后再使用方法通道实现调用。其中，原生 iOS 端的代码如下：

```
@interface FlutterHomeViewController : FlutterViewController
@end

@implementation FlutterHomeViewController
- (void)viewDidLoad {
    [super viewDidLoad];
    FlutterMethodChannel* channel = [FlutterMethodChannel methodChannel-
WithName:@"com.xzh.navigation" binaryMessenger:self];
    [channel setMethodCallHandler:^(FlutterMethodCall* call, FlutterResult
result){
        if([call.method isEqualToString:@"openNativePage"]){
            NativeViewController *vc = [[NativeViewController alloc]
init];
            [self.navigationController pushViewController:vc animated:
YES];
            result(@0);
        }else if([call.method isEqualToString:@"closeFlutterPage"]){
            [self.navigationController popViewControllerAnimated:YES];
            result(@0);
        }else {
            result(FlutterMethodNotImplemented);
        }
    }];
}
@end
```

可以看到，在上面的代码中，我们在 FlutterHomeViewController 类中声明了两个方法，即 openNativePage() 方法和 closeFlutterPage() 方法。当 Flutter 使用方法通道调用上面的方法时，就会执行打开和关闭原生 iOS 页面操作。

同样地，为了实现在 Flutter 页面中打开和关闭原生 Android 页面，我们需要在原生 Android 端添加如下代码。

```
public class FlutterHomeActivity extends AppCompatActivity {
    @Override
    protected void onCreate(Bundle savedInstanceState){
        super.onCreate(savedInstanceState);
        FlutterView fv = Flutter.createView(this, getLifecycle(), "default-
Page");
        new MethodChannel(fv, "com.xzh.navigation").setMethodCallHandler(
            new MethodCallHandler(){
                @Override
                public void onMethodCall(MethodCall call, Result result){
                    if(call.method.equals("openNativePage")){
                        Intent intent = new Intent(FlutterHomeActivity
.this, NativePageActivity.class);
                        startActivity(intent);
                        result.success(0);
                    }else if(call.method.equals("closeFlutterPage")){
                        finish();
                        result.success(0);
                    }else {
                        result.notImplemented();
                    }
                }
            });
        setContentView(fv);
    }
}
```

在上面的代码中，我们在FlutterHomeActivity类中声明了openNativePage ()和close-FlutterPage()方法。经过上面的方法注册之后，就可以在Flutter端使用方法通道，调用openNativePage()和closeFlutterPage()方法来实现Flutter页面与原生页面之间的跳转了。

```
const platform = MethodChannel('com.xzh.navigation');
//打开原生页面
platform.invokeMethod('openNativePage')
//关闭原生页面
platform.invokeMethod('closeFlutterPage')
```

可以发现，对于混合项目的路由栈管理来说，原生模块和Flutter模块都有自己特有的路由管理规则，而我们需要特别关注的就是原生页面和Flutter页面相互跳转的场景。

对于原生页面跳转到Flutter页面的场景，需要借助FlutterViewcontroller和FlutterView来实现。而对于Flutter页面跳转到原生页面的场景，由于Flutter并没有提供直接打开原生页面的方法，因此需要使用方法通道来实现。

11.5 FlutterBoost

11.5.1 FlutterBoost 简介

众所周知，Flutter 是一个由 Dart 实现的 Framework 层和由 C++ 实现的 Flutter 引擎组成的跨平台技术框架。其中，Flutter 引擎主要负责线程管理、Dart VM 状态管理及 Dart 代码加载等工作，而使用 Dart 实现的 Framework 层则负责上层业务开发，如 Flutter 提供的组件就是 Framework 层的范畴。

随着 Flutter 技术的不断发展和完善，国内越来越多的移动应用开始接入 Flutter。为了降低风险，大部分 App 采用渐进式方式引入 Flutter，即在 App 里面选取几个模块和页面使用 Flutter 编写。但在原生页面和 Flutter 页面共存的情况下，如何管理混合项目路由，以及原生页面与 Flutter 页面的切换和通信都是混合开发中需要解决的问题。

然而，官方没有提供一套明确的解决方案。只是在混合开发时，官方建议开发者使用同一个引擎来支持多窗口绘制，即使用 FlutterViewController 共享同一个引擎里面的资源。换句话说，官方希望所有的绘制窗口都共享同一个主线程，而不是出现多个主线程的情况。不过，官方在 Flutter 3.0 版本解决了多引擎模式的问题。目前，对于混合开发来说，我们需要考虑的就是原生页面与 Flutter 页面的切换和通信问题，而 FlutterBoost 就是一款不错的混合项目路由管理实现方案。

作为阿里巴巴推出的 Flutter 混合开发路由技术方案，FlutterBoost 具有侵入性低、双端设计统一、接口统一、支持生命周期感知和接入成本低等优点。FlutterBoost 插件的原生平台端和 Dart 端的通信使用的是 Message Channel，并且在平台侧提供 Flutter 引擎的配置和管理、Native 容器的创建和销毁、页面可见性变化通知，以及 Flutter 页面的打开和关闭接口等功能。而在 Dart 侧，除了提供原生页面的导航接口，还提供了 Flutter 页面的路由管理功能，整体架构如图 11-15 所示。

11.5.2 原生 Android 集成 FlutterBoost

在原生项目中集成 FlutterBoost 时，我们只需要将它看成是一个普通的插件即可。为了方便说明，新建一个 FlutterBoostExample 文件夹，然后在里面分别新建一个原生 Android 工程、原生 iOS 工程和一个 Flutter 模块工程。

和其他 Flutter 插件的集成方式一样，使用 FlutterBoost 之前需要先添加依赖。首先，打开 Flutter 模块工程，然后在 pubspec.yaml 中添加 FlutterBoost 插件依赖，如下所示。

```
flutter_boost:
  git:
```

```
url: 'https://github.com/alibaba/flutter_boost.git'
ref: '4.4.0'
```

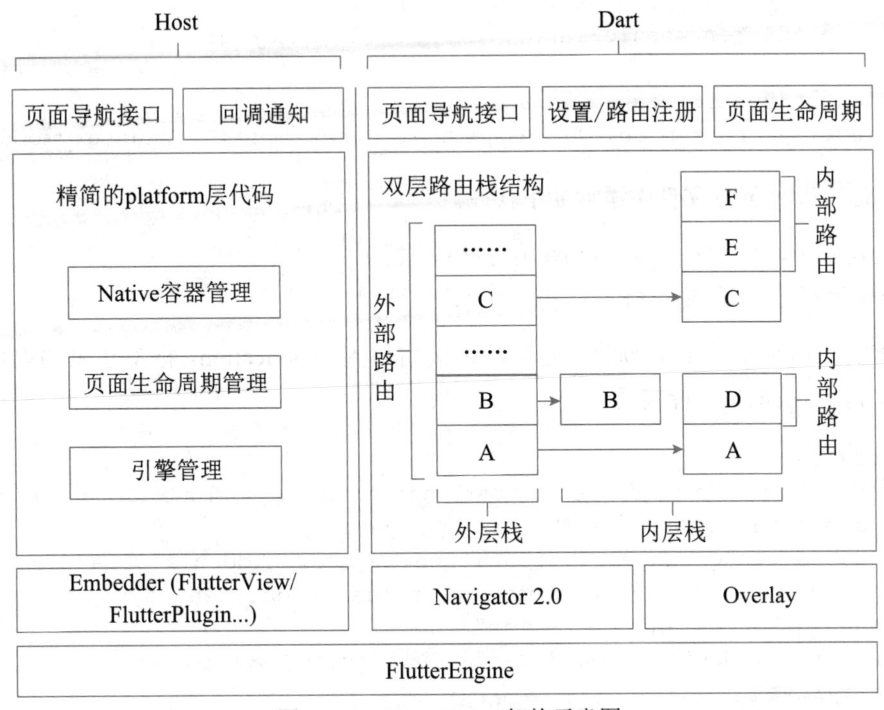

图 11-15　FlutterBoost 架构示意图

如果使用 git 方式依赖报错，也可以将插件代码下载到本地，然后使用本地依赖的方式添加 FlutterBoost 插件的依赖。需要注意的是，FlutterBoost 的版本需要与 Flutter 模块的版本相对应，如果版本不匹配可能会出现依赖错误等问题。

同时，为了实现混合工程中原生页面和 Flutter 页面的生命周期监听，还需要创建一个继承自 WidgetsFlutterBinding 的自定义 Binding 类，然后在 Flutter 模块的入口 main() 函数中注册它，代码如下：

```
void main(){
  CustomFlutterBinding();
  runApp(MyApp());
}
class CustomFlutterBinding extends WidgetsFlutterBinding with BoostFlutter-
Binding {
  … //其他初始化内容
}
```

在 Flutter 模块中完成 FlutterBoost 插件的接入之后，打开新建的原生 Android 工程，在原生 Android 工程的 settings.gradle 文件中添加如下脚本代码。

```
setBinding(new Binding([gradle: this]))
evaluate(new File(
        settingsDir.parentFile,
        'flutter_module/.android/include_flutter.groovy'
))
include ':flutter_module'
project(':flutter_module').projectDir = new File('../flutter_module')
```

在 app/build.gradle 文件中添加如下代码。

```
implementation project(':flutter')
implementation project(':flutter_boost')
```

还需要在清单文件中添加以下内容，直接粘贴到 <application> 标签包裹的内部即可，也就是和其他 <activity> 标签同级。

```
<activity
  android:name="com.idlefish.flutterboost.containers.FlutterBoostActivity"
  android:theme="@style/Theme.AppCompat"
  android:configChanges="orientation|keyboardHidden|keyboard|screen
Size|locale|layoutDirection|fontScale|screenLayout|density"
  android:hardwareAccelerated="true"
  android:windowSoftInputMode="adjustResize" >
</activity>
<meta-data android:name="flutterEmbedding"
    android:value="2">
</meta-data>
```

单击【sync】按钮同步一下 Android 工程，如果没有任何错误则说明在 Android 环境下成功集成了 FlutterBoost 插件。

接下来，还需要创建一个 Application 类，然后添加一些 FlutterBoost 的启动配置，如下所示：

```
class App : Application(){
    override fun onCreate(){
        super.onCreate()
        FlutterBoost.instance().setup(this, object : FlutterBoostDelegate {
            override fun pushNativeRoute(options: FlutterBoostRoute-
Options){
                val intent = Intent(FlutterBoost.instance().current-
Activity(),
                TestActivity::class.java)
                FlutterBoost.instance().currentActivity()
                    .startActivityForResult(intent, options.requestCode())
```

```
            }

            override fun pushFlutterRoute(options: FlutterBoostRoute-
Options){
                val intent = CachedEngineIntentBuilder(
                    FlutterBoostActivity::class.java
                ).destroyEngineWithActivity(false)
                 .uniqueId(options.uniqueId())
                 .url(options.pageName())
                 .urlParams(options.arguments())
                 .build(FlutterBoost.instance().currentActivity())
                FlutterBoost.instance().currentActivity().startActivity
(intent)
            }
        }){ }
    }
}
```

到此，原生 Android 端集成 FlutterBoost 插件就完成了。接下来，我们看一下如何在原生 iOS 工程中集成 FlutterBoost 插件。

11.5.3　原生 iOS 集成 FlutterBoost

首先，打开新建的原生 iOS 工程，然后在根目录下执行 pod init 命令创建一个 Podfile 文件。Podfile 是 iOS 开发中的一种规范描述文件，用来描述一个或多个 Xcode 项目的依赖关系。打开 Podfile 文件，然后在里面添加如下代码：

```
flutter_application_path = '../flutter_module'
load File.join(flutter_application_path, '.ios', 'Flutter', 'podhelper.rb')

target 'iOSDemo' do
  use_frameworks!

  install_all_flutter_pods(flutter_application_path)

end
```

然后，执行 pod install 命令完成 Flutter 模块和 FlutterBoost 插件所需的依赖。创建一个继承自 FlutterBoostDelegate 的代理类，然后在里面添加一些路由方法，比如打开 Flutter 页面、从 Flutter 页面返回，代码如下：

```
class BoostDelegate: NSObject,FlutterBoostDelegate {

    var navigationController:UINavigationController?
    var resultTable:Dictionary<String,([AnyHashable:Any]?)->Void> = [:];
```

```
        //打开原生页面
        func pushNativeRoute(_ pageName: String!, arguments: [AnyHashable : Any]!){
            let isPresent = arguments["isPresent"] as? Bool ?? false
            let isAnimated = arguments["isAnimated"] as? Bool ?? true
            var targetViewController = UIViewController()
            if(isPresent){
              self.navigationController?.present(targetViewController, animated: isAnimated, completion: nil)
            }else {
              self.navigationController?.pushViewController(targetViewController, animated: isAnimated)
            }
        }

    //打开 Flutter 页面
    func pushFlutterRoute(_ options: FlutterBoostRouteOptions!){
      let vc:FBFlutterViewContainer = FBFlutterViewContainer()
      vc.setName(options.pageName, uniqueId: options.uniqueId, params: options.arguments,opaque: options.opaque)
      let isPresent = (options.arguments?["isPresent"] as? Bool)  ?? false
      let isAnimated = (options.arguments?["isAnimated"] as? Bool) ?? true
      resultTable[options.pageName] = options.onPageFinished;
      if(isPresent || !options.opaque){
        self.navigationController?.present(vc, animated: isAnimated, completion: nil)
      }else {
        self.navigationController?.pushViewController(vc, animated: isAnimated)
      }
    }
    //省略其他代码
    }
```

在上面的代码中，创建了一个 BoostDelegate 代理类，然后在里面提供了一些路由方法。

接下来，还需要在 AppDelegate 类的 didFinishLaunchingWithOptions() 方法中注册 BoostDelegate，并执行一些初始化操作，如下所示：

```
let delegate = BoostDelegate()
FlutterBoost.instance().setup(application, delegate: delegate) { engine in
  … //其他初始化内容
}
```

到此，原生 iOS 端集成 FlutterBoost 插件也完成了。接下来就可以使用 FlutterBoost 提供的一些 API 执行路由跳转和参数传递操作了。

11.5.4　路由 API

作为一款强大的 Flutter 混合项目路由解决方案，FlutterBoost 提供了基本的转场动画、预渲染、引擎创建与销毁、surface 更新等方面的内容。下面是在混合工程的 Dart 端，使用 FlutterBoost 提供的 API 打开和关闭原生页面的示例代码。

```
//打开原生页面
BoostNavigator.instance.push(
    "NativePage",
    withContainer: false,
    arguments:{"key":"value"},
    opaque: true,
);
//关闭原生页面
BoostNavigator.instance.pop(result);
```

除了和原生模块的交互，如果我们需要在 Flutter 模块中开启弹窗，可以直接使用 FlutterBoost 提供的弹窗组件，代码如下：

```
'dialogPage': (settings, uniqueId){
    return PageRouteBuilder<dynamic>(
      opaque: false,
      barrierColor: Colors.black12,
      settings: settings,
      pageBuilder: (_, __, ___) => DialogPage());
},
BoostNavigator.instance.push("dialogPage");
```

需要说明的是，如果使用 Flutter 自带的 Navigator 打开 Flutter 页面，那么此时的 Flutter 页面是没有包含 FlutterBoost 容器的，执行 pop 操作时返回值可能是任何类型。如果打开的页面是一个带容器的 Flutter 页面，那么返回值则是 Map 集合类型。

接下来，我们看一下在 FlutterBoost 混合工程中原生 Android 端提供的一些方法。比如，在原生 Android 中打开 Flutter 页面，代码如下：

```
val params: MutableMap<String, Any> = HashMap()
params["string"] = "a string"
val intent = FlutterBoostActivity.CachedEngineIntentBuilder(
    FlutterBoostActivity::class.java
).destroyEngineWithActivity(false)
.url("flutterPage")
.urlParams(params)
```

```
.build(this)
startActivity(intent)
```

有时需要在 Flutter 页面关闭时返回一个结果给原生 Android 页面。在原生 Android 开发中，实现此种场景需要用到 startActivityForResult() 方法，代码如下：

```
val REQUEST_CODE = 999
val intent = FlutterBoostActivity.CachedEngineIntentBuilder(
     FlutterBoostActivity::class.java
  ).build(this)
startActivityForResult(intent, REQUEST_CODE)

@Override
public void onActivityResult(int requestCode, int resultCode, Intent data){
   …  //处理返回结果
}
```

然后，在 Flutter 模块中执行页面关闭操作时，使用 JSON 格式设置需要返回的数据，代码如下：

```
BoostNavigator.instance.pop({'retval' : 'I am from dart...'})
```

除此之外，对于 Flutter 页面打开原生 Android 页面需要回传数据的情况，原生 Android 端提供了一个 setResult() 方法，代码如下：

```
override fun finish(){
    val intent = Intent()
    intent.putExtra("msg", "This message is from Native!!!")
    setResult(RESULT_OK, intent) //返回结果给 dart
    super.finish()
}
```

接下来，我们再来看一下在 FlutterBoost 混合工程中原生 iOS 端提供的一些方法。首先看一下如何在原生 iOS 端打开一个 Flutter 模块的页面，代码如下：

```
let options = FlutterBoostRouteOptions()
options.pageName = "mainPage"
options.arguments = ["key" :"value"]
options.completion = { completion in
    print("open operation is completed")
}
//返回数据的回调
options.onPageFinished = { dic in
    print(dic)
}
FlutterBoost.instance().open(options)
```

同样地，对于 Flutter 页面打开原生 iOS 页面需要回传数据的情况，可以使用下面的方式。

```
FlutterBoost.instance().sendResultToFlutter(withPageName: "pageName", arguments: ["key":"value"])
```

11.5.5　生命周期函数

组件化是现代前端开发的一个重要概念，它将界面拆分成独立、可组合的小组件，每个组件由自己独有的逻辑和样式构成，组件可以在应用中被多次复用。通过组件化的开发方式，可以大大提高代码的可维护性、可扩展性和可重用性，提升应用程序开发效率。

和应用程序一样，组件也具有创建、运行和销毁的过程，称为组件的生命周期。事实上，不管是原生客户端应用开发，还是 Flutter 应用开发，都离不开生命周期函数的支持。

在 FlutterBoost 混合项目开发中，为了实现监听原生客户端组件的生命周期状态，可以在 Flutter 的启动阶段添加一个全局观察者，如下所示：

```
void main(){
   PageVisibilityBinding.instance.addGlobalObserver(AppLifecycleObserver());
  runApp(MyApp());
}

class AppLifecycleObserver with GlobalPageVisibilityObserver {
  @override
  void onBackground(Route route){
    super.onBackground(route);
    print("AppLifecycleObserver - onBackground");
  }

  @override
  void onForeground(Route route){
    super.onForeground(route);
    print("AppLifecycleObserver - onForground");
  }
  … //省略其他生命周期函数
}
```

当然，为了实现在单个 Flutter 页面中生命周期的监听，FlutterBoost 还提供了一个页面级的观察者，如下所示：

```
class LifecyclePageState extends State<LifecyclePage> with PageVisibility-Observer {
   @override
   void onBackground(){
```

```
      super.onBackground();
    }

    @override
    void onForeground(){
      super.onForeground();
    }
    … //省略其他生命周期函数

    @override
    Widget build(BuildContext context){
      return ...;
    }
  }
```

11.6 Flutter插件开发

11.6.1 新建插件项目

在Flutter应用开发过程中，当我们需要调用原生平台的一些功能时，首先想到的就是使用Flutter插件。事实上，Flutter之所以能在短时间内“名声大噪”，除了因为Flutter是由Google推出的外，还因为它强大的社区建设。而Flutter的社区建设离不开千千万万的开发者，正是由于他们无私的贡献，才让Flutter的插件多种多样。

首先新建一个Flutter插件项目。新建Flutter插件项目有两种方式，一种是使用命令行的方式，另一种则是使用Android Studio等可视化开发工具。推荐使用Android Studio工具来创建Flutter插件项目，如图11-16所示。

按照要求填写插件名称、包名、使用的语言等信息，单击【Next】按钮创建Flutter插件项目。使用Android Studio打开插件项目，其项目结构如图11-17所示。

可以看到，Flutter插件项目和应用的文件结构几乎是一样的，只是多了一个example文件目录。对于Flutter插件项目，我们需要重点关注以下文件目录。

（1）android：插件API在原生Android平台的实现。

（2）ios：插件API在原生iOS平台的实现。

（3）example：插件的使用示例，是一个Flutter应用工程。

（4）lib：包装原生平台的API，提供插件的Flutter实现。

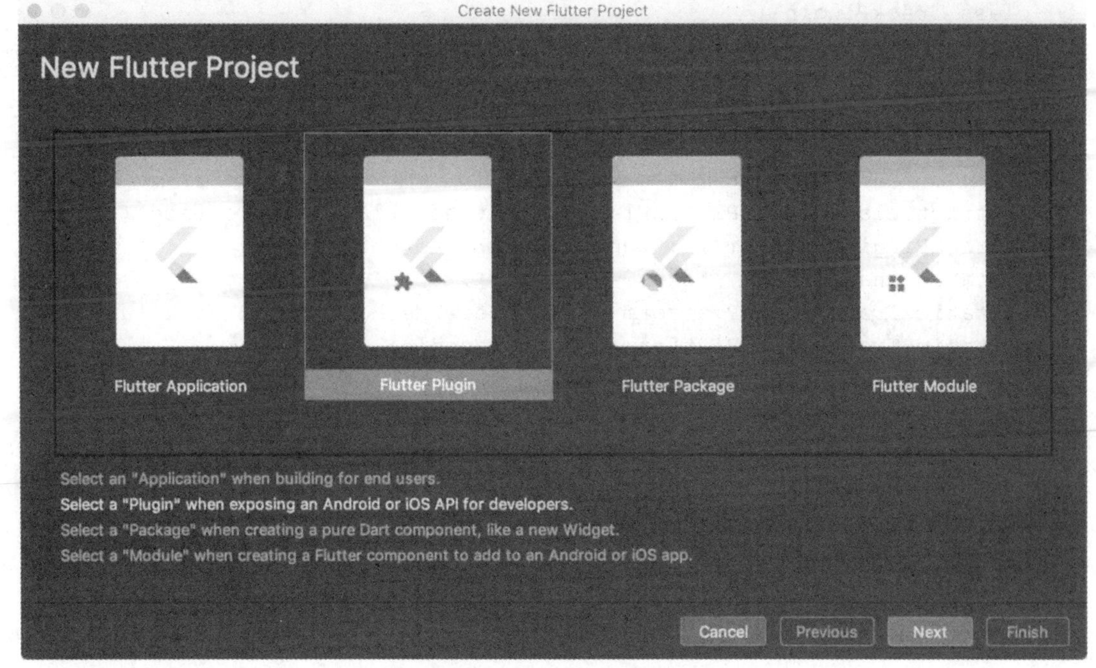

图 11-16　创建 Flutter 插件项目

track_plugin

名称	修改日期	大小	种类
analysis_options.yaml	今天 21:55	154 字节	YAML Document
android	今天 21:55	--	文件夹
CHANGELOG.md	今天 21:55	44 字节	Easy Markdown
example	今天 21:55	--	文件夹
ios	今天 21:55	--	文件夹
lib	今天 21:55	--	文件夹
LICENSE	今天 21:55	29 字节	文稿
pubspec.lock	今天 21:55	6 KB	文稿
pubspec.yaml	今天 21:55	2 KB	YAML Document
README.md	今天 21:55	476 字节	Easy Markdown
test	今天 21:55	--	文件夹
track_plugin.iml	今天 21:55	832 字节	文稿

图 11-17　Flutter 插件项目结构

事实上，Flutter 的插件开发其实就是 Android、iOS 提供原生系统平台访问方法，然后在 Flutter 层提供组件调用原生系统平台方法的过程。同时，在 Dart 层调用原生平台方法的过程中还需要用到 Flutter 的消息通道。

11.6.2　示例插件

使用 Android Studio 打开插件项目 lib 目录下的 track_plugin.dart 文件，生成的代码如下：

```
class TrackPlugin {
  Future<String?> getPlatformVersion(){
    return TrackPluginPlatform.instance.getPlatformVersion();
  }
}

abstract class TrackPluginPlatform extends PlatformInterface {
  TrackPluginPlatform() : super(token: _token);
  static final Object _token = Object();
  static TrackPluginPlatform _instance = MethodChannelTrackPlugin();
  static TrackPluginPlatform get instance => _instance;

  static set instance(TrackPluginPlatform instance){
    PlatformInterface.verifyToken(instance, _token);
    _instance = instance;
  }

  Future<String?> getPlatformVersion(){
    throw UnimplementedError('platformVersion() has not been imple-
mented.');
  }
}
```

其中，TrackPlugin 就是 Flutter 插件统一对外的类，当我们创建插件工程时，系统默认生成了一个 getPlatformVersion() 方法，用来获取操作系统的版本信息。如果是我们自己开发的插件，那么也需要统一由 TrackPlugin 提供出来。

打开 Flutter 插件工程 Android 目录下的 TrackPlugin.kt 文件，代码如下：

```
class TrackPlugin: FlutterPlugin, MethodCallHandler {
  private lateinit var channel : MethodChannel

  override fun onAttachedToEngine(@NonNull flutterPluginBinding: Flutter-
Plugin.FlutterPluginBinding){
    channel = MethodChannel(flutterPluginBinding.binaryMessenger, "track_
plugin")
    channel.setMethodCallHandler(this)
  }

  override fun onMethodCall(@NonNull call: MethodCall, @NonNull result:
Result){
    if(call.method == "getPlatformVersion"){
      result.success("Android ${android.os.Build.VERSION.RELEASE}")
    } else {
      result.notImplemented()
```

```
        }
    }

    override fun onDetachedFromEngine(binding: FlutterPlugin.Flutter-
PluginBinding){
        channel.setMethodCallHandler(null)
    }
}
```

可以看到，开发 Flutter 插件的原生 Android 部分时，需要实现 FlutterPlugin 并重写 onAttachedToEngine() 方法，该方法的主要作用是绑定 Flutter 引擎，并创建一个消息通道。紧接着，还需要实现 MethodCallHandler 并重写 onMethodCall() 方法，该方法的主要作用就是获取系统版本信息并使用消息通道返回 Dart 层。

使用 Xcode 打开 Flutter 插件工程的 iOS 目录下的 TrackPlugin.swift 文件，代码如下：

```
public class TrackPlugin: NSObject, FlutterPlugin {
  public static func register(with registrar: FlutterPluginRegistrar){
    let channel = FlutterMethodChannel(name: "track_plugin", binary-
Messenger: registrar.messenger())
    let instance = TrackPlugin()
    registrar.addMethodCallDelegate(instance, channel: channel)
  }

  public func handle(_ call: FlutterMethodCall, result: @escaping
FlutterResult){
    switch call.method {
    case "getPlatformVersion":
      result("iOS " + UIDevice.current.systemVersion)
    default:
      result(FlutterMethodNotImplemented)
    }
  }
}
```

可以看到，和原生 Android 部分的实现流程一样，原生 iOS 部分也需要实现 NSObject 和 FlutterPlugin 两个接口，然后在 register() 方法中绑定 Flutter 引擎并初始化消息通道，并在 handle() 方法中获取操作系统版本信息并返回。

11.6.3　插件开发

通过示例插件可以发现，Flutter 的插件开发，其实就是原生 Android、iOS 提供平台底层访问方法，然后在插件的 Dart 层提供组件调用原生平台封装的方法。所以，Flutter 插件开发的核心工作就是原生 Android、iOS 平台方法的封装，以及 Dart 组件与原生平台的交互。

接下来，我们就通过 Flutter 埋点插件的开发来说明如何从 0 到 1 开发一个 Flutter 插件。

首先，打开插件项目的 Android 工程，然后在里面集成埋点 SDK。由于埋点使用的是原生平台的 SDK，所以需要将埋点使用的 jar 或者 aar 包复制到 Android 工程的 libs 目录下，然后在 build.gradle 中添加依赖，代码如下：

```
android {
    …
    repositories {
        flatDir {
            dirs 'libs'
        }
    }
}

compileOnly fileTree(dir:"libs", include: ['*.aar'])
```

接着，打开 TrackPlugin.kt 文件，在 onMethodCall() 方法中添加一些埋点操作方法，代码如下所示。

```
class TrackPlugin: FlutterPlugin, MethodCallHandler {

  private lateinit var channel: MethodChannel
  private lateinit var context: Context

  companion object {
    private const val SERVER_URL = "serverUrl"
    private const val EVENT_NAME = "eventName"
  }

  override fun onMethodCall(@NonNull call: MethodCall, @NonNull result:
Result){
    when (call.method){
      "trackInit" ->{
        val url = call.argument<String>(SERVER_URL)
        val autoTrack = call.argument<Boolean>(AUTO_TRACK)
        val log = call.argument<Boolean>(AUTO_LOG)
        if(url != null && autoTrack!=null && log!=null){
          trackConfig(url,autoTrack,log)
        }
        trackInit()
      }
      …// 省略其他代码
      "trackMap" ->{
        val eventName = call.argument<String>(EVENT_NAME)
        val map=call.arguments<HashMap<String?, Any?>>()
```

```
          Log.d("trackMap","eventName: $eventName")
          if (eventName != null && map!=null){
            trackMap(eventName,map)
          }
        }
        else -> result.notImplemented()
      }
    }

    fun trackConfig(url: String, autoTrack: Boolean, log: Boolean){
      TrackPoint.instance?.config(url,autoTrack,log);
    }

    fun trackInit(){
      TrackPoint.instance?.init(context)
    }

    fun trackMap(eventName: String,map: HashMap<String?, Any?>){
      TrackPoint.instance?.track(eventName,map)
    }
    … //省略其他代码
  }
```

由于埋点需要用到网络、文件读写等权限，为了插件能够正常运行，还需要在 AndroidManifest.xml 文件中添加权限，代码如下：

```
<uses-permission android:name="android.permission.READ_PHONE_STATE" />
<uses-permission android:name="android.permission.INTERNET" />
<uses-permission android:name="android.permission.ACCESS_NETWORK_
STATE" />
<uses-permission android:name="android.permission.ACCESS_WIFI_STATE" />
<uses-permission android:name="android.permission.READ_LOGS"/>
```

到此，原生 Android 部分所需要的功能就封装完成了。接下来，打开插件的 iOS 工程，添加 framework 埋点库，然后在 TrackPlugin.swift 文件中添加代码如下：

```
public class SwiftTrackPlugin: NSObject, FlutterPlugin {

   public func handle(_ call: FlutterMethodCall, result: @escaping Flutter-
Result){
        switch call.method {
        case "trackInit":
            guard let dic = call.arguments as? [String: Any],
               let autoLog = dic["autoLog"] as? Bool,
               let autoTrack = dic["autoTrack"] as? Bool,
```

```
                let serverUrl = dic["serverUrl"] as? String else { return }
            trackInit(serverUrl: serverUrl, autoLog: autoLog, autoTrack:
autoTrack)
        case "trackMap":
            guard let dic = call.arguments as? [String: Any],
                let eventName = dic["eventName"] as? String
            else {
                return
            }
            BuriedPointTool.buriedWithPrams(eventName: eventName, dict: dic)
        default:
            result(FlutterMethodNotImplemented)
        }
    }
  }

  … //省略其他代码
  }
```

在完成原生 Android、iOS 平台方法的封装后，打开 TrackPlugin.dart 文件，然后在里面添加调用原生平台的方法，代码如下：

```
class TrackPlugin {
  static const MethodChannel _channel = MethodChannel('track_plugin');

  static Future<void> init(String url,bool autoTrack,bool autoLog) async {
    Map<String, dynamic> params = <String, dynamic>{
      "serverUrl": url,
      "autoTrack": autoTrack,
      "autoLog": autoLog,
    };
    await _channel.invokeMethod("trackInit", params);
  }

  static Future<void> trackMap(String eventName,Map<String,dynamic> params)
async {
    Map<String, dynamic> map = <String, dynamic>{
      "eventName": eventName,
    };
    params.addAll(map);
    await _channel.invokeMethod("trackMap",params);
  }
  … //省略其他方法
}
```

到此，基于原生平台的 Flutter 埋点插件的核心功能就开发完成了。可以看到，Flutter

插件的开发还是比较简单的。即首先在原生平台封装需要对外提供的方法，然后在插件的 Dart 层使用 MethodChannel 实现原生平台方法的调用。

11.6.4 运行插件

一个标准的 Flutter 插件，除了需要实现插件既定的功能之外，还需要提供接入文档和使用示例。事实上，在创建 Flutter 插件项目时，系统会自动创建一个 example 工程目录，而此工程就是用来编写 Flutter 插件示例的。

使用 Android Studio 打开 example 工程，然后在 main.dart 中添加插件使用示例，代码如下：

```
class MyAppState extends State<MyApp>{

  String url="xxx";
  bool autoTrack=true;
  bool autoLog=true;

  @override
  void initState(){
    super.initState();
    initTrack();
  }

  void initTrack(){
    TrackPlugin.init(url, autoTrack, autoLog);
  }

  Future<void> trackTest() async {
    String eventName="Track_Plugin";
    Map<String, dynamic> params = <String, dynamic>{
      "app_id": "888538299146558",
      "sign_type": "MD5",
    };
    TrackPlugin.trackMap(eventName, params);
  }
  … //省略其他代码
}
```

11.6.5 发布插件

插件开发完成之后，可以将插件发布到 Pub 官网供其他人使用。在发布之前，需要确保 pubspec.yaml、README.md 和 CHANGELOG.md 等文件的内容都正确填写，可以使用 dry-run 命令来检查是否就绪。

```
flutter packages pub publish --dry-run
```

如果没有任何错误和警告，就可以执行publish命令将插件发布到Pub托管仓库中，如下所示：

```
flutter pub publish
//指定服务器
flutter packages pub publish --server=https://pub.dartlang.org
```

执行上面的命令后，系统会生成一个发布认证的链接，单击该链接完成账户认证。如果控制台出现打印如下的提示日志就说明插件发布成功了。

```
Waiting for your authorization...
Authorization received, processing...
Successfully authorized.
Uploading...
Successfully uploaded package.
```

接着可以打开Pub官网查看发布情况。如果发布成功，可以在Pub后台的Packages栏目中看到发布的记录，如图11-18所示。

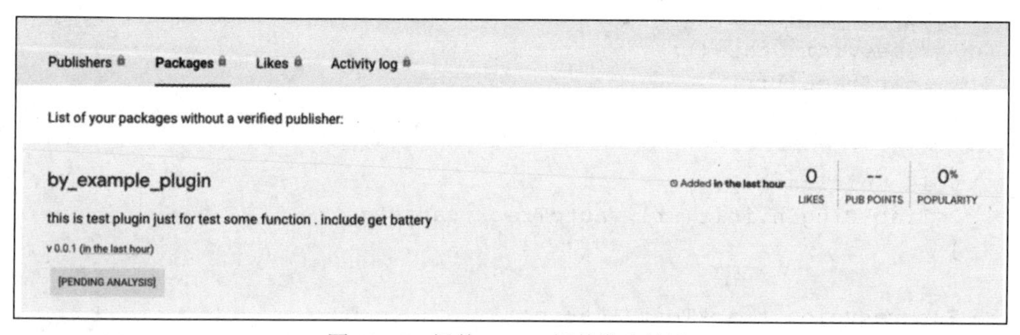

图 11-18　插件 Flutter 插件发布情况

当然，除了支持发布到Pub，我们还可以将Flutter插件发布到指定的私有库，发布时只需要将发布的服务器地址改为私有的地址即可。

11.7 习题

一、选择题

1. 以下哪些是Flutter混合开发支持的通信方式？（　　）

A. BasicMessageChannel　　B. MethodChannel

C. EventChannel　　D. MessageChannel

2. 以下哪些是 FlutterBoost 提供的生命周期函数？（　　）

A. onBackground　　B. onPagePush

C. onPageHide　　D. onDestory

二、简述题

1. 简述 Flutter 混合通信的几种方式，以及它们的作用和使用场景。
2. 简述 Flutter 混合工程，路由的管理规则，实现相互跳转的原理。
3. 简述 FlutterBoost 混合框架解决的问题及其优缺点。

三、操作题

1. 在原生项目中集成 Flutter 模块，实现原生模块和 Flutter 模块的通信。
2. 熟悉 FlutterBoost 混合框架，并在项目中接入它。
3. 熟悉 Flutter 插件的开发流程并自己开发一个插件，比如播放器插件。

第 12 章 Flutter Web

12.1 Flutter Web 简介

作为目前最优秀的跨平台开发框架之一，Flutter 除了可以用来开发 iOS、Android 移动跨平台应用，还可以用来构建能够运行在 Linux、macOS、Windows 等操作系统上的 Web 应用程序和桌面应用程序。可以说，作为一款先进的跨平台开发框架，Flutter 已经真正意义上实现了“一次编写，处处运行”的美好愿景。

众所周知，传统的 Web 开发都是基于浏览器环境的，因此天生就具备跨平台运行的能力，而 Web 开发使用的 JavaScript 语言是一种动态、弱类型的编程语言。事实上，为了能够让 Flutter 开发的应用程序运行在浏览器中，Dart 语言提供了一个 compile 工具（老版本是 dart2js），可以将 Dart 代码编译转化成 JavaScript 代码，并且还针对开发和生产环境的工具链进行了优化。

为了实现将 Dart 代码编译为 JavaScript 代码，Flutter Web 通过映射 Web 平台的 API 来取代移动跨平台所使用的 C++ 渲染引擎，从而让 Flutter 具备了在浏览器环境运行的能力。同时，通过集成 DOM、Canvas 和 WebAssembly 等前端技术，Flutter Web 真正实现了可移植、高质量和高性能的用户体验，其整体架构如图 12-1 所示。

为了满足不同的渲染场景，Flutter Web 在 Browser 层提供了 Canvaskit 和 Html 两种渲染模式。其中，Canvaskit 模式适用于桌面浏览器环境，而 Html 模式则适用于移动浏览器环境。至于选择哪种渲染模式，系统会根据运行的环境自动进行选择。

使用 Html 渲染模式时，Flutter 使用 HTML、CSS、Canvas 和 SVG 等元素来渲染页面。采用此模式的优点是，渲染出来的应用包大小相对较小，缺点是渲染的性能较差。

使用 Canvaskit 渲染模式时，Flutter 会将 Skia 代码编译成 WebAssembly 格式，并使用 WebGL 技术来执行渲染。使用 Canvaskit 渲染模式时，应用在移动和桌面端的渲染效果会保持高度一致，能够降低不同浏览器渲染效果不一致的风险，并且渲染的效率和性能也会更好，缺点是应用程序的大小会增加大约 2.5MB，增加的部分是 WebAssembly

的中间代码。

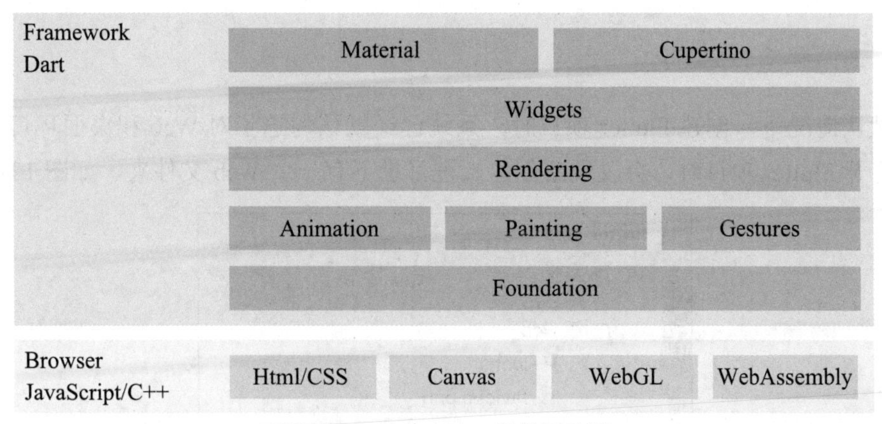

图 12-1 Flutter Web 架构示意图

事实上，自从 Flutter 在 2.0 版本提供对 Web 环境的支持以来，官方已经对 Flutter Web 开发进行了大量的优化。并且，在创建 Flutter 项目时，Flutter 会默认开启对 Web 环境和桌面环境的支持，如图 12-2 所示。

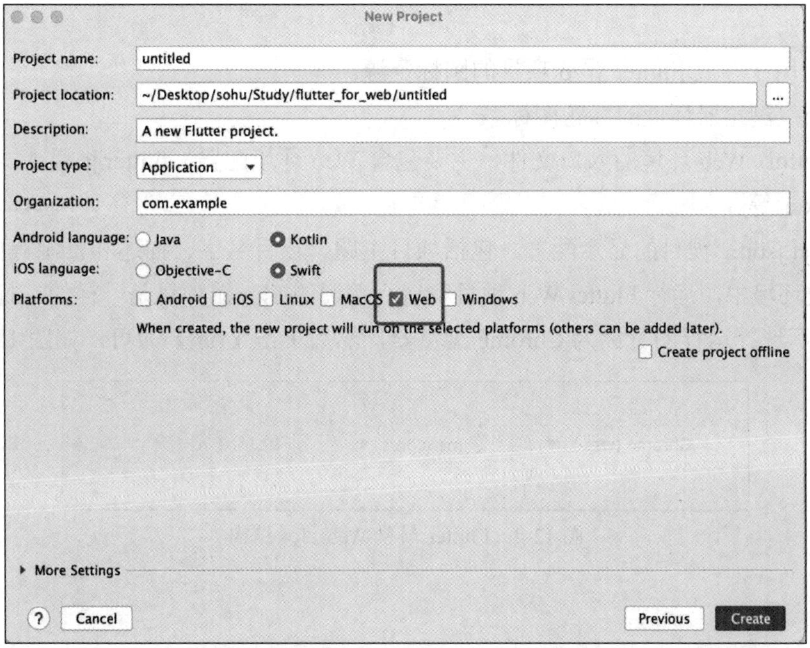

图 12-2 Flutter 项目对 Web 环境的支持

需要说明的是，有些几年前创建的 Flutter 项目是不支持 Web 环境的，如果要对老项目添加 Web 支持，可以在项目的根目录下运行如下命令：

```
flutter create --platforms web.
```

12.2 Flutter Web 实战

12.2.1 项目创建与运行

在默认情况下，创建 Flutter 项目时，系统已经默认勾选了对 Web 和桌面环境的支持。当我们打开 Flutter 项目时，会发现新创建工程目录下有一个 Web 文件夹，如图 12-3 所示。

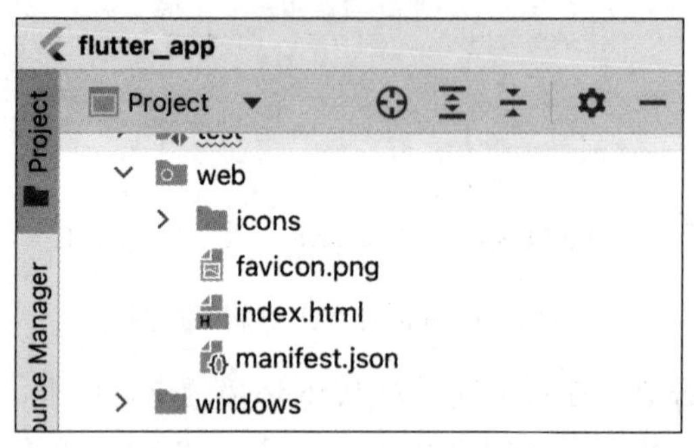

图 12-3　Flutter 项目 Web 目录结构

可以看到，Web 文件目录主要由 icons、favicon 图标、index.html 和 manifest.json 文件构成，说明如下。

icons：用于存放 Flutter Web 项目的图标资源。

favicon：浏览器环境的标题图标。

index.html：Web 环境的入口文件，主要包含 Web 环境配置、flutter.js 引入、显示设置、serviceWorker 等。

manifest.json：项目的显示配置，包括项目主题、项目名字、描述和资源等内容。

在开发环境中，运行 Flutter Web 项目和运行普通的 Flutter 项目是一样的。打开 Android Studio，然后选择运行的目标为 Chrome 浏览器，然后单击【run】即可，如图 12-4 所示。

图 12-4　Flutter 项目 Web 目录结构

12.2.2 调试项目

由于 Flutter Web 是运行在浏览器环境中的，所以 Web 开发中的所有调试技巧对于 Flutter Web 来说都是适用的。首先，打开 Chrome 浏览器，然后依次选择【Chrome 菜单】→【更多工具】→【开发者工具】选项，或者使用快捷键【Command + Option +I】打开浏览器开发者模式，如图 12-5 所示。

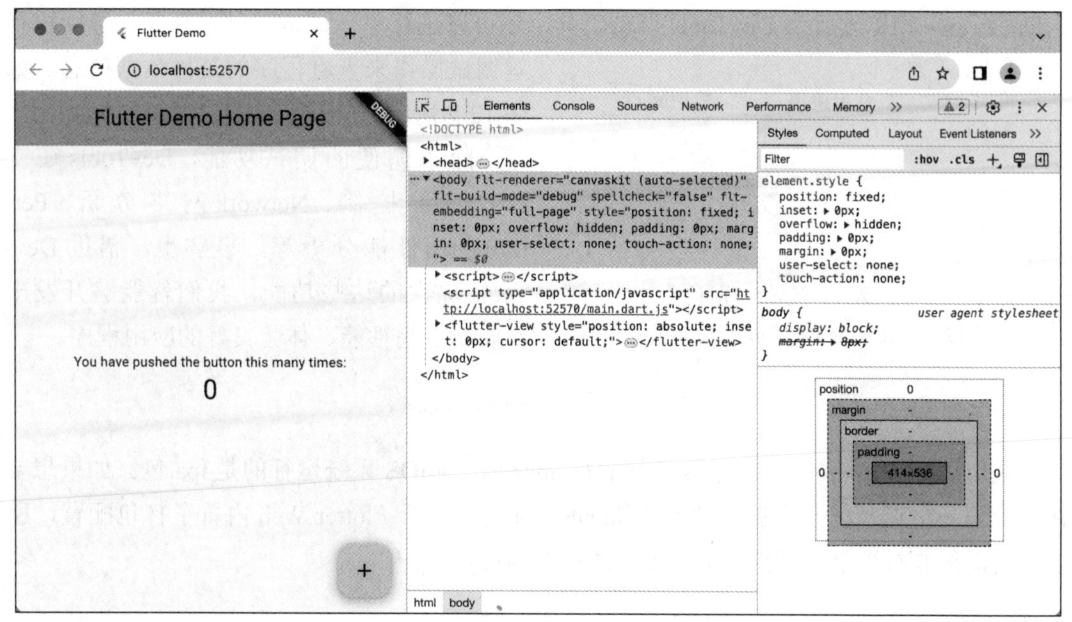

图 12-5　打开 Chrome 浏览器开发者模式

将调试窗口切换到 Sources 栏，手动查找或使用快捷键【Command + O】找到需要调试的文件，在需要调试的源码处标记断点，然后再次运行程序即可开启断点调试，如图 12-6 所示。

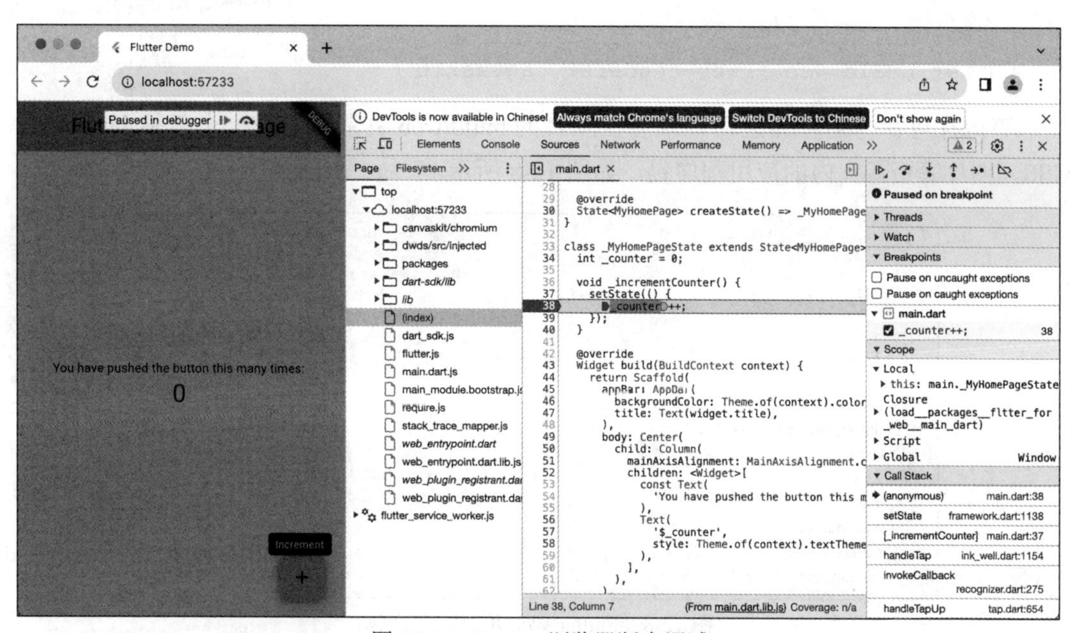

图 12-6　Chrome 浏览器断点调试

可以看到，当程序运行到断点的地方时，就会自动挂起。此时，可以在调试面板的右侧获取断点对象的相关信息，如应用的线程状态、变量值、调用栈、全局监听器等信息。

借助 Chrome 浏览器提供 DevTools 调试工具，还可以进行单步调试、跳过执行、继续执行等调试操作来查看程序的具体数据信息，如图 12-7 所示。

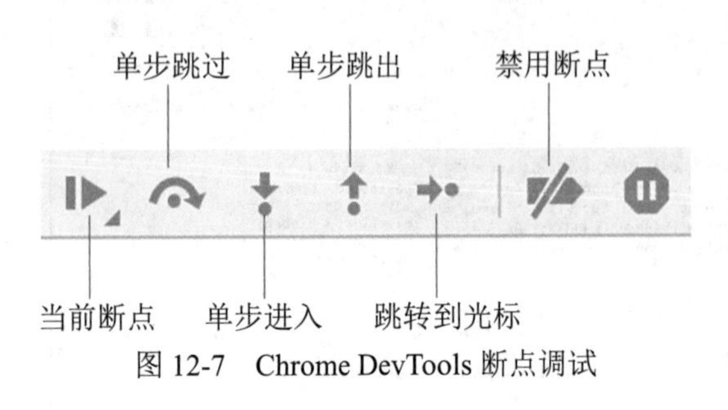

图 12-7 Chrome DevTools 断点调试

除了简便的调试功能，DevTools 还支持 Console 控制、Network 网络分析、Performance 性能分析等。事实上，借助 DevTools 提供的这些功能，我们就能够开发出高质量、高性能、体验良好的应用程序。

12.2.3 打包与部署

众所周知，Android 系统最终运行的是 apk 包，而 iOS 系统运行的是 ipa 包。如果想要在浏览器环境运行，那么就需要制作 JavaScript 包。由于 Flutter Web 内置了打包配置，所以打包流程非常简单，只需要运行如下的命令即可。

```
flutter build web
```

同时，Flutter Web 为了适配桌面浏览器和移动浏览器，还提供了 Canvaskit 和 Html 两种渲染模式，所以在执行打包命令时还可以加上渲染模式参数，如下所示：

```
flutter build web --web-renderer html
flutter build web --web-renderer canvaskit
```

等待打包命令运行完之后，就会在项目的 build/web 目录下生成一个包括 JavaScript、CSS、图片等资源在内的应用程序包，如图 12-8 所示。

web

名称	修改日期	大小	种类
.last_build_id	今天 10:11	32 字节	文稿
assets	今天 10:11	--	文件夹
canvaskit	今天 10:11	--	文件夹
favicon.png	2023年8月17日 01:13	917 字节	PNG 图像
flutter_service_worker.js	今天 10:11	8 KB	WeiXin...ile Type
flutter.js	今天 10:11	14 KB	WeiXin...ile Type
icons	今天 10:11	--	文件夹
index.html	今天 10:11	2 KB	HTML 文本
main.dart.js	今天 10:11	1.6 MB	WeiXin...ile Type
manifest.json	昨天 19:35	924 字节	JSON Document
version.json	今天 10:11	98 字节	JSON Document

图 12-8 Flutter Web 项目打包产物

接下来，我们就可以启动服务器，然后将生成的资源包部署到服务器即可，此处推荐使用 Python 服务器。在上面的 build/web 目录下执行如下命令启动 Web 服务。

```
python -m http.server 8000
```

等待服务启动成功之后，打开浏览器并输入 http://localhost:8000/ 即可看到效果，如图 12-9 所示。

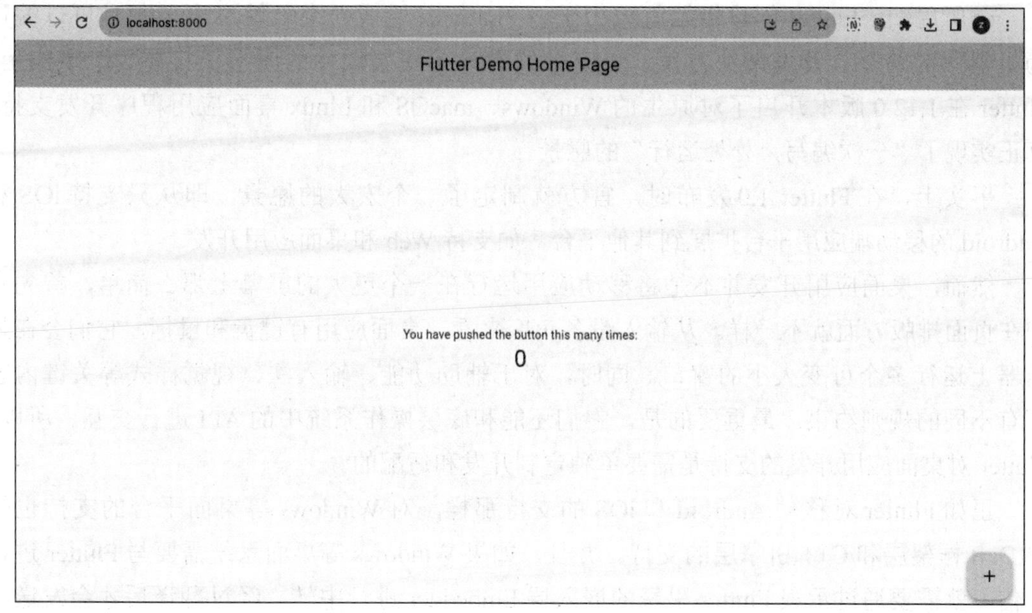

图 12-9 Python 部署 Flutter Web 应用

除此之外，前端开发者用得最多的服务器就是 Node.js。所以，下面我们看一下如何在 Node.js 服务器中部署 Flutter Web 应用。

首先使用 npm init -y 命令创建一个 Node.js 模板项目，然后在项目中安装 express 插件。express 是一款基于 Node.js 的服务器框架，可以使用它来快速创建和部署 Web 应用。

新建一个 app.js 文件作为 Web 应用的入口，添加代码如下：

```
var express = require('express');

var app = express();
app.use(express.static(path.join(__dirname, 'flutter')));
var express = require('express');
```

再新建一个 flutter 文件夹，将上面的 build/web 目录下的内容复制到这个文件夹中，然后重新启动 Node.js 服务器，在浏览器中访问 http://localhost:3000 即可看到效果。

需要说明的是，虽然同一套 Flutter 代码可以同时运行在移动设备和 Web 平台上，但是由于移动和 Web 平台的页面布局终究是不一样的，所以在实际开发中，页面和布局开发需要区分对待。

12.3 Flutter Desk 实战

12.3.1 Flutter Desk 简介

众所周知，Flutter 创建伊始就致力于将 Flutter 打造成一个能够高度定制且可以编译为机器码的跨平台开发解决方案，以充分发挥设备底层硬件的图形渲染能力。事实上，Flutter 在 1.12.0 版本开启了对原生的 Windows、macOS 和 Linux 桌面应用程序开发支持，真正实现了“一次编写，处处运行”的愿景。

事实上，在 Flutter 1.0 发布时，官方就制定了一个宏大的愿景，即从只支持 iOS 和 Android 的移动端应用平台扩展到其他平台，如支持 Web 和桌面应用开发。

然而，桌面应用开发并不是将移动应用运行在一个更大的屏幕上那么简单，首先它们在页面排版方面就不一样。从输入设备角度来看，桌面应用有键盘和鼠标，它们会在显示器上运行多个可变大小的窗口。同时，对于辅助功能、输入法、视觉样式等关键内容都有不同的规则约束。最重要的是，它们还能和底层操作系统中的 API 进行交互。所以，Flutter 对桌面应用开发的支持是需要单独定制开发和适配的。

正如 Flutter 对移动 Android 和 iOS 的支持那样，对 Windows 等桌面平台的支持也需要 Dart 框架层和 C++ 引擎层的支持。并且，如果 Windows 等桌面系统需要与 Flutter 进行通信，就需要通过承载 Flutter 引擎的嵌入层 Embedder 进行中转，经过翻译后才会发送给 Windows。最后，Flutter 与 Windows 共同作用将 UI 绘制到屏幕上，处理窗口大小调整和 DPI 更改等事件，并与 Windows 等操作系统提供的已有功能配合使用，图 12-10 是 Flutter 在 Windows 平台的架构示意图。

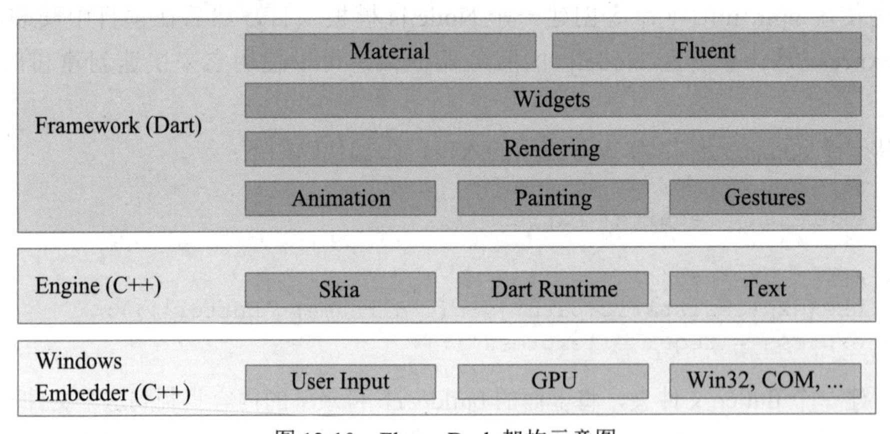

图 12-10　Flutter Desk 架构示意图

正是得益于这种设计，我们才能够使用一套完全相同的 Dart 代码来访问 Windows 的 API。并且，在 Windows 平台上，可以直接通过 Dart 提供的 C 互操作层或使用 C++ 编写的平台插件来与 Win32 和 Windows 运行时 API 进行通信。同时，官方还提供了许多

常用插件来适配 Windows 等桌面应用开发，比如常见的 camera、file_picker 和 shared_preferences 等插件。

事实上，随着 Flutter 版本的不断迭代与优化，Flutter 对 Windows、macOS 和 Linux 桌面平台的支持已经变得十分稳定。并且，随着 Flutter 社区的不断建设，使用 Flutter 进行桌面应用开发已经变得和移动应用开发一样容易。

12.3.2 Flutter Desk 实战

自从 Flutter 在 1.12.0 版本开启了对桌面应用开发的支持后，我们创建 Flutter 项目时，系统就会默认勾选对 Web 和桌面端开发的支持。我们可以使用 flutter devices 命令来检查当前设备支持的运行平台，如图 12-11 所示。

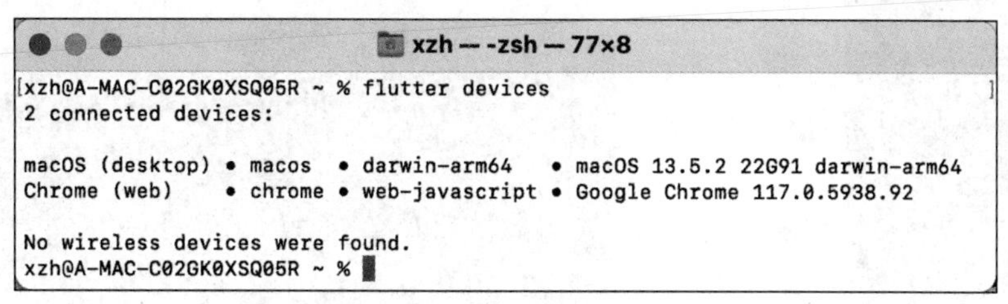

图 12-11 Flutter 支持的运行平台

打开新创建的 Flutter 项目时，会发现工程目录下有 Windows、macOS 和 Linux 工程文件夹。打开 macOS 工程文件夹，会发现里面是一个完整的 macOS 工程结构目录，如图 12-12 所示。

macos

名称	修改日期	大小	种类
Flutter	今天 14:37	--	文件夹
ephemeral	今天 14:43	--	文件夹
Flutter-Debug.xcconfig	2023年5月11日 00:13	48字节	Xcode...Settings
Flutter-Release.xcconfig	2023年5月11日 00:13	48字节	Xcode...Settings
GeneratedPluginRegistrant.swift	今天 14:46	147字节	Swift Source
Runner	今天 14:37	--	文件夹
AppDelegate.swift	2023年5月11日 00:13	214字节	Swift Source
Assets.xcassets	今天 14:37	--	文件夹
Base.lproj	今天 14:37	--	文件夹
Configs	今天 14:37	--	文件夹
DebugProfile.entitlements	2023年5月11日 00:13	348字节	Entitlements File
Info.plist	2023年5月11日 00:13	1 KB	Property List
MainFlutterWindow.swift	2023年5月11日 00:13	388字节	Swift Source
Release.entitlements	2023年5月11日 00:13	240字节	Entitlements File
Runner.xcodeproj	今天 14:37	30 KB	Xcode Project
Runner.xcworkspace	今天 14:37	390字节	Xcode...rkspace
RunnerTests	今天 14:37	--	文件夹

图 12-12 Flutter macOS 的工程结构

可以看到，macOS 工程文件目录和普通 iOS 的工程目录是一样的，只不过使用 Flutter 创建的 macOS 工程多了一个 Flutter 文件目录，该文件目录是为了给 Flutter 在 macOS 平台运行提供环境支持。

项目创建完成之后，接下来就是桌面应用的业务功能开发工作了，由于 Flutter 桌面开发和移动应用的开发在布局和交互方面都不尽相同，所以在实际开发中，为了避免代码的耦合，建议将页面布局、排版以及部分逻辑单独开来，唯一可以共用的是基础代码。

等待功能开发完成之后，可以选择需要运行的平台来查看效果，如图 12-13 所示。

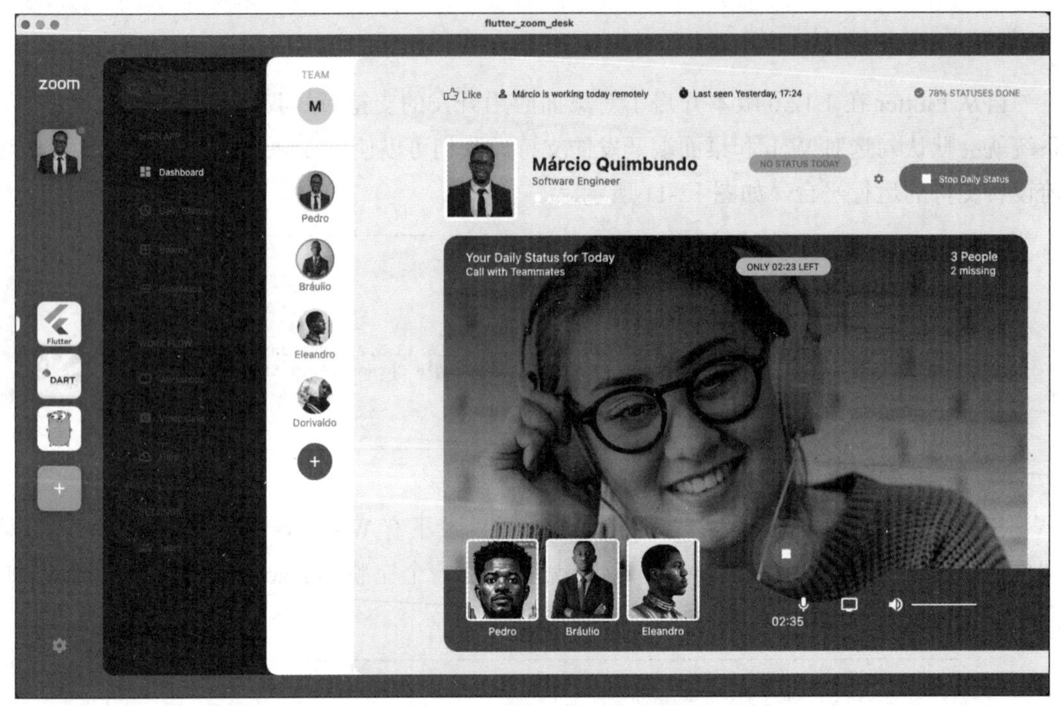

图 12-13　Flutter macOS 桌面应用示例

12.3.3　Flutter Desk 打包

同移动 Android 和 iOS 的打包流程一样，Flutter Desk 应用的打包也需要原生操作环境的支持。以打包 Flutter macOS 应用为例，需要使用 Xcode 打开 Flutter 项目的 macOS 工程，然后依次单击选项【Product】→【Archive】执行打包前的文件归档，如图 12-14 所示。

然后依次选择【Distribute App】→【Enterprise】→【Expert】选项执行安装文件的导出，如图 12-15 所示。

经过上面步骤处理后，导出的包是一个 ipa 格式的安装包，对于 macOS 系统来说，是无法直接安装的。我们需要将 ipa 包转换为 dmg 包后，macOS 系统才能识别和安装。为此，新建一个 dmg 文件夹，然后将编译生成的 .app 文件复制进去。除了上面使用 Xcode 的方式外，还可以使用 build 命令来生成 .app 文件，命令如下：

```
flutter build macos
```

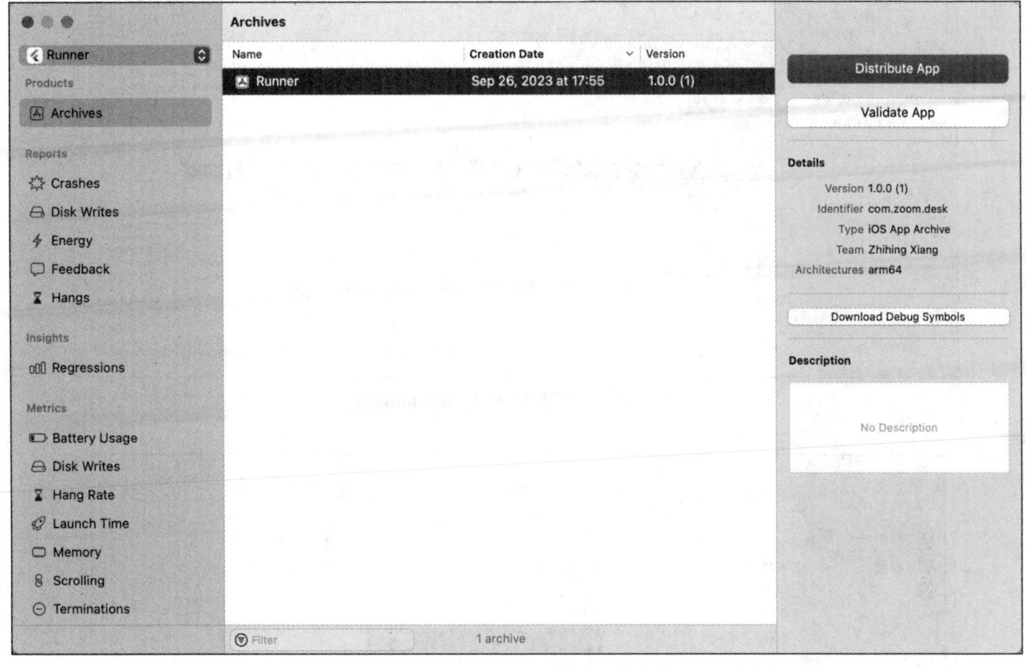

图 12-14　macOS 应用文件归档

图 12-15　macOS 应用安装包导出

在 dmg 文件目录下执行如下命令：

```
ln -s /Applications/  Applications
```

打开磁盘工具，然后选择菜单文件新建一个基于文件夹的映像，如图 12-16 所示。

选择映像目录为刚才创建的 dmg 文件，如图 12-17 所示。

添加应用程序的名称，单击保存操作按钮，如图 12-18 所示。

图 12-16　新建基于文件夹的映像

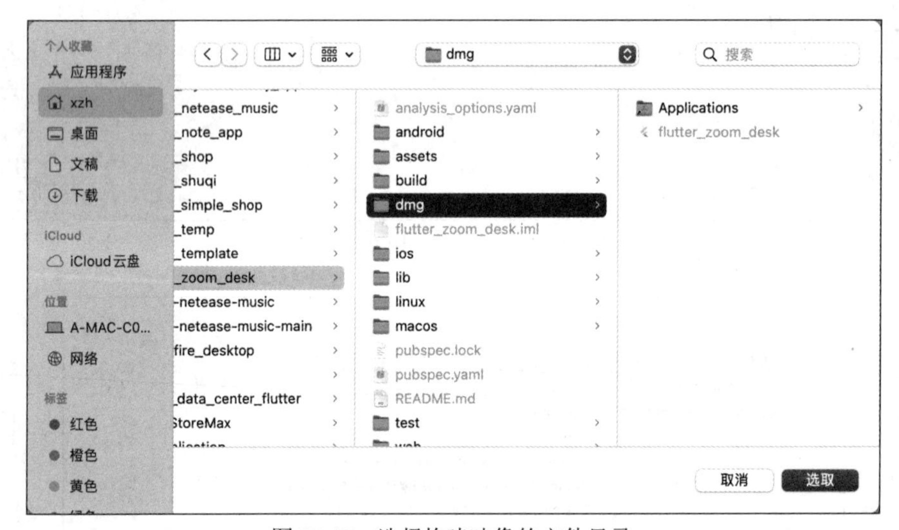

图 12-17　选择构建映像的文件目录

图 12-18　构建 dmg 安装文件

等待生成成功之后，就会生成一个dmg安装包。双击这个安装包即可将应用复制到Application中。

12.4 Fair动态化

12.4.1 Fair简介

目前，移动端App版本更新的最常见方式就是定期发版，并且无论是Android还是iOS，都需要提交新的安装包到应用市场进行审核，只有审核通过后，用户才能下载到更新后的应用。然而定期发版最明显的缺点就是发版周期长、安装包过大、不支持缺陷及时修复，以及更新不及时需要维护多个版本等问题。

面对这些问题，如果能实现App的增量、无感更新，进而实现代码的动态下发和功能同步，无论是对公司还是用户来说都是非常好的体验。而动态化更新就是解决上述问题最好的方案。

所谓动态化，指的是在不依赖更新程序安装包的前提下，就能动态实时更新页面的技术。使用动态化技术，我们可以实现业务功能的无感升级，修复线上紧急缺陷，降低发版安装包大小，以及不需要同时维护多个旧版本等。可以说，不管是从开发效率还是从开发体验上来说，动态化俨然已经成为跨端开发的标配。

在实现动态化的过程中，有两个重要的概念，即DSL（Domain Specific Language）和AST（Abstract Syntax Tree）。其中，DSL译为领域特定语言，AST译为抽象语法树，通常用来表示动态化过程的中间产物。

事实上，关于Flutter的动态化，社区已经有了不少的开源方案，比如大家熟知的MXFlutter、MTFlutter、Fair等，总结起来大体可以分为三个流派。

（1）JavaScript方案：使用JavaScript语言开发，渲染则使用Flutter自带的渲染引擎，逻辑层则使用V8或JsCore引擎解释运行，代表框架是腾讯的MXFlutter。

（2）DSL方案：布局和逻辑都使用Dart开发，然后在Flutter引擎解析前增加语法解析和运行时，代表框架是美团的MTFlutter。

（3）DSL + JavaScript方案：基于模板实现的动态化，布局层采用Dart转DSL的方式，逻辑层则使用JavaScript开发，代表框架是58同城的Fair。

不过，MXFlutter和MTFlutter都已经停止更新，而Fair作为目前仍在持续更新的框架，也是最成熟和完整的Flutter动态化方案。并且，根据官方的开发规划，Fair还将完全兼容Flutter之前的版本以及不断完善测试工具，方便开发者快速接入Fair。

除此之外，作为一套完整的Flutter动态化解决方案，Fair官方还开源了基于Dart开发的FairPushy热更新平台，开发者可以在FairPushy的基础上实现自定义开发和部署。

12.4.2 接入 Fair

在现有项目中集成 Fair，需要先将 Fair 工程代码同步到本地，然后使用本地的 Fair 完成依赖，如下所示：

```
git clone https://github.com/wuba/fair.git
```

需要说明的是，Fair 工程和业务工程最好放在同一个目录中，然后打开业务工程的 pubspec.yaml 文件添加如下依赖。

```
dependencies:
  fair: 3.0.0

dev_dependencies:
  build_runner: ^2.0.0
  fair_compiler: ^1.4.0

dependency_overrides:
  fair_version:
    path: ../fair/flutter_version/flutter_3_10_0
```

需要注意的是，由于 fair_version 最新的版本是 3.10.0，所以本地的 Flutter 版本最好不要高于 3.10.0。同时，fair_version 目前已经发布到 Pub 托管仓库，所以也可以使用下面的方式进行依赖。

```
dependency_overrides:
  fair_version: 3.10.0
```

经过上述的操作后，就完成了 Fair 的依赖。接下来，打开业务工程的 main.dart，然后将默认的 App 组件替换为 FairApp 组件，并添加初始化逻辑，代码如下：

```
void main(){
  WidgetsFlutterBinding.ensureInitialized();
  FairApp.runApplication(
    _getApp(),
    plugins:{},
  );
}

dynamic _getApp() => FairApp(
  modules:{},
  delegate:{},
  child: MaterialApp(
    home: FairWidget(
       name: 'DynamicWidget',
       path: 'assets/bundle/lib_src_page_dynamic_widget.fair.json',
```

```
        data:{"fairProps": json.encode({})}),
    ),
  );
```

其中，FairWidget 就是用来加载 bundle 资源的容器组件，它需要两个必传参数，分别是 path 和 data。

path：表示 bundle 资源的路径，可以是 assets 路径，也可以是绝对路径。

data：传递给动态页面的参数，是一个 Map 数据结构。

事实上，对于任何页面和局部模块，我们都可以使用 FairWidget 进行包裹来实现动态效果，代码如下：

```
FairWidget(
  name: 'DynamicWidget',
  path: 'assets/bundle/lib_src_page_dynamic_widget.fair.json',
  data:{"fairProps": json.encode({})}),
```

除此之外，FairWidget 还支持在以下使用场景。

（1）作为组件混合使用。

（2）作为一个全屏页面使用。

（3）支持嵌套使用，既可以局部嵌套在普通 Widget 中，也可以嵌套在另一个 FairWidget 中。

12.4.3 热更新体验

为了快速开发和体验 Fair，官方提供了 FairTemplate 插件，我们可以打开开发工具 Android Studio，然后在插件市场中搜索 FairTemplate 插件进行安装，如图 12-19 所示。

目前，FairTemplate 插件支持以下功能：

Fair Build：一键编译打包，生成 Fair 产物。

Faircli install/server：扩展的 faircli 脚本工具，可以通过命令行创建模板项目。

Bundle Upload：对接 FairPushy 热更新平台，支持将 Fair 编译产物上传至热更新平台。

Fair 模板：用户可以快速选择并创建 Fair 模板，支持模板共建。

为了模拟 Fair 的热更新效果，需要先创建一个载体工程和一个动态化工程，命令如下：

```
//创建动态化工程
faircli create -n dynamic_project_name
//创建载体工程
faircli create -k carrier -n carrier_project_name
```

其中，动态化工程主要用于开发需要实现动态化的功能，载体工程则用来提供 bundle 下载、加载以及其他基础能力。需要说明的是，如果工程拉取 Git 仓库依赖出现错误，可以将仓库代码拉取下来，使用本地依赖的方式进行插件依赖。

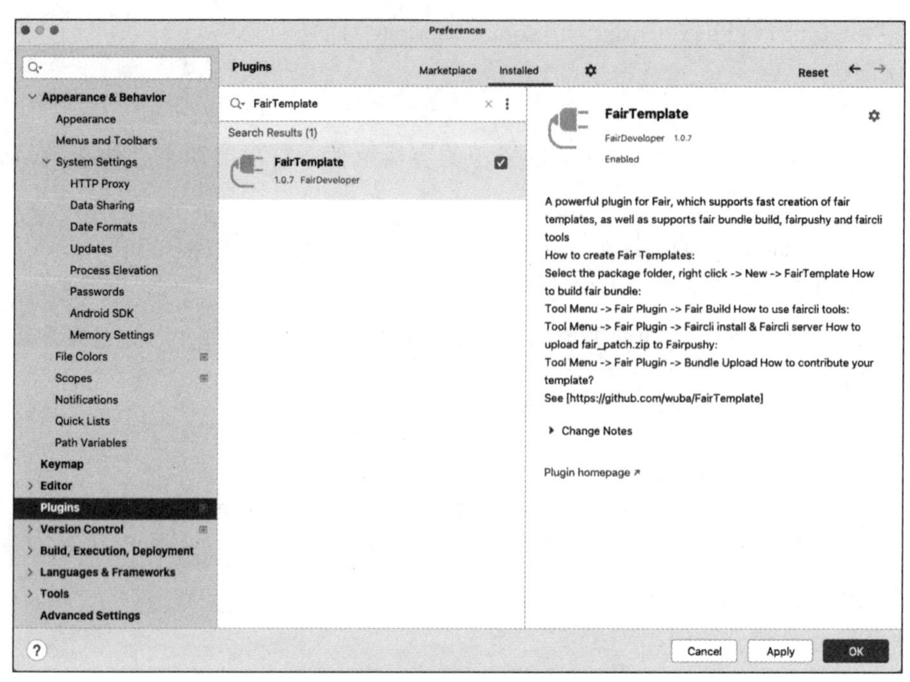

图 12-19　安装 FairTemplate 插件

使用 Android Studio 打开动态化工程，然后依次选择【New】→【FairTemplate】生成 Fair 模板代码，如图 12-20 所示。

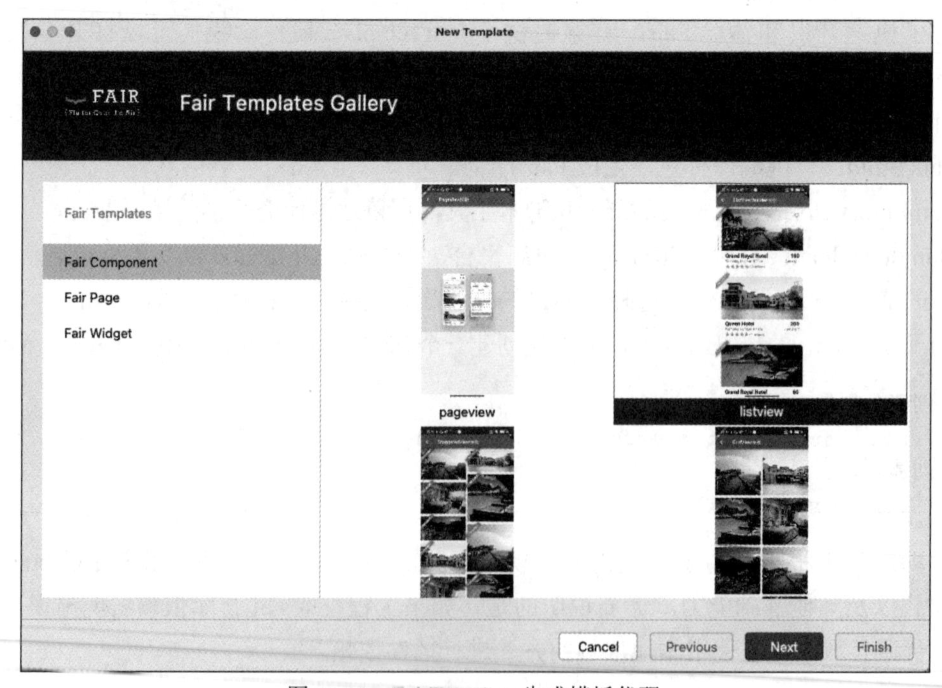

图 12-20　FairTemplate 生成模板代码

根据生成的模板代码，我们可以进行二次开发。当功能开发完成后，可使用FairTemplate插件执行一键打包，如图12-21所示。

执行一键打包操作之后，会在项目的build目录下生成热更新资源包，如图12-22所示。

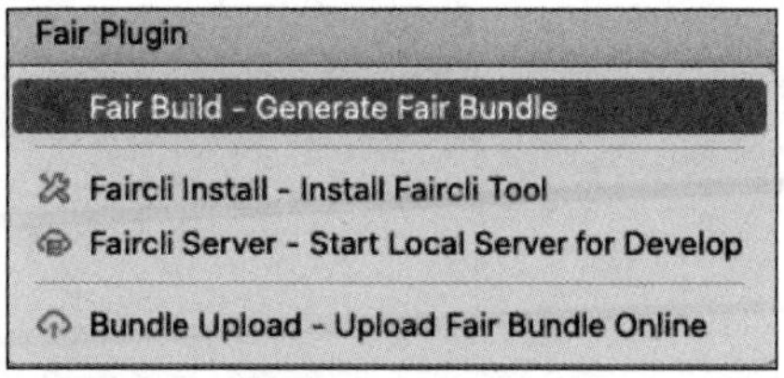

图12-21 FairTemplate插件一键打包

图12-22 生成Fair热更新资源包

可以看到，Fair的编译产物以lib开头，主要有以下4个。

fair.json：Debug环境的说明文件。

fair.bin：release环境的说明文件。

fair.js：Dart逻辑转换为JavaScript后的产物。

fair.metadata：元数据，标记了源码与产物的关联信息。

其中，fair.json文件适用于开发环境，因为JSON文件比较易读，便于排查错误。而fair.bin适用于线上环境，它是使用FlatBuffers工具生成的一种二进制文件，好处是不用反序列化，能够大大提升Fair解析、加载资源的速度。我们将JSON文件或bin文件与JavaScript文件合称为bundle文件，Fair程序热更新加载的就是bundle文件。

使用Android Studio打开载体工程，然后运行载体工程进入开发者选项页面，如图12-23所示。

为了方便体验热更新效果，此处我们选择本地模式。启动Fair插件提供的本地服务，按照提示输入host地址和需要加载的bundle列表，然后选择某个具体的bundle包进行功能预览。

当然，也可以将bundle资源包上传到线上服务器，然后使用线上的bundle资源。上传bundle资源可以使用Fair插件提供的上传功能，如图12-24所示。

除此之外，在应用开发阶段，还可以使用摇一摇手机来触发Fair的重新加载功能。

12.4.4 热更新平台

作为一套完整的Flutter动态化解决方案，Fair支持自定义部署和扩展开发。自定义部署热更新服务之前，需要我们先将FairPushy代码同步下来，命令如下：

```
git clone https://github.com/wuba/FairPushy.git
```

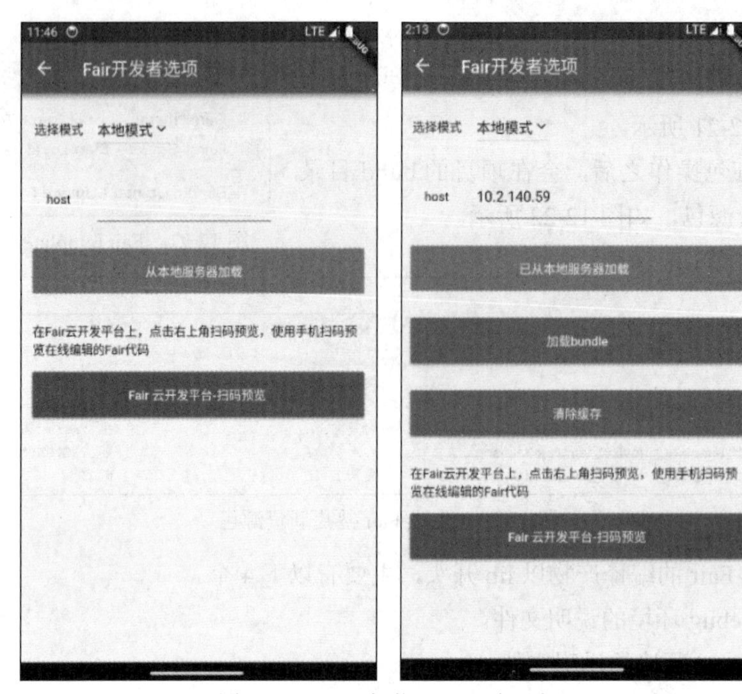

图 12-23　Fair 加载 bundle 资源包

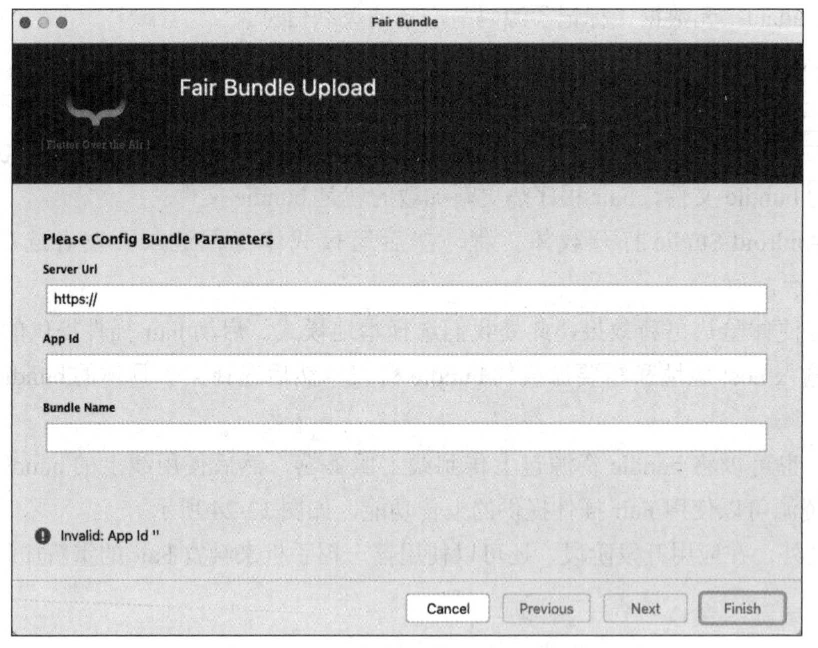

图 12-24　Fair 插件上传 bundle 资源包

由于服务器项目执行本地化部署或者远程部署时需要用到 MySql 数据库，所以为了能够正常实现热更新，请确保本地已经安装了 MySql 数据库。需要说明的是，FairPushy 连

接数据库的插件使用的是 MySql 5.x 版本开发的，所以安装时请选择 5.x 的版本。

执行本地化部署之前，需要先在本地创建一个数据库以及多个数据表。首先，打开 DBeaver 可视化数据库管理工具创建一个数据库，然后再使用项目中的数据库脚本创建数据表，如图 12-25 所示。

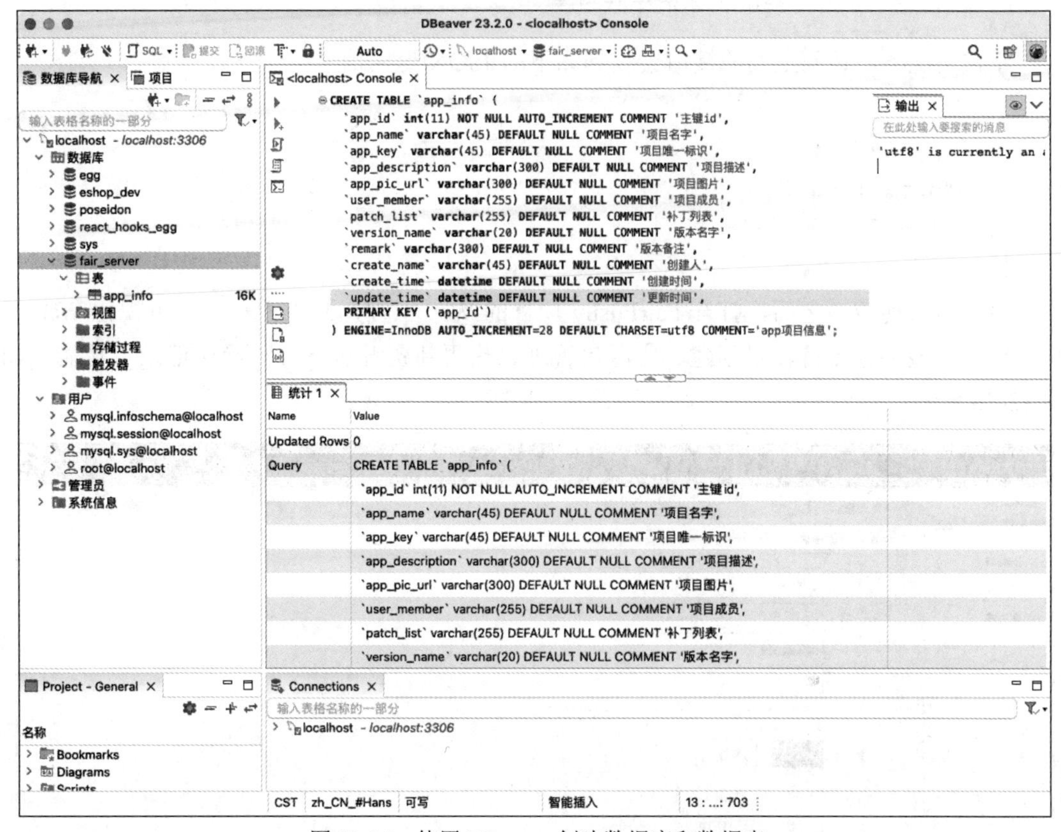

图 12-25　使用 DBeaver 创建数据库和数据表

接着，使用 IntelliJ IDEA 打开 FairPushy 开源项目下的 server 工程，然后打开 bin/config.dart 文件，按照要求填写 MySql 表名、密码、端口等信息，如下所示：

```
const settingsYaml = '''
mysql_user:
mysql_password:
mysql_host:
mysql_port:
mysql_database:
''';
```

在启动服务器之前，可以创建一个测试链接来测试数据库的链接情况。然后再打开命令行窗口，运行启动 FairPushy 工程命令，如下所示：

```
dart run bin/server.dart
```

等待服务器启动成功之后，如果控制台输出 FairServer ready 提示则说明服务已正常启动。此时，我们可以在浏览器输入测试接口来检查服务是否正常，如下所示：

```
http://127.0.0.1:8080/app/patch
```

正常情况下，访问上面的接口会收到如下的 JSON 返回信息。

```
{
    "code": -2,
    "data": null,
    "msg": "bundleId==null"
}
```

服务器启动成功之后，打开 FairPushy 项目的 Web 工程，此工程是一个可视化 Web 工程。目前，该工程支持项目创建、资源包管理、热更新资源包下发和操作记录等功能，如图 12-26 所示。

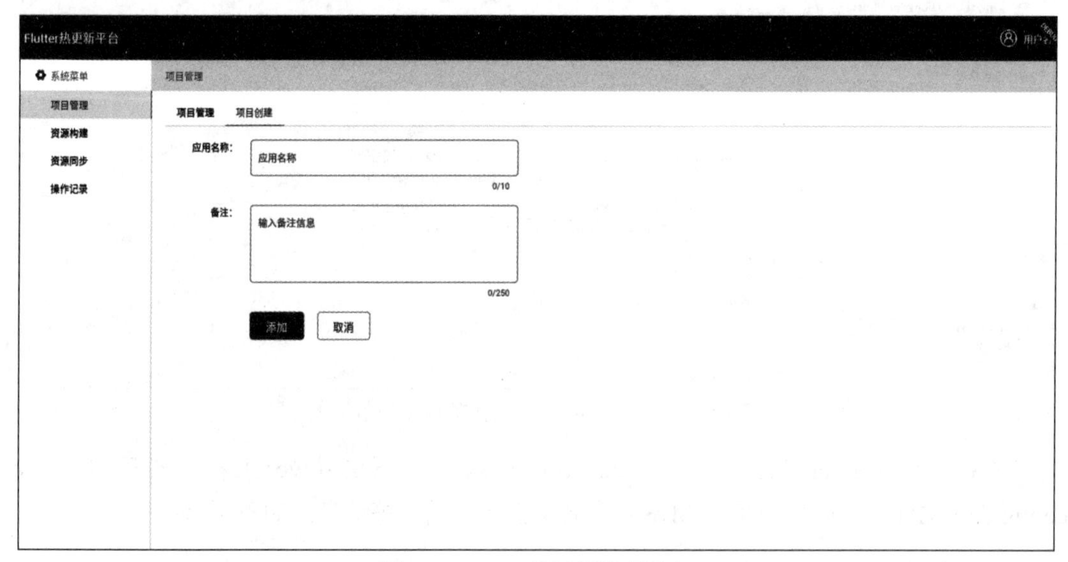

图 12-26　Fair 热更新管理平台

当然，除了本地化部署，FairPushy 项目还支持部署在 Docker 和云端服务器中，实现 Fair 的工程化部署。

12.4.5　热更新 API

为了更方便地在 Flutter 项目中使用热更新功能，FairPushy 提供了各种功能丰富的 API，如初始化热更新服务、检查热更新、下载热更新文件等。事实上，在 Flutter 项目中

接入 FairPushy 后，第一步就是初始化 FairPushy，代码如下：

```
FairPushy.init(
  appID: '1001',
  updateUrl: "xxx/module_patch_bundle",
  debug: true);
```

可以看到，init() 方法一共需要三个参数，说明如下。

appid：Web 可视化平台中的项目 ID。

updateUrl：获取补丁的服务器地址。

debug：当前运行环境，测试环境会打开调试功能。

同时，在应用启动后，检查是否需要执行热更新，当需要下载热更新文件时，要区分是单个模块的更新还是多个模块的更新。对于单个模块的更新，我们在进入对应的模块时就需要下载热更新文件，下载热更新文件的方式有两种，分别是 FairPushyWidget 替代根组件和调用 updateBundle 接口，如下所示：

```
FairPushy.updateBundle(bundleid: "6005") //updateBundle 接口方式

MaterialApp(                                //FairPushyWidget 方式
    home: FairPushyWidget(
      bundleid: '6005',
      targetWidgetBuilder: (context) => HomePage(),
  )
);
```

对于需要执行多模块更新的工程来说，执行工程的热更新分为模块独立更新和全部模块更新两种情况。如果只是更新某个特定的模块，那么只需要调用 FairPushy 提供的 updateBundle() 方法即可，代码如下所示：

```
FairPushy.updateBundle(bundleid: "6005")
```

如果接入方在多模块中都需要执行热更新，那么在进入应用时就需要下载所有的补丁文件。此时，可以调用 getConfigs() 方法来获取项目的所有补丁文件信息，然后再调用 downloadConfig() 方法进行下载，如下所示：

```
FairPushy.getConfigs("xxx").then((value){
  if(null != value && value.isNotEmpty){
    for(var i = 0; i < value.length; i++){
      FairPushy.downloadConfig(value[i]);
    }
  }
});
```

除此之外，如果只是更新页面中某个局部模块，那么可以使用 getFilePath() 方法下载对应的补丁文件，然后再使用 FairWidget 组件包裹即可实现热更新效果，如下所示：

```
FairWidget(
  name: 'carcate',
  path: FairPushy.getFilePath(bundleId: '6005', filename: 'car_cate'));
```

12.4.6 Fair 原理

作为跨端开发中的新兴技术，Flutter 一经推出便在业内赢得了不错的口碑，它在多端一致和渲染性能上的优势也让其他跨端方案望尘莫及。虽然 Flutter 的成长曲线和未来前景看起来都很好，但不可否认的是，Flutter 目前仍处在发展阶段。并且，很多大型互联网企业也不是毫无顾虑地在全线移动产品中接入 Flutter，究其原因无外乎顾虑包的体积大小、开发成本，以及不支持动态化。

作为跨端技术的标配，动态化代表着更短的需求上线路径，代表着更小的安装包体积，也代表着更健全的线上质量保障体系，从而获得更高的用户下载意向。当明白这些优点后，我们就不难理解，在 Flutter 的应用与适配趋近完善时，动态化自然就成为了一个无法避开的话题。

不过，Flutter 框架本身并不支持热更新功能，也没有提供一套标准的动态下发方案，所以我们无法直接使用 Flutter 实现代码的热更新。不过，Flutter 提供的 compile 工具（老版本是 dart2js），可以将 Dart 代码转化为 JavaScript 代码，然后借助 JavaScript 实现热更新。而 Fair 正是基于这一原理，使用优化后的 Fair Compiler 工具来将原生 Dart 源文件转化成 JavaScript 代码，使 Fair 项目获得动态更新 Widget Tree 和 State 的能力。

要解决 Flutter 的动态化问题，根本上需要解决的是动态化涉及的输入与输出的问题。站在开发者的角度，我们希望开发者尽量少的感知开发的变化，在使用细节上则需要尽量透明，这就要求我们提供的中间件（编译器）的实现也需要尽量透明。而站在 Flutter 框架的角度，我们需要正确识别动态化的产物，这就要求我们提供一个能够在 DartVM 下运转的解析器。最后，站在应用的角度，我们需要统一管理应用加载、持久化、版本控制等产物，这就要求我们提供一套产物管理系统。基于上面的维度，在实现 Flutter 的动态化过程中，我们将 Fair 框架划分成了以下几个模块。

- Fair Plugin：负责加载、解析 Fair 自定义插件。
- Fair Binding tool：辅助构建工具，提供自定义 Widget 自动化的转换能力。
- Fair Manager Server：Fair 资源管理服务，提供动态化资源文件的管理。
- Fair Manager API：Android、iOS 侧动态化服务 API。

事实上，经过不断的修改和优化，Fair 很多对外的 API 在不断迭代过程中都发生了

变化，直到后期才逐渐稳定下来。最终，形成了我们现在看到的Fair框架的结构图，如图12-27所示是除去前后端服务后的Fair的架构示意图。

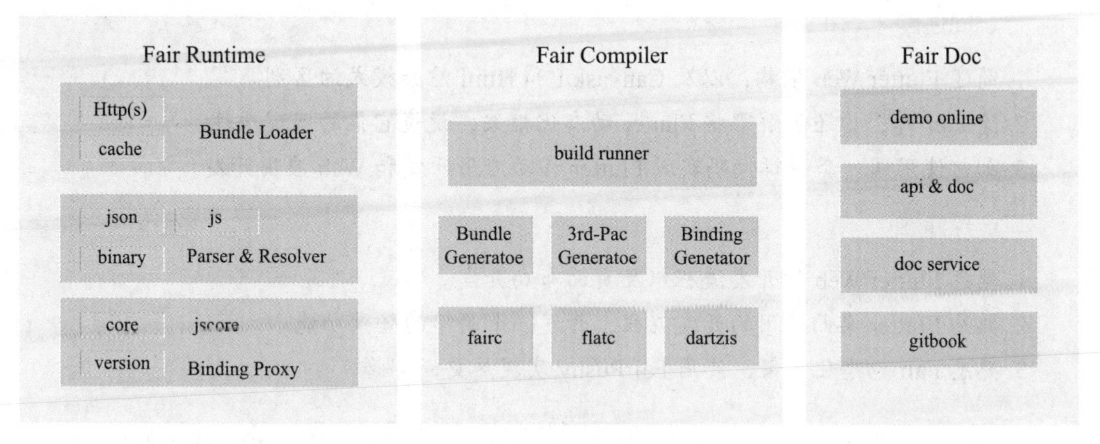

图12-27 Flutter Fair框架结构

可以看到，Fair框架整体上包含三个部分，分别是Fair运行时（Fair Runtime）、Fair编译器（Fair Compiler）和配套文档（Fair Doc）。

其中，Fair运行时主要由Bundle资源加载器、解析器及组件代理层构成；Fair编译器则是一个基于Flutter的build runner机制下的编译工具，主要用来将Dart代码生成binding和bundle文件；配套文档主要由各种示例文档、使用说明和API使用文档构成。

在Fair动态化实现过程中，我们需要用到两个重要的内容，即DSL和AST。DSL译为领域特定语言，在Fair动态化流程中专指bin等中间产物，AST译为抽象语法树，在Fair动态化流程中指的是用来分析的中间产物的表达形式，如fair.json描述文件。在Fair的编译层中专门提供了一个fairc工具，开发者可以使用它来将源码生成DSL Bundle文件和Proxy文件，其工作流程图如图12-28所示。

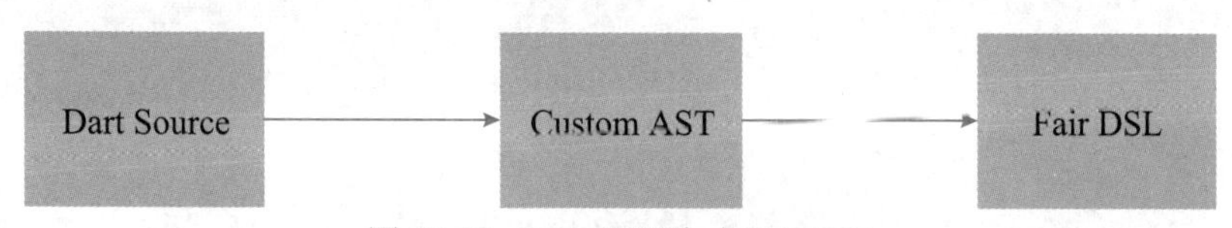

图12-28 Dart源码生成Fair DSL

其中，从源码到Fair DSL主要分为两步，首先是使用fair_ast_gen工具将源码解析并生成AstMap数据结构，然后再使用fair_dsl_gen工具将AstMap转换成我们需要的Fair DSL。紧接着，客户端在接收到下发的DSL后，我们只需将对应的String映射到对应的方法，便可以将对应的DSL还原成Widget树，最终实现对应布局和组件的更新效果。

12.5 习题

一、简述题

1. 简述 Flutter Web 架构，以及 Canvaskit 和 Html 渲染模式的区别。

2. 除 Fair 外，你还了解哪些 Flutter 动态化框架，说说它们的实现原理。

3. 如何使用同一套逻辑代码实现 Flutter 移动应用开发和 Web 应用开发。

二、操作题

1. 熟悉 Flutter Web 的开发流程以及页面布局开发。

2. 熟悉 Flutter 桌面应用的开发流程，开发一个简单的登录功能。

3. 熟悉 Fair 动态化框架，使用 FairPushy 实现热更新部署。

第 13 章　书旗小说应用实战

13.1 项目背景

2000 年前后，随着互联网的兴起，网络文学平台也随之应运而生，起点中文网、晋江原创网、潇湘书院等一批具有代表性的文学网站陆续崛起。目前，网络文学市场聚集了一大批忠实的用户，相关的产值更是有望突破千亿元。事实上，经过近二十年时间的发展和沉淀，我国网络文学已经积累了较多优质的作品，这些热门作品也拥有大量的粉丝，是已经被时间和用户检验过的优质 IP 资源。

近些年来，移动互联网的普及和数字阅读的兴起，以及人们对阅读类型、阅读体验等需求的不断增加，使得小说 App 成为用户日常生活中的重要组成部分。尤其是年轻用户群体，习惯通过手机来阅读小说，这也为小说 App 市场带来了巨大的潜力。

在用户需求方面，用户希望能够在 App 上找到丰富多样的小说内容，同时用户对阅读体验的要求也越来越高，用户期望获得清晰简洁的界面和流畅舒适的阅读体验。

在社交属性方面，当用户在阅读小说 App 的过程中遇到有意义的文章时，可以标记和撰写评论，从而激发用户阅读小说的热情，并且可以让更多的人看到和点赞评论，形成阅读上的共鸣。

当然，目前小说 App 市场竞争异常激烈，那些进场较早的小说 App 更是占据了大部分的市场份额。新的小说 App 想要在市场中立足，需要在内容、用户体验和服务等方面有所创新，才能吸引更多用户。

不过也应该看到，虽然那些知名的小说 App 具有先发优势，但是人工智能技术的发展也给移动阅读领域带来了新的突破和变化。事实上，现在大多数的小说 App 开始使用基于大数据的人工智能技术来开发小说 App，除文本形式之外，还为用户提供图片、视频和音频的多种体验。在满足用户阅读内容需求的基础上，进一步提升用户体验和提高用户的黏性。并且，小说 App 还会通过情节发展来吸引用户探索故事内容及其发展，通过结合视频和文本等多种功能来优化用户体验。

综上所述，小说 App 开发市场拥有巨大的潜力，但同时也面临着激烈的竞争和版权保护等挑战。要成功开发一款优秀的小说 App，需要充分了解用户需求，在提供丰富多样的阅读内容的同时，更需要注重用户体验和版权保护，掌握合适的商业模式。只有不断创新和优化，提供优质的服务，才能在小说 App 市场中脱颖而出，为用户带来优秀的阅读体验，并最终获得成功。

13.2 项目搭建

13.2.1 创建项目

创建 Flutter 项目是开发 Flutter 应用的第一步，创建 Flutter 项目有使用命令行和使用可视化工具两种方式。图 13-1 是使用 Android Studio 创建一个 Flutter 项目。

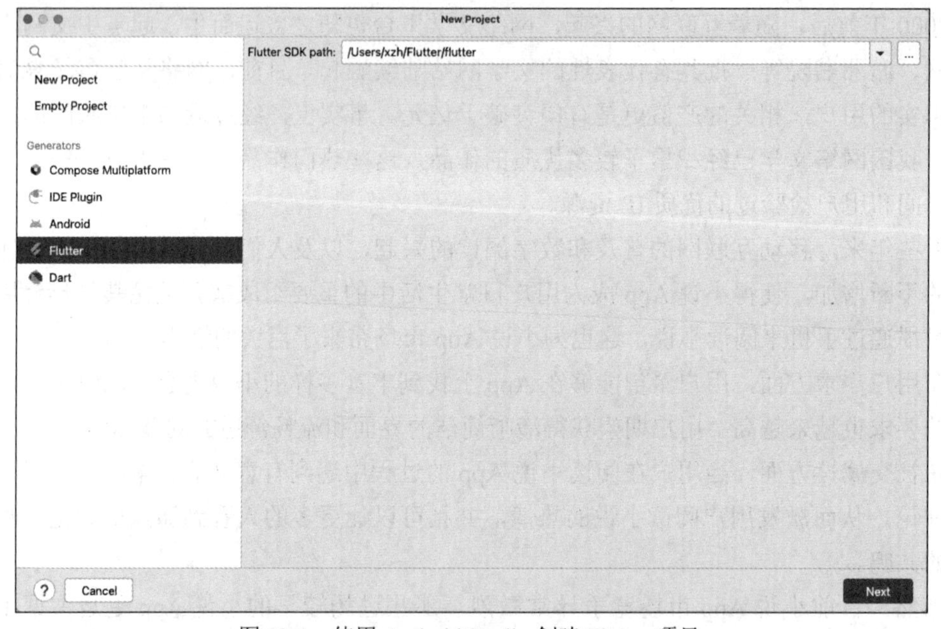

图 13-1 使用 Android Studio 创建 Flutter 项目

按照提示填写应用名称、包名、组织和支持的平台等内容。等待项目构建完成，使用 Android Studio 打开 Flutter 项目，然后新建一个 assets 资源文件夹，将项目所需的图片和静态资源复制到这个目录，然后在 pubspec.yaml 配置文件中进行注册，如下所示：

```
flutter:
  uses-material-design: true
  assets:
    - assets/img/
    - mock/
```

13.2.2　构建主框架

在移动App产品设计过程中，导航是一个重要的功能模块，它可以实现不同模块和页面的相互跳转。事实上，在移动应用开发中，导航显得尤为重要。由于手机尺寸的限制，在设计手机网站或App时，需要考虑的细节就更多，同时设计时应尽量保持简约、易操作的特性。

目前，市面上大多数的移动应用都是由多个模块和页面构成的，因此导航也是必不可少的。在移动App开发中，除了基本的路由导航，选项卡式导航也是最常见的，大部分App都采用这种导航模式作为主导航，然后再配合顶部导航，构成App的基本导航模块。

底部选项卡导航是移动App开发中最常见的主导航模式，这是一种符合拇指热区操作的导航模式。通常用在App的主页面，单击选项卡后便会实现相似模块的切换。同时，使用底部导航时，由于尺寸的限制，选项卡的数量最好不要超过5个。下面是使用CupertinoTabBar组件实现底部选项卡导航的示例，代码如下：

```
class RootPageState extends State<RootPage>{
  int _tabIndex = 1;
  final List<Image> _tabImages = [
    Image.asset('assets/img/tab_bookshelf_n.png'),
    Image.asset('assets/img/tab_bookstore_n.png'),
    Image.asset('assets/img/tab_me_n.png'),
  ];
  final List<Image> _tabSelectedImages = [
    Image.asset('assets/img/tab_bookshelf_p.png'),
    Image.asset('assets/img/tab_bookstore_p.png'),
    Image.asset('assets/img/tab_me_p.png'),
  ];

  @override
  Widget build(BuildContext context){
    return Scaffold(
      body: IndexedStack(
        index: _tabIndex,
        children: <Widget>[BookSelfPage(),BookMallPage(),MePage()]),
      bottomNavigationBar: CupertinoTabBar(
        backgroundColor: Colors.white,
        activeColor: const Color(0xFF23B38E),
        items: <BottomNavigationBarItem>[
          BottomNavigationBarItem(icon: getTabIcon(0), label: '书架'),
          BottomNavigationBarItem(icon: getTabIcon(1), label: '书城'),
          BottomNavigationBarItem(icon: getTabIcon(2), label: '我的'),
        ],
        currentIndex: _tabIndex,
        onTap: (index){
          setState((){
```

```
              _tabIndex = index;
            });
          },
        ),
      );
    }

    Image getTabIcon(int index){
      if (index == _tabIndex){
        return _tabSelectedImages[index];
      } else {
        return _tabImages[index];
      }
    }
}
```

CupertinoTabBar 是一个 iOS 风格的底部选项卡导航组件，等同于原生 iOS 的 UITabBar，BottomNavigationBarItem 则相当于 UITabBarItem。使用 CupertinoTabBar 时有几个必传的属性。

（1）items：底部导航栏图标和文字组成的数组。

（2）currentIndex：导航栏当前的索引。

（3）onTap：单击导航栏时的回调函数。

除了 CupertinoTabBar 组件，BottomNavigationBar 组件也可以用来实现底部选项卡导航，用法和 CupertinoTabBar 组件类似。运行上面的代码，效果如图 13-2 所示。

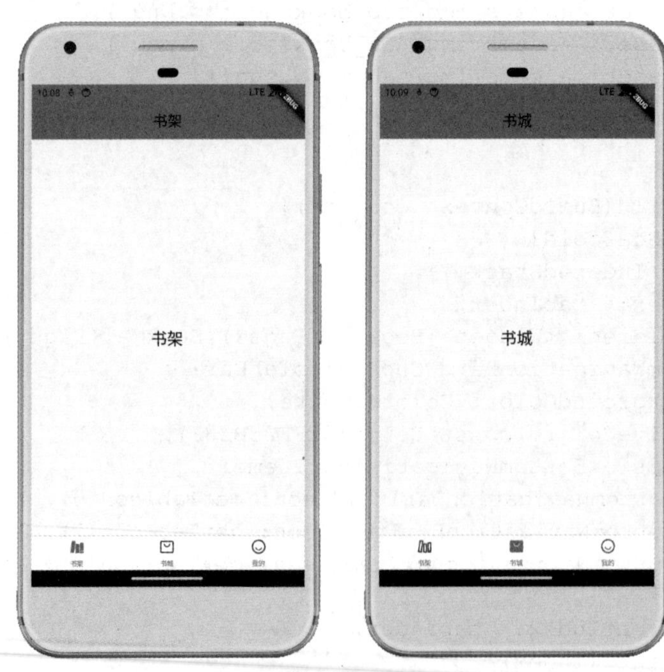

图 13-2　使用 CupertinoTabBar 实现底部导航

13.2.3　网络请求

在现行的软件架构设计中，前端和服务器端通常是分离的。即前端专注页面展现和交互，而服务器端则专注业务逻辑和数据存储。前端和服务器端是两个不同的工种，而它们之间通过网络接口交互。具体使用过程中，前端通过网络请求协议向服务器端发起网络请求，服务器端在接收到请求后进行对应的逻辑处理，然后再将处理的结果返回给前端。

在 Flutter 应用开发中，网络请求是一项必备的基础服务，我们可以使用官方提供的 HttpClient 请求库，或者 Flutter 社区提供的开源库 dio 来完成网络请求。在本示例应用中，使用的是本地 mock 数据，所以不会涉及任何网络请求操作。不过，为了方便在业务代码中读取 mock 数据，需要对本地数据读取进行简单的处理，代码如下：

```
class Request {
  static Future<dynamic> get({required String action, Map? params}) async {
    return Request.mock(action: action, params: params);
  }

  static Future<dynamic> post({required String action, Map? params})
async {
    return Request.mock(action: action, params: params);
  }

  static Future<dynamic> mock({required String action, Map? params})
async {
    var responseStr = await rootBundle.loadString('mock/$action.json');
    var responseJson = json.decode(responseStr);
    return responseJson['data'];
  }
}
```

可以看到，在本示例中，本地 mock 数据承担了服务器数据源的角色，所以只需要调用 rootBundle 的 loadString() 方法即可。接着，在业务代码中只需要 Request 工具类的 get() 和 post() 方法即可得到数据源，如下所示：

```
List<dynamic> response = await Request.get(action: 'bookshelf');
```

13.2.4　网页组件

在移动应用开发中，经常会遇到需要在应用内部打开网页，而不是跳转到外部浏览器的场景。在 Android 中可以使用 WebView 组件来加载网页，iOS 也有 WKWebView 和 UIWebView 网页组件。不过，由于官方并没有提供内置的网页组件，所以需要使用第三方组件库，如 webview_flutter。

事实上，webview_flutter 是 Flutter 官方提供的一个网页加载组件库，它提供了非常丰富的功能，如执行网页加载、执行JavaScript代码、监听网页状态和手势操作等。使用webview_flutter之前，需要先在pubspec.yaml配置文件中添加依赖，如下所示：

```
dependencies:
  webview_flutter: ^4.2.3
```

webview_flutter提供了一个WebViewWidget组件，可以使用它来加载网页，如果要和网页进行交互，那么需要用到WebViewController。根据官方的文档说明，使用webview_flutter主要分为两步，在initState生命周期函数中创建一个WebViewController对象，然后将这个对象赋值给WebViewWidget。

同时，为了方便在业务开发中使用网页组件，需要基于webview_flutter库的WebViewWidget组件进行统一的封装和配置，代码如下：

```
class WebPage extends StatefulWidget {
  final String url;
  final String? title;
  WebPage({required this.url, this.title});

  @override
  WebPageState createState() => WebPageState();
}

class WebPageState extends State<WebPage>{
  WebViewController? controller;

  @override
  void initState(){
    super.initState();
    controller = WebViewController()
      ..setJavaScriptMode(JavaScriptMode.unrestricted)
      ..loadRequest(Uri.parse(widget.url));
  }

  @override
  Widget build(BuildContext context){
    return Scaffold(
      appBar: AppBar(
        systemOverlayStyle: SystemUiOverlayStyle.dark,
        backgroundColor: Colors.white,
        centerTitle: true,
        title: Text(widget.title ?? '', style: const TextStyle(color: 
Colors.black87)),
        leading: IconButton(
          onPressed: () => Navigator.maybePop(context),
```

```
          icon: const Icon(Icons.arrow_back_ios, color: Colors.black87),
        ),
      ),
      body: WebViewWidget(controller: controller!),
    );
  }
}
```

经过上面的封装后，如果需要打开一个网页，按照 WebPage 组件的要求传入网址和标题即可，代码如下所示。

```
Navigator.push(context, MaterialPageRoute(builder: (context){
  return WebPage(
    url: 'xxx',
    title: '服务协议',);
}));
```

13.2.5 接入 tts

当前，在网络化、数字化、移动智能手机普及化等各种新技术的助推下，人们的阅读方式发生了翻天覆地的变化，阅读方式也由传统的阅读模式转向线上听书方式。相比传统的阅读模式，听书模式更有利于提高用户阅读小说时的体验。并且，有声小说 App 可以使人们可以在忙碌的现代生活中充分利用碎片化的时间，为人们提供了另一种更为便捷的阅读模式。有声小说 App 基于当前的市场发展状况，即人们对于读书看书模式的要求呈现多样化需求，借助线上平台带给用户更多的功能服务。

在 Flutter 应用开发过程中，开发有声小说 App 需要接入 Dart 的 tts 文字播报库。首先在 pubspec.yaml 配置文件中引入这个库，代码如下：

```
flutter_tts: ^3.8.1
```

flutter_tts 库支持基础的文字播报、语音速率、语音音量、语音音调和语音合成等基本操作。之所以能够实现语音播报，是因为 flutter_tts 库调用的是原生平台的语音播报 API。所以，原则上，原生平台支持的文字播报相关功能，Flutter 都是支持的。

使用 flutter_tts 库执行文字播报之前，需要先创建一个 FlutterTts 对象，然后进行初始化参数设置，如下所示：

```
late FlutterTts tts;

tts=FlutterTts();
await tts.setLanguage("zh-CN");    //设置语言
await tts.setSpeechRate(0.5);      //设置语速
await tts.setVolume(1.0);          //设置音量
```

```
await tts.setPitch(0.8);            //设置音调
```

接下来，只需要调用 FlutterTts 对象的 speak() 方法即可实现文字播报，代码如下所示：

```
var data=" ";
var resilt=await tts.speak(data);
```

除 speak() 方法之外，flutter_tts 还提供了 pause()、stop() 和监听播放状态等方法，基本可以满足有声小说的开发需求。当然，除了使用 flutter_tts 插件，还可以使用讯飞、百度等公司的语音播报 SDK。

13.3 书架

纵观市面上大多数的小说 App 可以发现，其主页都是由多个子模块构成的。在本示例中，主页主要由书城、书架和我的三个子模块构成，并以底部选项卡的方式进行构建。

13.3.1 阅读记录

作为阅读类小说 App 的重要组成部分，书架模块承担着管理书籍的作用。书架模块通常由顶部导航栏、阅读历史、我的书架、推荐图书和营销活动等部分组成。其中，书架模块的顶部由导航栏和阅读历史组成。阅读历史主要展示用户最近阅读的小说和阅读的进度等，可以方便读者继续阅读，效果如图 13-3 所示。

图 13-3　首页阅读记录模块

要实现历史阅读功能，我们需要在阅读过程中使用 SharedPreferences 保存阅读进度，当我们再次启动小说 App 时即可获取阅读历史数据。当我们单击【继续阅读】按钮时就会自动定位到上一次的阅读页面，代码如下：

```
var percent=preferences.getString(SPConstant().ReaderPercent);
  percent ??='0.0';
Widget buildContent(BuildContext context){
    Novel novel = widget.novel;
    var width = Screen.width;
    return Container(
      width: width,
      padding: EdgeInsets.fromLTRB(15, 54 + Screen.topSafeHeight, 10, 0),
```

```
        color: Colors.transparent,
        child: GestureDetector(
          onTap:(){
            AppNavigator.pushNovelDetail(context, novel);
          },
          child: Row(
            crossAxisAlignment: CrossAxisAlignment.start,
            children: <Widget>[
              DecoratedBox(
                child: NovelCoverImage(novel.imgUrl, width: 120, height:
160),
                decoration: BoxDecoration(boxShadow: Styles.borderShadow),
              ),
              Expanded(
                child: Column(
                  children: <Widget>[
                    SizedBox(height: 40),
                    Text(novel.name),
                    SizedBox(height: 20),
                    Row(
                      children: <Widget>[
                            Text('已阅读'+percent+'%      继续阅读'),
                        Image.asset('assets/img/bookshelf_continue_
read.png')],
                    ),
                  ],
                ),
              )
            ],
          ),
        ),
      );
    }
```

13.3.2 我的书架

从用户需求角度来看，方便用户管理归类书籍，快速找到感兴趣的书籍是书架的核心作用之一。在小说 App 开发中，用户喜欢将阅读过的图书加入书架以方便下次阅读，所以书架的布局与操作就会直接影响用户体验。

目前，市面上绝大多数阅读类小说 App 都会采用仿真书架形式，每行放三本书，按阅读顺序或者添加顺序依次排列，既清晰明了又节省空间，符合大多数用户对于移动阅读 App 的使用习惯，如图 13-4 所示。

图 13-4　我的书架模块

在 Flutter 开发中，实现网格布局的方式有很多，最直接的方式是使用官方提供的 GridView 类型组件。除此之外，我们还可以使用 Wrap 组件包裹组件列表的方式来实现。对于本示例来说，由于网格视图的最后一个元素与其他元素是不一样的，所以我们使用 Wrap 的方式来实现，代码如下：

```
class BookshelfState extends State<BookshelfPage> with RouteAware {
  List<Novel> favoriteNovels = [];

  @override
  void initState(){
    super.initState();
    fetchRecommendData();
  }

  Future<void> fetchRecommendData() async {
    List<Novel> favoriteNovels = [];
      List<dynamic> favoriteResponse =
          await Request.get(action: 'bookshelf_recommend');
      for(var data in favoriteResponse){
        favoriteNovels.add(Novel.fromJson(data));
      }
      setState((){
        this.favoriteNovels = favoriteNovels;
      });
  }

  buildFavoriteView(){
```

```
    if(favoriteNovels.length <= 1){
      return Container();
    }
    List<Widget> children = [];
    //取前 5 条数据
    var novels = favoriteNovels.sublist(1).take(5);
    for(var novel in novels){
      children.add(BookshelfItemView(novel));
    }
    var width = (Screen.width - 15 * 2 - 24 * 2) / 3;
    children.add(Container(
        width: width,
        height: width / 0.75,
        child: Image.asset('assets/img/bookshelf_add.png'),
      ));
    return Container(
      padding: EdgeInsets.fromLTRB(15, 10, 15, 10),
      child: Wrap(
        spacing: 23,
        children: children,
      ),
    );
  }

  @override
  Widget build(BuildContext context){
    return Scaffold(
      body: ListView(
        controller: scrollController,
        children: <Widget>[
          buildFavoriteView(),
          … //省略其他代码
        ],
      ),
    );
  }
}
```

13.3.3 书架管理

书架模块一个最重要的作用就是帮助用户管理已拥有图书，所以图书的整理功能也十分重要。在书架整理页面，最重要的功能莫过于图书分类、图书新增和删除。事实上，目前绝大多数阅读 App 都具有上述书架整理的功能，这些功能的出现在很大程度上提高了用户的阅读体验，增加了用户的留存度。书架整理效果如图 13-5 所示。

图 13-5　书架整理效果

可以看到，书架管理模块主要由操作栏、书架列表构成。为了方便开发，我们可以将整个页面拆分为顶部的导航栏、中部的图书列表和底部的操作栏三部分。其中，顶部的导航栏需要使用自定义导航栏的方式实现。在 Flutter 应用开发中，自定义导航栏需要实现 PreferredSizeWidget 类，此类主要作用是控制导航栏高度的，代码如下：

```
class BookManageAppBar extends StatefulWidget implements PreferredSizeWidget {
  BookManageAppBar({
    required this.onAllSelected,
    required this.onFinish,
  });
  final ValueChanged onAllSelected;
  final VoidCallback onFinish;

  @override
  BookManageAppBarState createState() => BookManageAppBarState();

  @override
  Size get preferredSize => Size.fromHeight(kToolbarHeight);
}

class BookManageAppBarState extends State<BookManageAppBar>{

  var selectedCount=0;                    //选中的个数
```

```
  buildAllSelected(){
    return GestureDetector(
      onTap:(){
        isAllSelected=!isAllSelected;
        widget.onAllSelected(isAllSelected);
      },
      child: Text(isAllSelected?'取消':'全选'),
    );
  }

  …//省略其他代码

  @override
  Widget build(BuildContext context){
    return SafeArea(
        child: Container(
          padding: EdgeInsets.only(left: 15,right: 15,top: 10,bottom: 10),
          child: Row(
            children:[
              buildAllSelected(),
              buildContent(),
              buildCancel() ],
          ),
        )
    );
  }
}
```

在上面的代码中，我们创建了一个实现PreferredSizeWidget类的有状态组件，然后为导航栏提供取消和全选/全不选功能。为了能够在其他组件中响应取消和全选/全不选操作，导航栏组件还提供了onAllSelected()和onFinish()两个回调函数。接下来，只需要在书架管理的主页面引入BookManageAppBar导航栏组件即可，如下所示：

```
return Scaffold(
    appBar: BookManageAppBar(
    onAllSelected:(allSelected){},
    onFinish:(){},
    ),
  body: buildBody(),
);
```

需要说明的是，在实现全选/全不选操作时，导航栏上的数量是会跟着发生变化的。对于这种存在嵌套关系的组件，我们可以使用组件的GlobalKey或者事件广播的方式来实现组件之间的通信。不过，使用事件广播的方式是最简单的，代码如下：

```
// 事件发送方
eventBus.emit(EventBookCount, novels.length);

// 事件接收方
int selectedCount = 0;
@override
void initState(){
  super.initState();
   eventBus.on(EventBookCount, (arg){
     setState((){
       selectedCount = arg as int;
    });
  });
}
```

13.3.4 确认弹框

在移动应用开发过程中，弹框是一种很常见的需求。Flutter 的弹框分为两类，分别是 Dialog 和 BottomSheet。其中，Dialog 表示具有模态的弹框，使用 showDialog 函数实现，通常显示在屏幕的中央。BottomSheet 表示非模态的弹框，使用 showModalBottomSheet 实现，通常显示在屏幕的底部。

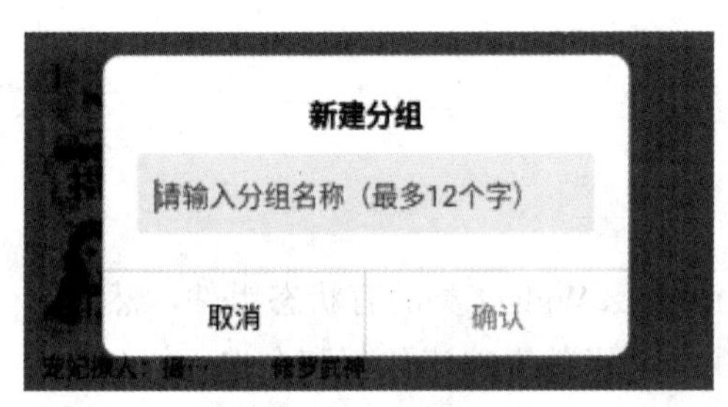

图 13-6　自定义输入弹框

除此之外，还会遇到一些其他类型的弹框，如底部菜单弹框、选择器弹框等。Flutter 官方提供了一些基础的弹框组件，但是对于一些复杂的弹框效果，则只能使用自定义组件的方式实现，如图 13-6 所示。

对于自定义 Flutter 弹框组件，我们需要从弹框主体、背景遮罩、动画控制器、弹框位置等多个方面进行考虑。首先，创建一个继承自 StatefulWidget 的组件作为弹框的显示主体，代码如下：

```
class InputDialog extends StatefulWidget {
  String title;                        // 标题
  String hint;                         // 输入框默认文字
  VoidCallback onCancel;               // 取消回调
  ValueChanged onConfirm;              // 确认回调

  InputDialog({
    required this.hint,
    required this.title,
    required this.onCancel,
    required this.onConfirm,
```

```
  });

  @override
  InputDialogState createState() => InputDialogState();
}

class InputDialogState extends State<InputDialog>{

  @override
  Widget build(BuildContext context){
    return Material(
      color: Colors.transparent,
      child: Center(
        child: ClipRRect(
          borderRadius: BorderRadius.circular(10.0),
          child: Container(
            width: Screen.width*0.75,
            child: Column(
              mainAxisSize: MainAxisSize.min,
              children: <Widget>[
                … //省略布局主体代码 ],
            ),
          ),
        ),
      ),
    );
  }
}
```

在上面的代码中，我们创建了一个输入警告弹框，使用时需要传入标题、输入框的默认显示文字以及取消、确认的回调，代码如下：

```
showDialog(
    context: context,
    builder: (ctx){
      return InputDialog(
         title: '新建分组',
         hint: '请输入分组名称（最多12个字）',
         onCancel: (){},
         onConfirm: (value){},
     );
  });
```

事实上，不管是Dialog还是BottomSheet，我们都可以使用上面的方式来实现自定义弹框的开发需求。

13.3.5 推荐图书列表

在小说 App 开发中，如果用户没有登录，系统会默认提供一些推荐的图书，这些图书通常是最受读者欢迎的。如果用户已经登录，系统会根据用户的阅读历史、浏览情况、搜索内容和评论等数据，来分析用户的兴趣爱好和行为习惯，进而对用户进行精准的个性推荐，如图 13-7 所示。

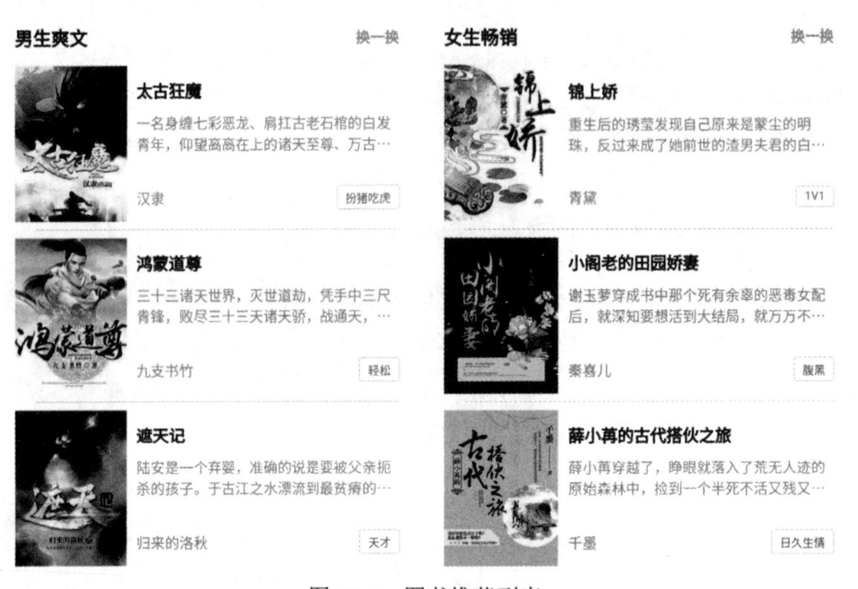

图 13-7　图书推荐列表

通常，推荐的图书以列表的方式进行展现。因此，在技术实现上没有任何的难度，我们只需要使用 ListView 类型的组件将图书展示出来即可，代码如下：

```
List<ManCoolItems> manCoolItems = [];

buildManView(){
    return Container(
        padding: EdgeInsets.only(left: 15, right: 15,top: 5,bottom: 30),
        child: ListView.separated(
          physics:const NeverScrollableScrollPhysics(),
          shrinkWrap: true,
          itemCount: manCoolItems.length,
          itemBuilder: (context, index){
            return buildListItem(manCoolItems[index]);
          },
          separatorBuilder: (context, index){
            if(index==manCoolItems.length-1){
              return Container();
```

```
                }
                return Divider(color: Color(0xFFBBBBBB), indent: 20);
              },
            ));
      }

    buildListItem(ManCoolItems item){
       … //省略列表子布局代码
      }
```

需要说明的是，当开发过程中遇到 ScrollView 嵌套 ListView 或 GridView 的场景时，为了避免滚动过程中的事件冲突，我们需要阻止 ListView 或 GridView 的滚动属性，代码如下所示：

```
ListView.separated(
  physics:const NeverScrollableScrollPhysics(),
  shrinkWrap: true,
    ...  //省略代码
)
```

13.4 图书搜索

提到搜索，很多人的第一反应就是搜索引擎，如 Google 搜索、百度搜索。在移动 App 中，搜索的作用是帮助用户查找感兴趣的内容和产品，起到引导用户购买商品的作用，是一款成熟的应用所必须具有的功能。

事实上，大部分的 App 都有搜索功能，作为一个重要的入口，大多数的 App 将搜索功能放到首页。根据搜索方式的不同，搜索可以分为文字搜索、语音搜索、图片搜索和扫描二维码搜索等几种方式，其中最常用的是文字搜索。

在具体实现上，当打开搜索页面，用户还没有输入搜索内容的时候，系统往往会提供一些默认的搜索内容，如热门搜索、推荐搜索以及历史搜索等。当用户输入搜索内容后，搜索框会实时检测输入的内容，然后根据输入的内容请求接口数据。如果要实现这一需求，我们需要自定义一个带文字输入功能的导航栏，如图 13-8 所示。

图 13-8　自定义搜索导航栏

在 Flutter 开发中，自定义导航栏需要实现 PreferredSizeWidget 类，此类主要是用来控制导航栏高度的。同时，在自定义搜索导航栏组件时，我们还需要实现文本输入监听、清除搜索内容及取消搜索等功能，示例代码如下：

```
class SearchAppBar extends StatefulWidget implements PreferredSizeWidget {
  SearchAppBar({
    this.hintText = ' ',
    required this.onCancel,        //取消回调函数
    required this.onChanged,       //输入监听回调函数
    required this.onSearch,        //搜索回调函数
  }) : super();
  final String hintText;
  final VoidCallback onCancel;
  final ValueChanged onChanged;
  final ValueChanged onSearch;

  @override
  SearchAppBarState createState() => SearchAppBarState();

  @override
  Size get preferredSize => Size.fromHeight(kToolbarHeight);
}

class SearchAppBarState extends State<SearchAppBar>{
  TextEditingController controller = TextEditingController();

  @override
  void initState(){
    controller.addListener((){
      widget.onChanged.call(controller.text);
    });
    super.initState();
  }

  void onClearInput(){
    controller.clear();
  }
  …  //省略布局代码

  @override
  Widget build(BuildContext context){
    return SafeArea(
        child: Container(
          child: Row(
            children: [
              Expanded(child: Container(
                margin: EdgeInsets.only(right: 15, left: 10),
                height: 44
                decoration: BoxDecoration(
```

```
                color: Color(0xFFF6F6F6),
                borderRadius: BorderRadius.circular(20),
              ),
               … // 省略布局代码
            ),
          )
        ],
      ),
    )
  );
 }
}
```

在上面的代码中，我们创建了一个实现 PreferredSizeWidget 类的有状态组件，然后提供了文本输入监听、清除搜索内容以及取消搜索回调函数和其他非必选参数。接下来，我们只需要使用自定义的 SearchAppBar 组件替换官方提供的 AppBar 组件即可，代码如下：

```
@override
Widget build(BuildContext context){
  return Scaffold(
    appBar: SearchAppBar(
        onCancel: (){},
        onChanged: (value){},
        onSearch: (value){},
    ),
    body: buildBody(),
  );
}
```

图书搜索可以说是小说 App 开发中最基础的一个功能。在搜索页面开发过程中，当用户没有输入搜索内容时，系统通常都会提供一些默认的推荐搜索内容，如图 13-9 所示。

热门搜索

最强万岁爷　都市逍遥医仙　绝世强龙　九天仙女

寒门败家子　医妃当道：邪王欺上门　不负当年晴时雨

天师寻龙诀　盖世神医

图 13-9　搜索功能推荐图书

在 Flutter 开发中，实现这种行内铺满自动换行效果需要用到 Wrap 组件。事实上，我们只需要使用 Wrap 组件包裹需要展示的内容即可实现行内铺满换行，代码如下：

```
List<Widget> wrapChild = [];
List<String> textList = [];

buildRecommend(){
  for(int i = 0; i < textList.length; i++){
    wrapChild.add(Container(
        decoration: const BoxDecoration(
          color: Color(0xFFF6F6F6),
          borderRadius: BorderRadius.all(Radius.circular(5))),
        padding: EdgeInsets.only(left: 10, right: 10, top: 5, bottom: 5),
        child: Text(textList[i], style: TextStyle(fontSize: 14)))
      );
    }
    return Wrap(spacing: 10, runSpacing: 8, children: wrapChild);
}
```

13.5 书城

对于小说 App 来说，书城模块是一个重要的模块，也是用户打开应用后看到的主要页面。书城模块通常由图书分类、广告栏、高分佳作、推荐模块等内容构成。整体界面呈现总分式排布，图书分类和广告栏占据顶部位置；推荐模块则由各种主题子模块组成，位于页面的底部位置，通过下滑进行内容的浏览。

13.5.1 书城分类

在移动 App 开发中，顶部导航栏是对底部导航栏的补充，是对当前页面内容的进一步分类，用于满足用户浏览查看的需求。从产品设计的角度上来讲，顶部导航栏可以帮助用户快速选择自己想要的内容，减少其他元素的干扰。

作为小说 App 的一个重要模块，书城页面所承载的内容是非常多的，如果在一个页面全部展示是非常拥挤的，所以大部分的小说 App 都会根据图书的类型进行分类。本示例 App 的书城页面主要分为 4 类，分别是精选、男生、女生和漫画，然后以顶部导航栏的方式进行分类，如图 13-10 所示。

精选　　女生　　男生　　漫画

图 13-10　书城模块顶部导航栏

在 Flutter 开发中，实现顶部导航栏的方式有很多，其中最常见的一种是使用 TabBar+ TabBarView 的方式来实现，代码如下：

```
class BookCityPageState extends State<BookCityPage>{
```

```
    @override
    Widget build(BuildContext context){
      return DefaultTabController(
        length: 4,
        child: Scaffold(
          appBar: AppBar(
            title: Container(
              child: TabBar(
                labelColor: Color(0xFF333333),
                labelStyle: TextStyle(fontSize: 16, fontWeight:
FontWeight.bold),
                unselectedLabelColor: Color(0xFF888888),
                indicatorColor: Color(0xFF51DEC6),
                indicatorSize: TabBarIndicatorSize.label,
                indicatorWeight: 3,
                indicatorPadding: EdgeInsets.fromLTRB(8, 0, 8, 5),
                tabs:[
                  Tab(text: '精选'),
                  Tab(text: '女生'),
                  Tab(text: '男生'),
                  Tab(text: '漫画'),
                ],
              ),
            ),
          ),
          body: TabBarView(children:[
            HomeListView(HomeListType.excellent),
            HomeListView(HomeListType.female),
            HomeListView(HomeListType.male),
            HomeListView(HomeListType.cartoon),
          ]),
        ),
      );
    }
  }
```

13.5.2　轮播图

轮播图，又称为 banner 图、广告图，是商家展示主打产品、品牌信息，开展营销活动等的重要渠道。轮播图可链接到具体的商品、商品分类、营销活动等页面，是提高商品转化的重要手段。在移动应用开发中，轮播图通常位于应用程序首页的顶部，如图 13-11 所示。

图 13-11　自定义广告轮播图

在 Flutter 应用开发中，实现轮播图最常见的方式是使用 PageView 滑动组件。除此之外，还可以使用社区的插件来实现轮播图效果，如 carousel_slider 插件。carousel_slider 提供了一个 CarouselSlider 组件，使用它可以很容易就实现图片的轮播的效果，代码如下：

```
late List<CarouselInfo> carouselInfos;

CarouselSlider(
  options: CarouselOptions(height: 400.0),
  items: carouselInfos.map((i){
    return Builder(
      builder: (BuildContext context){
        return Container(
          width: MediaQuery.of(context).size.width,
          margin: EdgeInsets.symmetric(horizontal: 5.0),
          decoration: BoxDecoration(color: Colors.amber),
          child: Text('text $i', style: TextStyle(fontSize: 16.0),)
        );
      },
    );
  }).toList(),
)
```

13.5.3　图书分类

在小说 App 开发中，为了帮助读者快速找到自己喜欢的图书，除了搜索功能，还需要对图书进行一些大的分类。比如，将所有的图书分为推荐版块及适合男生和女生阅读的版块。然后，对这些大的版块继续进行细分。例如，男生版块可以细分为玄幻、都市、仙侠、科幻和武侠等，女生版块则细分为穿越、宫斗、豪门、仙侣和校园等，效果如图 13-12 所示。

在本示例小说 App 中，我们将所有的图书分为推荐、男生和女生三个大的版块。然后，每个大的版块又会细分成很多的小版块，当单击小版块时会为读者推荐对应的一些话

题和小说。其中，小的版块是只能单选的，并且会和下面的网格列表进行联动。

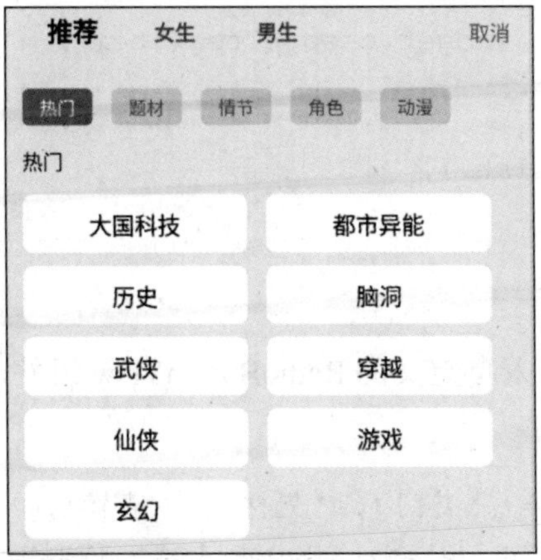

图 13-12　图书版块分类

由于 RadioButton 无法实现我们需要的按钮单选效果，所以如果要实现横行列表的单选，只能使用自定义组件的方式来实现，代码如下：

```
class RadioButtonView extends StatefulWidget {
  final List<String> list;
  final ValueChanged chooseItem;
  RadioButtonView({required this.list, required this.chooseItem});

  @override
  State<StatefulWidget> createState() => RadioButtonState();
}

class RadioButtonState extends State<RadioButtonView>{
  String value = '';

  @override
  void initState(){
    super.initState();
    value = widget.list[0];
  }

  @override
  Widget build(BuildContext context){
    return Row(
      children: widget.list
          .map((item) => Container(
                margin: EdgeInsets.only(right: 15),
                child: GestureDetector(
                  … //省略代码
                  onTap: (){
                    setState((){
```

```
                        value = item;
                      });
                      widget.chooseItem(item);
                    },
                  ),
              )).toList(),
        );
      }
    }
```

在图书分类的主页面引入自定义的RadioButtonView组件，按要求传入数据和选中回调函数，代码如下所示：

```
List<String> datas = ['热门', '题材', '情节', '角色', '风格','动漫'];
RadioButtonView(list: datas, chooseItem: (value){
    print(value);
  })
```

13.6 图书详情

图书详情页是小说App的核心页面之一，也是读者了解图书内容的主要渠道之一。通常，图书详情页主要由图书简介、图书章节、书友评论以及操作栏等构成。

13.6.1 图书简介

图书简介模块主要由图书封面、图书名称、作者、推荐值、阅读人数、书籍字数、评分等信息构成。除此之外，还可能会提供版权信息、寄语、导语等内容，如图13-13所示。

图13-13　图书简介与内容简介

内容简介模块则围绕小说的主题内容进行介绍，内容简介一般不会太长，主要是能够帮助读者了解小说的大概内容，引起读者的兴趣。同时，内容简介通常只会展示三行的内容，如果想要查看全部内容简介可以单击右下角的更多按钮，代码如下：

```
class NovelSummaryView extends StatelessWidget {
  final String summary;
  final bool isUnfold;
  final VoidCallback onPressed;

  NovelSummaryView(this.summary, this.isUnfold, this.onPressed);

  @override
  Widget build(BuildContext context){
    return GestureDetector(
      onTap: onPressed,
      child: Column(
        children: [
          Container(
            padding: EdgeInsets.fromLTRB(15, 15, 15, 15),
            child: Stack(
              alignment: AlignmentDirectional.bottomEnd,
              children: <Widget>[
                Text(summary, maxLines: isUnfold ? null : 3),
                Image.asset(isUnfold ? 'xxx.png' : 'xxx.png'),
              ],
            ),
          ),
        ],
      ),
    );
  }
}
```

13.6.2 图书章节

众所周知，一部小说通常是由很多章节构成的。同时，小说的章节通常是按照故事情节的发展顺序来划分的，每章都包含了一个完整的故事情节，小说章节是小说结构的基本单位。小说的章节可以根据小说的情节和主题来进行划分，也可以根据作者的意愿来进行自由划分。

同时，在章节与章节之间会插入章话，章话的作用是补充故事情节和刻画人物性格，章话的内容需要与章节前面的情节紧密相连，以起到承上启下的作用。小说章节和章话都是小说结构中不可或缺的部分，各自具有不同的特点和作用。在本示例小说应用中，图书章节页面效果如图 13-14 所示。

图 13-14　图书简介与内容简介

可以看到，图书的章节页面主要是由图书简介和章节列表构成的。其中，章节列表的实现代码如下：

```
class ChapterPageState extends State<ChapterPage>{
  List<ChapterList> chapterList = [];

  buildChapterList(){
    return Expanded(
        child: ListView.separated(
      itemCount: chapterList.length,
      itemBuilder: (BuildContext context, int index){
        return Container(
            padding: EdgeInsets.all(15),
            child: Text(chapterList[index].chapterName),
          );
      },
      separatorBuilder: (BuildContext context, int index){
        return const Divider(height: 1, color: Color(0xFFE6E6E6));
      },
    ));
  }
}
```

13.6.3　书友评论

对于小说 App 来说，书友对小说的评价可以帮助其他读者快速了解小说章节的内容以

及优劣，是小说 App 社交化的一种重要表现。并且，评论越多、评分越高，则说明小说受到的欢迎程度也越高，也就能够吸引更多的读者进行阅读。

在小说 App 中，书友评论是与书关联的，通常位于图书详情页的底部，由评论标题栏、评论列表和总评价数等构成，如图 13-15 所示。

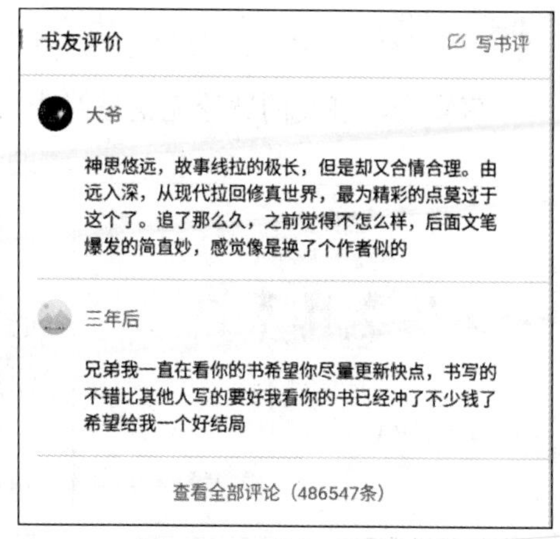

图 13-15　书友评论列表

可以看到，由于篇幅的限制，图书详情页一般只会展示最新的几条评论，如果想要查看更多的评论，可以单击底部的查看全部评论。同时，评论模块标题的右上角还会有一个写评论的入口。因此，图书详情页的评论主要以展示为主，代码如下：

```
class NovelDetailPageState extends State<NovelDetailPage> with RouteAware {
  List<NovelComment> comments = [];

  Widget buildComment(){
    return Container(
      color: Colors.white,
      child: Column(
        crossAxisAlignment: CrossAxisAlignment.start,
        children: <Widget>[
          … // 省略其他代码
          Column(
           children:
            comments.map((comment) => NovelCommentCell(comment)).toList(),
          ),
          Container(
            padding: EdgeInsets.symmetric(vertical: 15),
            child: Center(
              child: Text(
                '查看全部评论（${novel!.commentCount}条）',
                style: TextStyle(fontSize: 14, color: Color(0xFF888888)),
              ),
            ),
          )
        ],
      ),
    );
  }
  …// 省略其他代码
}
```

13.6.4 发布评论

事实上，书友的评论无论是对于读者还是作者来说都具有很重要的作用，它既可以帮助读者快速地了解小说内容，也可以帮助作者了解读者的心声，从而更好地服务读者。

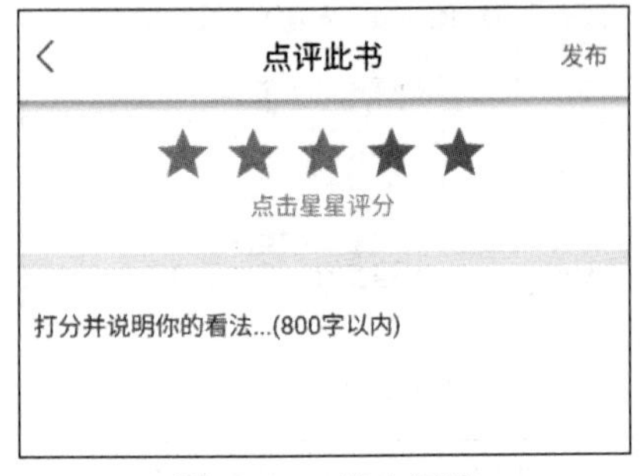

图 13-16 发布评论

作为评论模块的重要组成部分，发布评论功能是必不可少的。通常，发布评论由分数和内容构成，效果如图 13-16 所示。

在编码实现方面，由于系统并没有提供五星评分组件，所以我们可以使用自定义组件和开源插件两种方式。此处，我们使用的是 flutter_rating_bar 开源插件，代码如下：

```
RatingBar.builder(
  initialRating: 3,
  minRating: 1,
  direction: Axis.horizontal,
  itemCount: 5,
  itemPadding: EdgeInsets.symmetric(horizontal: 3.0),
  itemBuilder: (context, _) => Icon(Icons.star, color: Colors.amber),
  onRatingUpdate: (rating){},
);
```

在获取到的评分的分数后，再将获取到的评分内容通过服务器接口一并提交给服务器即可。

13.7 阅读器开发

阅读器是小说 App 最核心的部分，它让用户能够随时随地阅读喜欢的小说。阅读界面通常由基本的目录导航、阅读界面、翻页功能、字体大小和风格调整、夜间模式、设置等功能组成。同时，为了提升阅读体验，阅读器还会提供书签标注、文字搜索等功能。

13.7.1 创建操作栏

一个优秀的小说阅读器除了需要提供基本的阅读功能外，还会提供一些个性化的功能，让用户可以根据自己的喜好和需求来定制阅读功能。而这些个性化的功能包括更改阅读界面的背景、支持自定义目录样式、黑白模式设置、字体大小设置以及支持语音听说等。对于这些个性化的功能，我们可以通过长按阅读器桌面来打开，效果如图 13-17 所示。

图 13-17 阅读器操作栏

在 Flutter 开发中，实现顶部和底部操作栏效果需要使用层叠布局。在布局实现方面，顶部和底部使用不透明的布局，中部使用透明布局。同时，考虑到阅读器部分实现的复杂性，可以将操作栏使用自定义组件进行开发，然后在阅读器主页面中引入，代码如下：

```
bool isMenuVisible = false;

buildMenu(){
    if (!isMenuVisible){
      return Container();
    }
    return ReaderMenu(
      chapters: chapters,
      articleIndex: currentArticle!.index,
      onTap: hideMenu,
      onPreviousArticle: (){
         resetContent(currentArticle!.preArticleId, PageJumpType.first-
Page);
      },
      onNextArticle: (){
         resetContent(currentArticle!.nextArticleId, PageJumpType.first-
Page);
      },
      onToggleChapter: (Chapter chapter){
        resetContent(chapter.id, PageJumpType.firstPage);
      },
```

```
    );
  }
```

然后根据操作栏中的事件处理进行对应的功能开发，如黑白模式、字体大小调整、阅读器背景调整等。比如，进行字体大小的调整，只需要发送一个字体调整的事件广播，然后在阅读器的内容绘制页面调整字体的大小即可。

13.7.2 阅读器翻页

在小说 App 开发过程中，由于屏幕的可视区是有限的，而小说的内容往往都很长，所以小说阅读器的每个页面通常只会显示有限的内容，然后使用翻页技术来实现小说阅读。

目前，大多数的小说 App 都会提供多种翻页效果供读者选择，如左右翻页、上下翻页以及仿真翻页等。其中，最常见的翻页效果是左右滑动翻页。在 Flutter 开发中，左右滑动翻页可以使用 PageView 组件来实现，代码如下：

```
Article? currentArticle;
Article? preArticle;
Article? nextArticle;

buildPageView(){
  int itemCount = (preArticle != null ? preArticle!.pageCount : 0) +
        currentArticle!.pageCount + (nextArticle != null ? nextArticle!
.pageCount : 0);
    return PageView.builder(
      physics: const BouncingScrollPhysics(),
      controller: pageController,
      itemCount: itemCount,
      itemBuilder: buildPage,
      onPageChanged: onPageChanged,
  );
}
```

需要注意的是，使用 PageView 组件实现翻页效果时，需要计算好总的页面数量，以及每个子页面需要显示的内容。事实上，只要经过合理的设计，就可以提供一款功能丰富、操作便捷的小说阅读器。

13.7.3 下拉菜单

下拉菜单是移动应用交互中一种常见的交互方式，可以使用下拉列表来展示多个内容标签，实现页面引导的作用。在 Flutter 开发中，实现下拉弹框主要有两种方式，一种是继承 Dialog 组件使用自定义布局的方式实现，另一种则是使用官方的 PopupMenuButton 组件实现。

事实上，如果没有特殊的展示要求，使用官方提供的 PopupMenuButton 组件即可实现下拉菜单效果，如图 13-18 所示。

使用 PopupMenuButton 组件实现下拉弹框效果时，需要传入 itemBuilder、child 和一些必要的属性，代码如下：

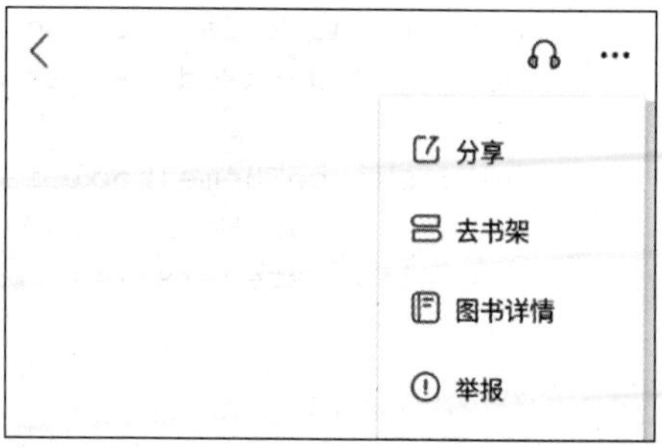

图 13-18　PopupMenuButton 实现下拉菜单

```
buildMoreView(){
  return PopupMenuButton(
     offset: Offset(0, 48),
     child: Listener(
       child: SizedBox(
          width: 44,
          child: Image.asset('assets/img/read_icon_more.png'),
        ),
      ),
      onSelected: (value){},
      itemBuilder: (context) => [
         PopupMenuItem(
           value: 'Share',
           child: Text('分享'),
         )
         … //省略其他 Item
      ]);
  }
```

需要说明的是，为了能够在单击更多按钮时弹出下拉菜单，需要使用 Listener 组件包裹更多按钮组件。如果需要监听选中的下拉菜单内容，还需要传入 onSelected 属性。

13.7.4 黑白模式

近年来，随着苹果官方开始推广黑白模式，各个厂商也开始为移动 App 添加黑白模式的适配，而使用 Flutter 跨平台技术开发的移动 App 也不例外。事实上，黑夜模式是一项非常实用的功能，不仅可以减少对眼睛的刺激，还能够延长电池的使用寿命。

在 Flutter 开发中，黑白模式可以理解为是主题切换的一种基础实现，因此可以使用 Theme 与 ThemeData 组件来实现。事实上，ThemeData 组件已经预设了很多主题颜色，只需要将 ThemeData 配置成黑夜模式即可实现黑夜主题的适配。

同时，为了让应用程序能够及时响应主题的改变，需要使用 provider 状态管理库来全局管理主题的状态。创建一个全局的主题管理类来管理应用的主图，代码如下：

```
class ThemeManager with ChangeNotifier {
```

```
  bool isDarkMode = false;
  bool get darkMode => isDarkMode;

  void changeTheme(bool isDarkMode){
    this.isDarkMode = isDarkMode;
    notifyListeners();
  }
}
```

ChangeNotifier 提供了一个可变状态模型，当状态改变时它会主动通知所有监听器，从而实现全局状态管理功能。打开应用的入口文件，使用 ChangeNotifierProvider 来监听主题状态的变化，代码如下：

```
class AppPage extends StatelessWidget {
  @override
  Widget build(BuildContext context){
    return ChangeNotifierProvider(
      create: (_) => ThemeManager(),
      child: MaterialAppTheme(),
    );
  }
}

class MaterialAppTheme extends StatelessWidget {
  final ThemeData lightTheme = ThemeData.light();
  final ThemeData darkTheme = ThemeData.dark();

  @override
  Widget build(BuildContext context){
    bool isDark = Provider.of<ThemeManager>(context).darkMode;
    return MaterialApp(
      debugShowCheckedModeBanner: false,
      theme: isDark ? darkTheme : lightTheme,
      home: RootPage(),
    );
  }
}
```

在业务中调用 ThemeManager 的 changeTheme() 方法改变应用的主题。当我们调用 changeTheme() 方法时，方法会调用 notifyListeners() 方法通知监听器进行更新，从而实现应用黑白模式的切换，代码如下：

```
bool lightVisible = false;
Provider.of<ThemeManager>(context, listen: false).changeTheme(lightVisible);
```

需要说明的是，在黑白模式实现过程中，除了使用 ThemeData 内置的主题模式外，更多的时候是需要开发者自定义主题的。具体来说就是修改 ThemeData 属性的值，常见的属性包括 brightness、primaryColor、accentColor、cardColor 等。

事实上，在 Flutter 开发中，除了使用 MaterialApp 方案，我们还可以使用 SaturationWidget 组件来实现应用的黑化处理，代码如下：

```
class AppPage extends StatelessWidget {
  @override
  Widget build(BuildContext context){
    return SaturationWidget(
      child: MaterialApp(
        … //省略代码
      ),
    );
  }
}
```

13.8 性能分析与优化

13.8.1 检测工具

在移动应用开发过程中，除了应用本身可能存在的逻辑错误和视觉异常问题，另一类最常见的问题就是性能问题，如滑动不流畅、页面偶现卡顿等。虽然性能问题不至于让应用完全不可用，但使用体验差很容易引起用户的反感，并最终导致用户流失。

与原生移动应用开发一样，Flutter 的性能问题也分为 GPU 线程问题和 UI 线程问题两大类。对于 Flutter 应用的性能问题分析来说，有一个通用的分析流程。即先通过性能图层分析来确认问题的可能范围，然后再利用 Flutter 提供的各类分析工具来定位和确认问题产生的原因，最后提出问题修复方案。

因此，对于 Flutter 应用的性能分析，首先就是使用性能图层检测工具来确认问题范围。需要说明的是，性能图层分析时需要使用 Profile 模式启动应用。与 Debug 模式可以使用模拟器来运行 Flutter 项目不同，Profile 模式只能在真机设备上运行。

之所以只能在真机设备上进行性能图层分析，是因为模拟器使用的是 x86 架构的指令集，而真机使用的是 ARM 架构指令集。而这两种方式的二进制代码执行的方式完全不同，因此模拟器与真机设备上表现出的性能差异较大，也就无法使用模拟器来评估真机设备才能出现的性能问题。

为了进行性能图层分析，需要先打开性能图层渲染分析的开关。我们可以打开 Android Studio，依次选择【Settings】→【Language & Frameworks】→【Flutter】打开性能图层渲染分析开关，如图 13-19 所示。

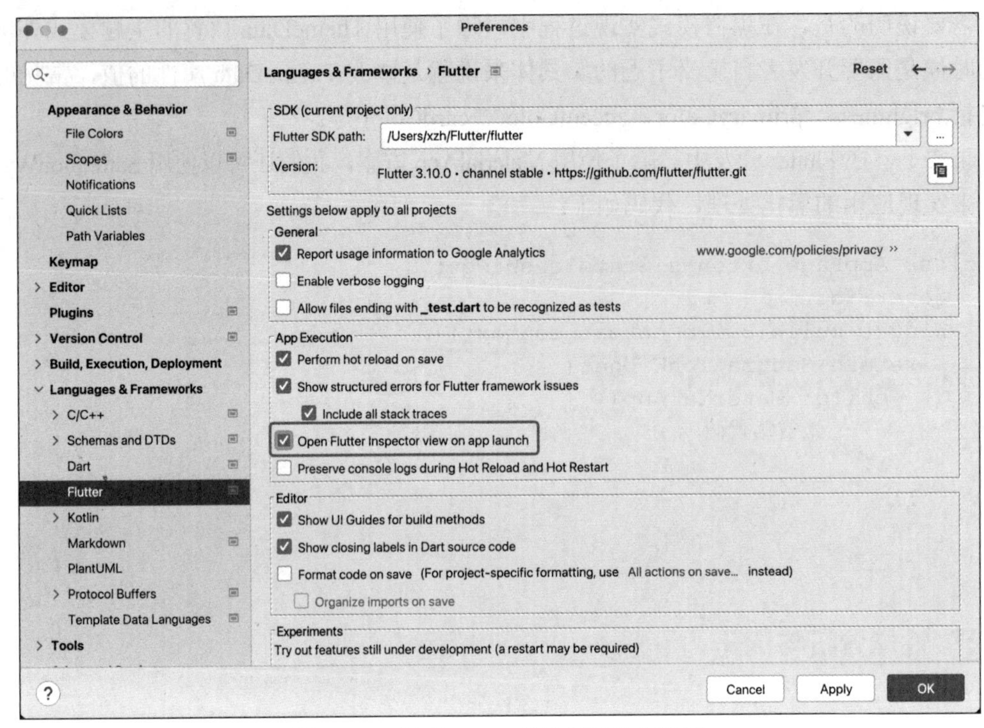

图 13-19　开启 Flutter 性能图层分析选项

重新运行 Flutter 项目，然后单击 Android Studio 的面板右侧的【Flutter Inspector】窗口打开应用的树状图结构，如图 13-20 所示。

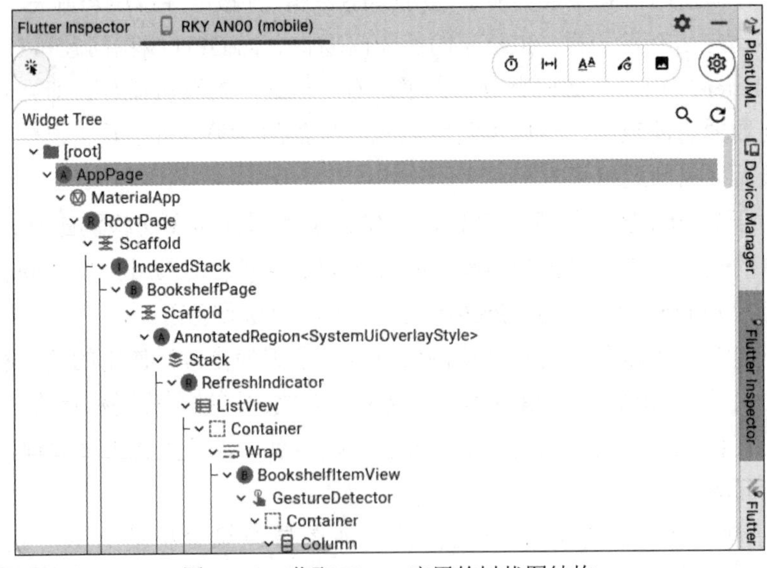

图 13-20　获取 Flutter 应用的树状图结构

除了可以获取应用的状态树结构，Flutter Inspector 还提供了快速动画检测、显示引导

线、高亮重绘内容、文字对齐检测等工具来帮助开发者进行性能分析，如图13-21所示。

当需要具体分析某个指标时，就可以单击对应的工具图标来进行分析。比如，单击Highlight Repaints图标来分析页面是否有重绘或者过度绘制的情况，如果屏幕大量显示红色，则说明页面重绘比较严重，需要进行相应的优化。

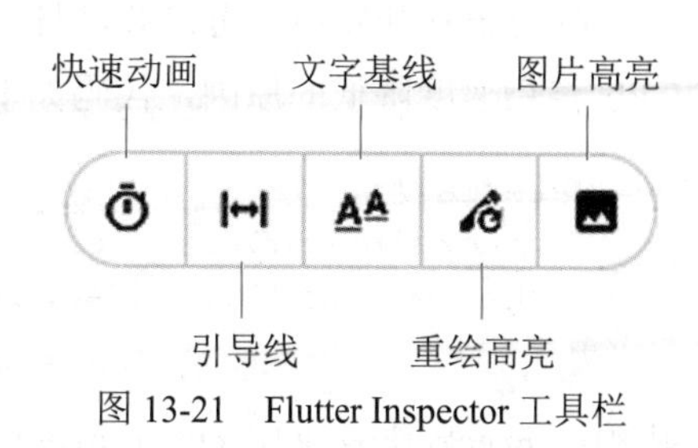

图13-21　Flutter Inspector 工具栏

需要注意的是，正式进行渲染问题分析之前，需要在代码中配置应用的性能图层开关，如下所示：

```
MaterialApp(
  debugShowCheckedModeBanner: false,      // Debug 标志开关
  showPerformanceOverlay: true,           // 性能图层开关
)
```

开启性能图层开关之后，再次运行Flutter应用，性能图层就会显示在当前应用的最上层，然后以图表的方式展示GPU和UI线程的相关数据，并且每张图表都代表当前线程最近300帧的数据信息，如果UI渲染产生了卡顿，那么这些图表可以帮助开发者分析并找到问题原因，如图13-22所示。

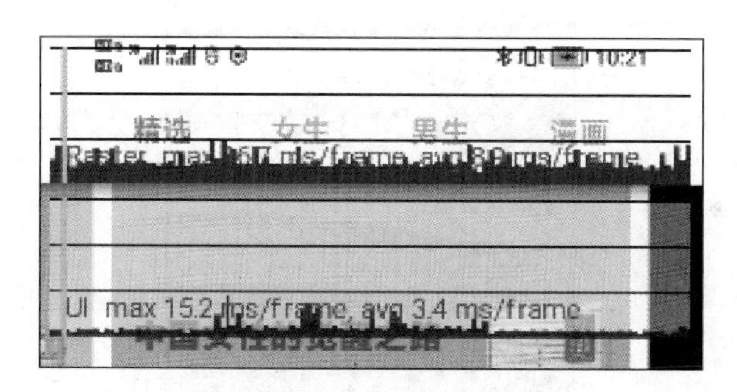

图13-22　Flutter 性能图层分析

其中，上半部分表示GPU线程的性能数据，下半部分表示UI线程的性能数据。垂直的线条表示已执行的正常帧和当前帧。如果某帧处理时间过长，就会导致界面渲染卡顿问题，图表中就会展示出一条红色的竖线，而这些红色的竖线就是我们需要关注的重点，也是布局优化的重点。

13.8.2　GPU 问题分析

有时我们可能会发现，虽然视图界面的构建很容易，但是真正执行渲染时却很耗性能。通过工具的分析发现，造成渲染耗时的原因可能是组件裁剪、蒙层等多视图叠加渲染，或者是缺少缓存机制导致静态图像的反复绘制，而这些问题都是造成GPU渲染效率

低下的元凶。

在 Flutter 开发中，可以通过打开多视图叠加检测开关和图像缓存检测开关来分析造成 GPU 渲染速度降低的原因，代码如下所示：

```
MaterialApp(
  checkerboardOffscreenLayers: true,
  checkerboardRasterCacheImages: true,
)
```

其中，checkerboardOffscreenLayers 是用于检查多视图叠加渲染的开关，而 checkerboardRasterCacheImages 则是用于检查图像缓存的开关。在 Flutter 开发中，多视图叠加通常会用到 Canvas 里的 saveLayer 操作，而此方法由于其底层在执行 GPU 渲染时会涉及多图层的反复绘制，因此会带来较大的性能开销。

事实上，当我们开启多视图叠加检测功能之后，滑动视图就可以看到视图蒙层对 GPU 造成的渲染压力，从而导致的视图频繁渲染导致的闪烁问题，并在屏幕上以棋盘格的方式体现出来，如图 13-23 所示。

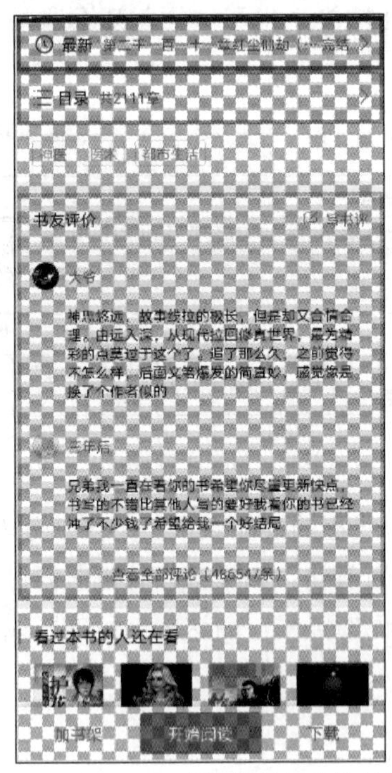

图 13-23　Flutter 多视图叠加渲染检测

除了多视图叠加渲染问题，另一个影响 GPU 性能的是图像渲染，因为图像渲染会涉及大量的 IO、GPU 存储及数据交互等耗时操作。为了缓解 GPU 的渲染压力，Flutter 提供了多层次的缓存快照来提升渲染性能。

13.8.3　UI 问题分析

如果说 GPU 线程问题是造成渲染引擎渲染异常的根本原因，那么 UI 线程问题就是应用上层渲染问题的原因。比如，在视图构建时进行了一些复杂的运算，或是在主线程中进行耗时的 IO 操作，都会增加 CPU 的处理时间，进而拖慢应用的响应速度。

对于 UI 渲染问题，开发者可以使用 Flutter 提供的 Performance 工具来进行检测。作为一个强大的性能分析工具，Performance 能够以时间轴的方式记录应用的执行轨迹，详细展示 CPU 的调用栈和执行时间。我们可以打开 Android Studio，然后单击【Open DevTools】按钮开启 Flutter 性能调试面板，如图 13-24 所示。

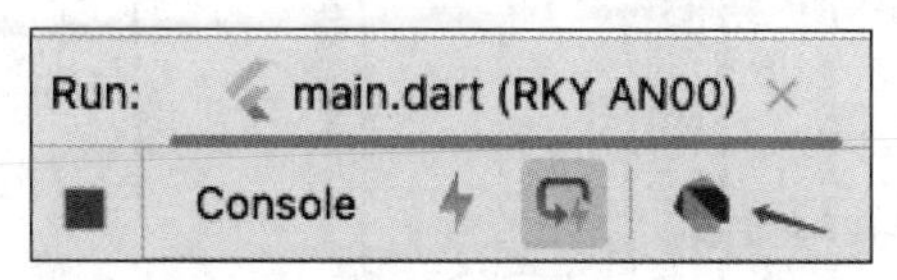

图 13-24　开启 Flutter DevTools 调试

启动 Flutter DevTools 调试面板后，系统会自动打开一个网页，然后我们选择 CPU Profiler 执行 UI 问题分析，如图 13-25 所示。

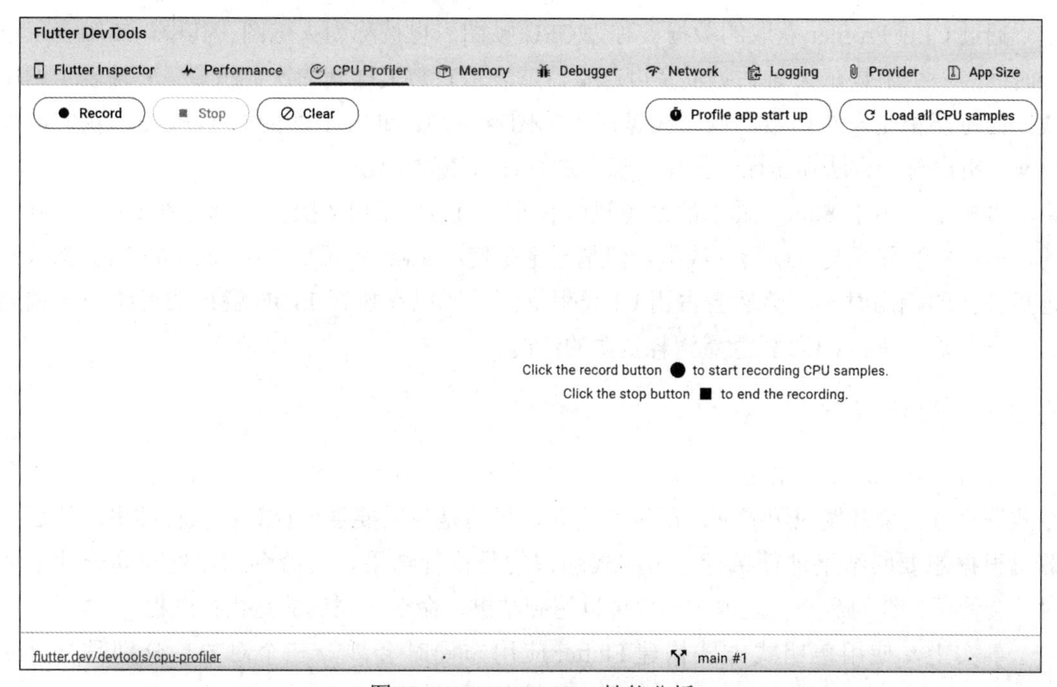

图 13-25　CPU Profiler 性能分析

执行 CPU Profiler 性能分析时，需要手动单击【Record】按钮启动录制，完成信息的抽样采集后再单击【Stop】按钮结束录制。此时，就可以得到这段时间内应用执行情况的相关数据，如图 13-26 所示。

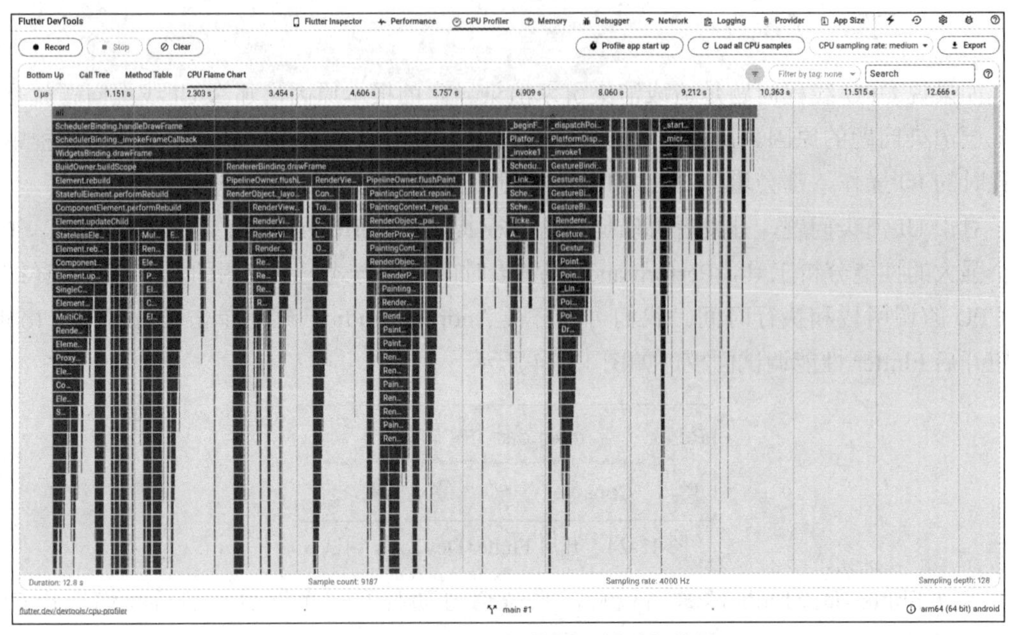

图 13-26　CPU Profiler 性能分析采集结果

通过 CPU Profiler 获取的数据被称为 CPU 帧图，也被称为火焰图。其中，X 轴表示单位时间，一个函数在 X 轴占据的宽度越宽，就表示它被采样到的次数越多。Y 轴表示调用栈，而每层都是一个函数，调用栈越深火焰图就越高。通过上面的 CPU 帧图，我们可以大概分析出哪些方法存在耗时操作，然后进行针对性的优化。

事实上，由于 Flutter 采用的是单线程模型，而所有的 UI 操作又都是在 UI 线程进行的，尽管多线程开发可以新开线程，但是无论是使用 await，还是使用 scheduleTask 都只是延后任务的调用时机，仍然会占用 UI 线程资源，所以在执行 JSON 解析或者跨平台调用时，一定要处理好 UI 线程大量消耗资源的情况。

13.8.4　布局优化

众所周知，Flutter 采用的是声明式 UI 编写方式，而不是原生 Android、iOS 采用的命令式编写方式来开发应用界面。所谓声明式，指的是只需要告诉计算机执行结果，然后计算机根据想要的结果进行执行，声明式强调的是执行结果。而命令式在处理同一件事情时，会使用详细的命令去处理这件事情以达到结果，命令式强调的是执行过程。

事实上，使用声明式方式构建 Flutter 应用布局时会涉及三个对象，分别是 Widget Tree、Element Tree 和 RenderObject Tree，构建的流程如图 13-27 所示。

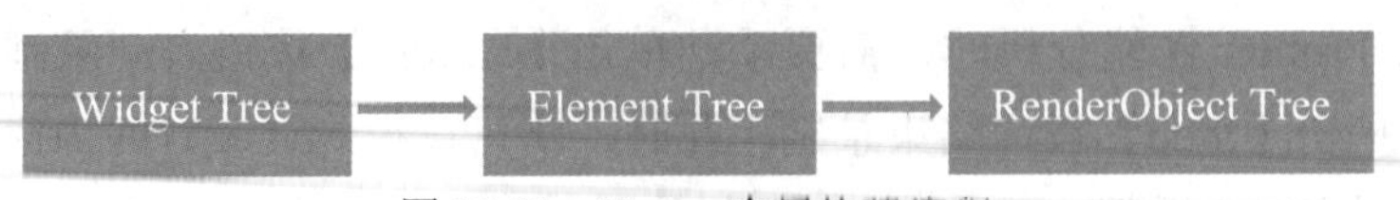

图 13-27　Flutter 布局构建流程

其中，Widget Tree 表示控件的配置信息，不涉及渲染操作；Element Tree 代表控件的一个实例化对象，它承载了视图构建的上下文数据，是连接 Widget Tree 和 RenderObject Tree 之间的桥梁；RenderObject Tree 是真正的视图渲染对象，负责渲染视图。

在 Flutter 开发中，布局优化主要是针对 build() 方法进行的优化，优化点主要有两个方面，即耗时操作和控件层叠。对于可能出现的耗时操作，需要使用 Future 来将它转换成异步操作，对于 CPU 计算频繁的操作可以使用多线程来分散 CPU 的压力。对于控件层叠的问题，需要对嵌套太深的控件进行拆分和重建。

除此之外，应该尽量多用 const 常量，因为使用 const 标识的控件，即使父组件更新了子组件也不会执行重绘操作。

13.8.5 内存优化

除了渲染方面的优化，另一个常见的优化是内存优化。在 Flutter 开发中，内存分析和优化需要用到 DevTools 的 Observatory 工具。打开 Flutter DevTools 性能分析面板，然后选择顶部的 Memory 监控窗口，如图 13-28 所示。

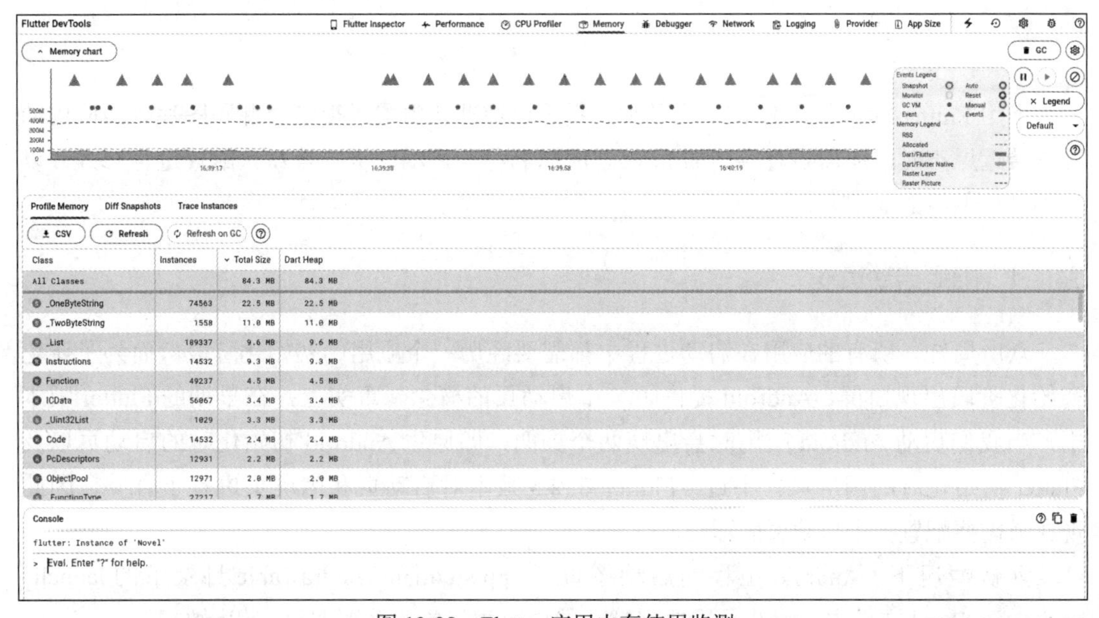

图 13-28 Flutter 应用内存使用监测

可以手动单击“开始”按钮开启内存运行情况监测，然后在完成信息的抽样采集后再单击结束按钮结束录制。紧接着，就可以单击图表中的小三角来查看内存的使用情况。

事实上，对于 Flutter 应用内存的优化，也有一些常见的优化点，如使用 const 关键字标识组件，为图片指定大小和解码器，开启列表缓存，为列表设置合理的预渲染区域，等等。

第 14 章　打包与发布

当 Flutter 应用开发完成之后，还需要将应用进行打包并发布到应用市场才能被用户看到。由于使用 Flutter 跨平台技术开发的应用最终是运行在 Android、iOS 等原生环境，所以在执行 Flutter 应用打包时，还需要依赖 Android 和 iOS 原生环境进行打包，然后再发布到各自的应用市场供用户下载。

14.1 应用配置

使用 Flutter 模板创建 Flutter 项目时，系统已经默认内置了很多资源和图片。当应用的开发接近尾声时，还需要对应用的 Logo、应用名称和启动闪屏页等默认配置进行修改，以达到打包上线的要求。

14.1.1 配置启动页

众所周知，所有的应用在启动过程中都需要经历一个应用的初始化阶段，而为了避免初始化阶段出现白屏，Android 提供了一个启动页的概念。事实上，在早期的 Flutter 版本中，当我们启动 Android 应用时会出现两个页面，即原生 Android 初始化时的启动页以及 Flutter 初始化时的闪屏页。不过，Flutter 在 2.5 版本对启动页和闪屏页进行了合并，因此现在只需要配置一个启动页面即可。

默认情况下，Android 工程的启动图位于 app/src/main/res/drawable 目录下的 launch_background.xml 文件中，因此只需要将默认的内容替换成启动图即可，代码如下：

```
<layer-list xmlns:android="http:// schemas.android.com/apk/res/android">
  <item
      android:gravity="fill"
      android:drawable="@mipmap/splash">
  </item>
</layer-list>
```

需要注意的是，从 Android 31 版本开始，适配 Android 应用的启动页时还必须适配 windowSplashScreenBackground 和 windowSplashScreenAnimatedIcon 属性，代码如下：

```
<style name="LaunchTheme" parent="@android:style/Theme.Black.NoTitleBar">
  <item name="android:windowSplashScreenBackground">xxx</item>
  <item name="android:windowSplashScreenAnimatedIcon">xxx</item>
</style>
```

有时我们希望在显示 Android 闪屏页的最后一帧后继续加载 Dart 代码直到加载完成，从而避免应用白屏的问题。对此，需要打开 MainActivity 类，然后添加移除闪屏页的相关逻辑，如下所示。

```
class MainActivity : FlutterActivity(){
  override fun onCreate(savedInstanceState: Bundle?){
    WindowCompat.setDecorFitsSystemWindows(getWindow(), false)
    if(Build.VERSION.SDK_INT >= Build.VERSION_CODES.S){
      splashScreen.setOnExitAnimationListener { splashScreenView ->
      splashScreenView.remove() }
    }
    super.onCreate(savedInstanceState)
  }
}
```

对于 iOS 平台来说，修改启动图需要先使用 Xcode 打开原生 iOS 工程，然后打开项目下的 Assets.xcassets 文件，替换里面的 LaunchImage 启动图即可，如图 14-1 所示。

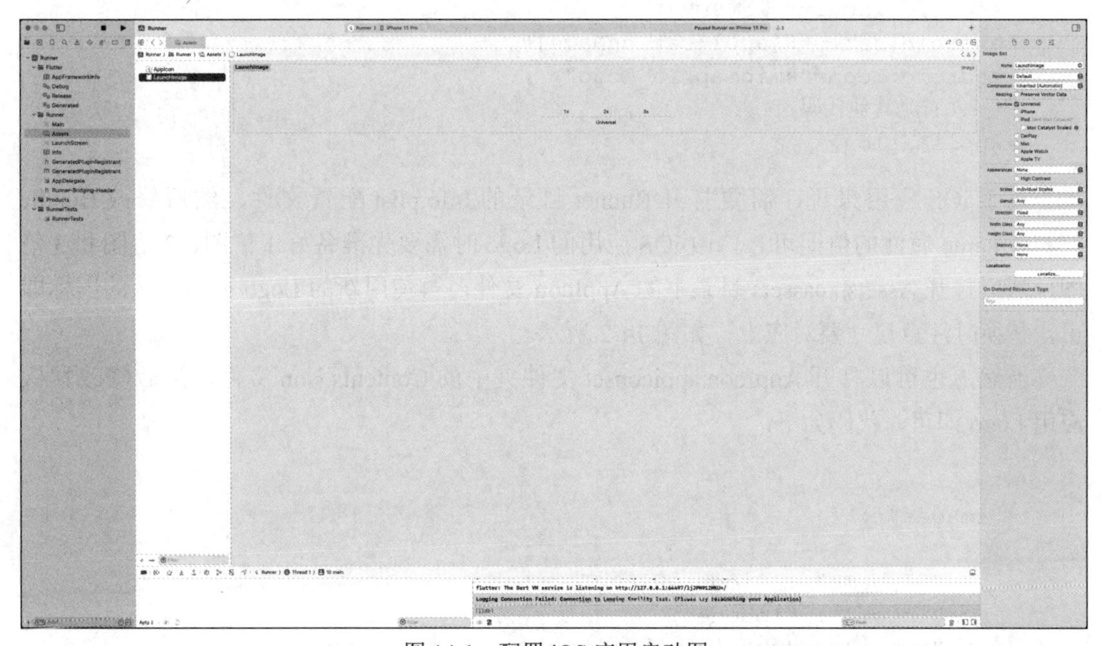

图 14-1 配置 iOS 应用启动图

当然，也可以打开 LaunchImage.imageset 文件夹中的 Contents.json 文件，然后修改里面的默认启动图配置即可，代码如下：

```
{
  "images" : [
    {
      "filename" : "splash.png",
      "idiom" : "universal",
      "scale" : "1x"
    },
    … //省略其他代码
  ],
  "info" :{
    "author" : "xcode",
    "version" : 1
  }
}
```

14.1.2 更改默认配置

除了修改启动页，在应用正式上线之前，还需要修改应用的名称、Logo 等默认配置。打开原生 Android 工程的 AndroidManifest.xml 配置文件，然后修改 application 节点的 icon 和 label 属性，代码如下所示。

```
<application
  android:label=" 书旗小说 "
  android:name="${applicationName}"
  android:icon="@mipmap/ic_logo">
  … //省略其他代码
</application>
```

对于 iOS 应用来说，需要打开 Runner 目录的 Info.plist 配置文件，然后修改 Bundle display name 属性的值即可。修改 iOS 应用的 Logo 时需要先准备好 1 倍图、2 倍图和 3 倍图，然后打开 Assets.xcassets 目录下的 AppIcon 文件，再使用新的 Logo 替换默认的图标即可，替换时注意尺寸要对应上，如图 14-2 所示。

当然，也可以打开 AppIcon.appiconset 文件夹中的 Contents.json 文件，然后修改默认应用 Logo 即可，代码如下：

```
{
  "images" : [
    {
      "filename" : "icon_40.png",
      "idiom" : "iphone",
      "scale" : "2x",
```

```
        "size" : "20x20"
      },
    … //省略其他代码
    ],
    "info" :{
      "author" : "xcode",
      "version" : 1
    }
}
```

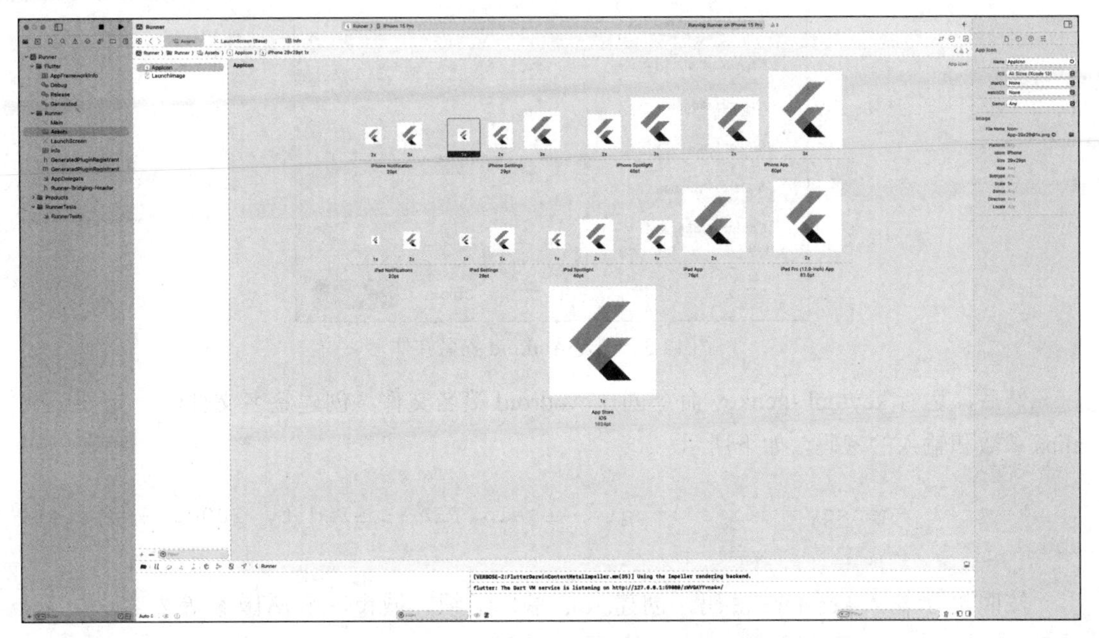

图 14-2　替换 iOS 应用 Logo

14.2 Android 发布

14.2.1　创建签名文件

打包 Android 应用需要先创建一个签名文件，如果还没有签名文件，可以打开 Android Studio，然后依次选择【Build】→【Generate Signed APK】→【Create New Key Store】创建一个签名文件，如图 14-3 所示。

除此之外，还可以使用 Java JDK 提供的 keytool 工具来创建 Android 签名文件。首先，找到 Java JDK 目录下的 keytool 工具所在的目录，如下所示：

```
/Library/Java/JavaVirtualMachines/jdk-11.0.2.jdk/Contents/Home/bin/keytool
```

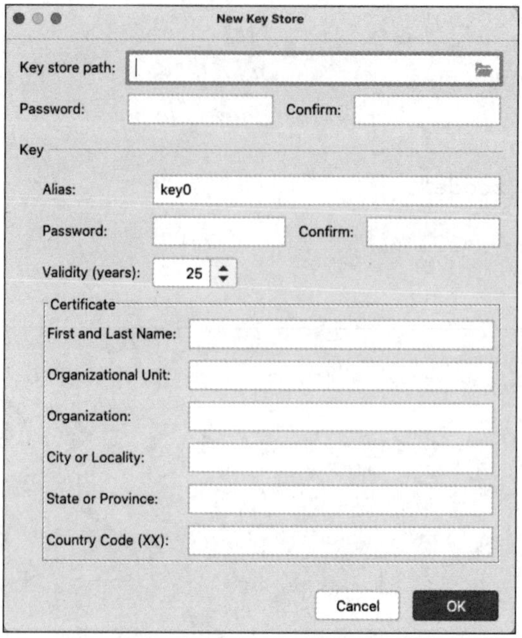

New Key Store
Key store path:
Password: Confirm:
Key
Alias: key0
Password: Confirm:
Validity (years): 25
Certificate
First and Last Name:
Organizational Unit:
Organization:
City or Locality:
State or Province:
Country Code (XX):
Cancel OK

图 14-3　创建 Android 签名文件

然后，运行 keytool -genkey 命令创建 Android 签名文件。创建签名文件时一定要记住 alias 参数和输入的密码，如下所示：

```
keytool -genkey -alias shuqi -keyalg RSA -validity 20000 -keystore shuqi.jks
```

按照提示输入 keystore 密码、创建人信息、组织、城市、所属国家等内容。之后，打开 android/app 目录下 build.gradle 文件，然后在 android 节点下添加 signingConfigs 和 buildTypes 配置，代码如下：

```
android {
  signingConfigs {
    release {
       keyAlias 'shuqi'
       keyPassword '12345678'
       storeFile file('shuqi.jks')
       storePassword '12345678'
    }
  }
  … //省略其他代码
}
```

需要注意，key.jks 不能随意提交到 public 上，因为这会导致应用签名的泄密，从而为应用安全带来风险。

14.2.2　制作签名包

出于应用安全方面的考虑，Android 官方要求在应用上线前开启代码混淆。首先，打开 app 目录下的 proguard-rules.pro 文件，然后在里面添加混淆代码，如下所示：

```
-keep class io.flutter.app.**{*;}
-keep class io.flutter.plugin.**{*;}
-keep class io.flutter.util.**{*;}
-keep class io.flutter.view.**{*;}
-keep class io.flutter.**{*;}
-keep class io.flutter.plugins.**{*;}
-dontwarn io.flutter.embedding.**
```

然后，打开 app 目录下的 build.gradle 文件，在 buildTypes 配置节点开启代码压缩和混淆，如下所示。

```
buildTypes {
  release {
    signingConfig signingConfigs.release
    minifyEnabled true
    useProguard true
    proguardFiles getDefaultProguardFile('proguard-android.txt')
  }
}
```

完成上述操作之后，在 Flutter 项目的根目录下执行 flutter build apk 命令执行打包。等待命令执行完成之后，就可以在 build/app/outputs/apk/ 路径下找到编译完成的 APK 安装包文件。如果需要直接安装文件，则运行 flutter run --release 命令也可以直接安装到手机上。接下来，只需要将生成的签名包发布到各大应用市场进行审核，审核通过后就可以供用户下载体验了。

14.3　iOS 发布

14.3.1　加入苹果开发者计划

关于如何发布 iOS 应用到 App Store，苹果开发者中心已经给出了很详细的说明。和普通的 iOS 应用一样，使用 React Native 开发的 iOS 应用也需要使用普通的 iOS 应用的发布流程。总的来说，会涉及以下几步。

（1）加入苹果开发者计划，申请成为开发者；

（2）生成和配置开发者证书；

（3）打包 iOS 应用；

（4）上传 iOS 应用并发布到 App Store。

如果想要将 iOS 应用发布到 App Store，那么需要加入开发者组织，并且拥有会员资格。如果还没有会员资格，那么可以使用 Apple Developer App 程序进行注册。同时，加入苹果开发者计划需要给苹果支付一定的费用。其中，个人开发者账号和公司开发者账号每年 99 美元，企业开发者账号每年 299 美元，它们的区别如下。

个人开发者账号：99 美元一年，可以在 App Store 上架，开发者显示的是个人的 ID，真机调试最多允许 100 台苹果设备，一般提供给个人或者小公司使用。

公司开发者账号：99 美元一年，可以在 App Store 上架，可以自定义显示团队名称，最重要的是公司开发者账号可以允许多个开发者协作开发，能够给多个开发者设置不同的权限。

企业开发者账号：299 美元一年，一般用在企业内部、不需要在 App Store 上架的场景，对设备数量没有任何限制。

14.3.2 添加证书配置

为了保障 iOS 应用能够在 iOS 设备上正常运行，苹果官方要求开发者在运行 iOS 应用前配置证书。iOS 的证书可以分为开发证书和发布证书，开发证书通常用在 iOS 开发环境中，发布证书则是在提交 App Store 时才会用到。

事实上，不管是开发证书还是发布证书，生成证书配置都需要经历以下几个步骤。

（1）申请钥匙串证书，即密钥文件；

（2）登录 iOS 开发者账号，创建 App ID；

（3）注册开发者真机调试的设备；

（4）创建 Certificates 证书，主要用于苹果服务器识别计算机是否具有密钥文件进行签名；

（5）创建 Provisioning Profiles 证书，主要用于 Xcode 使用密钥文件进行 IPA 签名；

（6）下载 Certificates 证书和 Provisioning Profiles 证书安装到本地。

首先打开计算机实用工具下的钥匙串访问应用，然后依次选择【钥匙串访问】→【证书助理】→【从证书颁发机构申请证书】，进入钥匙串证书申请流程，如图 14-4 所示。

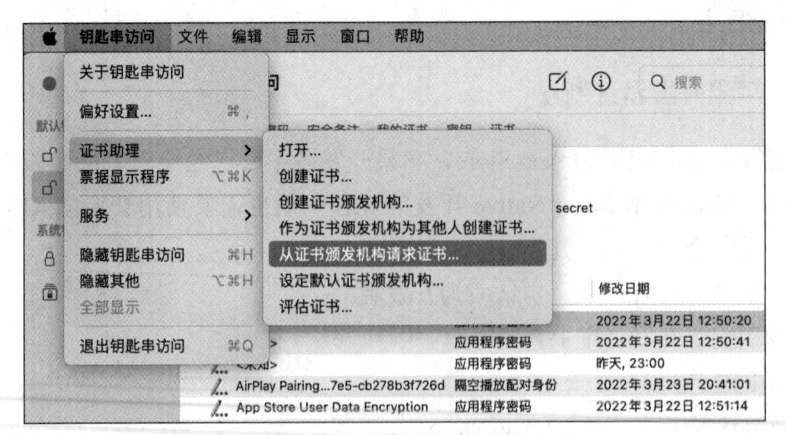

图 14-4　申请钥匙串证书

在证书助理对话框填写相关信息，选择【存储到磁盘】选项，将生成的钥匙串证书保存在计算机桌面或其他位置备用，如图 14-5 所示。

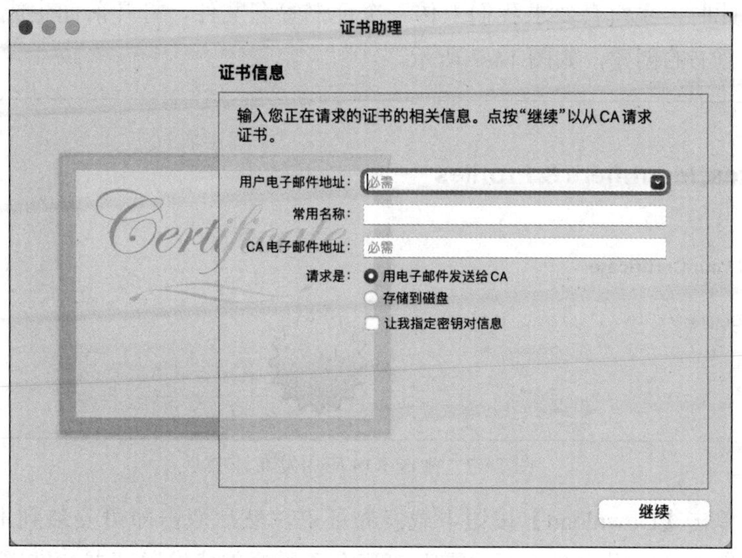

图 14-5　填写证书信息

登录苹果开发者中心官网后台，打开【Certificates,IDs & Profiles】选项依次添加发布证书、App ID 和配置文件的配置，如图 14-6 所示。

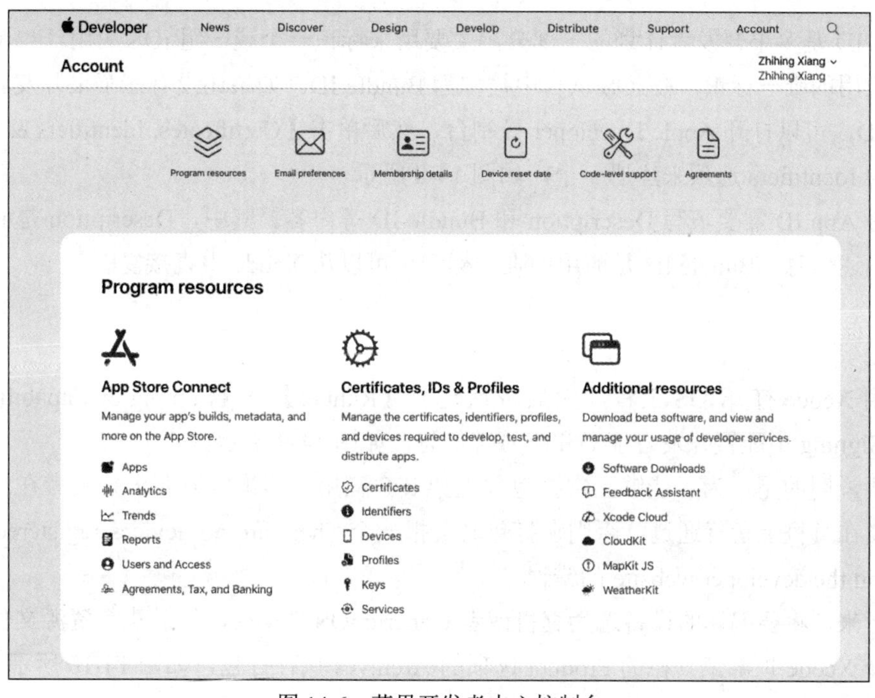

图 14-6　苹果开发者中心控制台

如果还没有创建发布证书，那么可以单击 Certificates 选项，然后单击添加按钮来创建证书。在创建发布证书页面选择【iOS App Development】选项，然后单击继续按钮进入证书生成页面。此时，系统会要求我们上传一个证书签名文件，打开前面生成的钥匙串证书即可完成发布证书的创建，如图 14-7 所示。

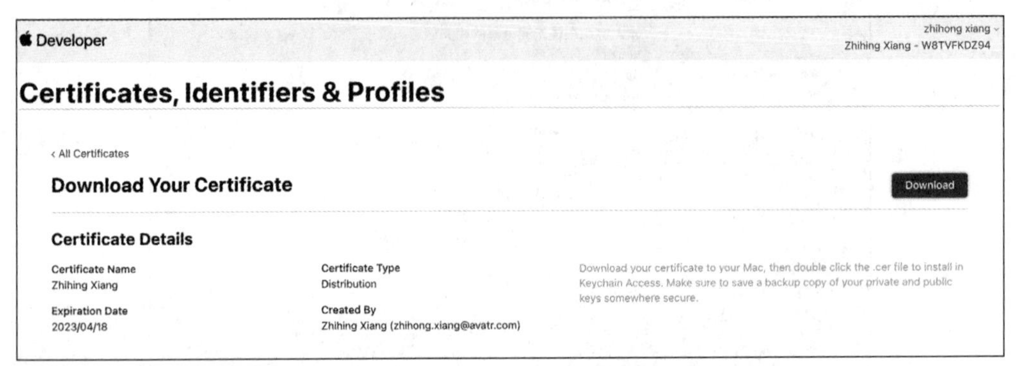

图 14-7　生成 iOS 应用发布证书

接下来，单击【Download】按钮下载发布证书，然后双击即可安装到本地计算机上。除此之外，如果 iOS 应用中有推送的需求，那么还需要创建推送证书，推送证书的创建可以单击【Push Notification】选项的【Edit】按钮，然后按照说明进行创建。

14.3.3　注册 App ID

App ID 是苹果开发者计划的一部分，主要用来标识一个或一组 iOS 应用，也是区别其他 iOS 应用的唯一标识，在 iOS 项目中被称为 Bundle ID。如果还没有在苹果开发者中心注册 App ID，可以打开 Apple Developer 控制台，然后单击【Certificates, Identifiers & Profiles】面板中的 Identifiers 选项来注册一个，如图 14-8 所示。

注册 App ID 需要填写 Description 和 Bundle ID 等内容。其中，Description 是 iOS 应用的一些描述信息，Bundle ID 是应用的唯一标识，可以从 Xcode 中直接复制。

14.3.4　使用 Xcode 打包

使用 Xcode 打开 iOS 工程，然后依次选择【Runner】→【Signing & Capabilities】选项，在 Signing 中配置开发者证书和账号等信息，如图 14-9 所示。

需要说明的是，为了能够正常打包并上架 iOS 应用，苹果官方要求开发者在打包之前至少需要在真机上运行通过，否则在打包时会报一个 There are no devices registered in your account on the developer website 的错误。

接下来，将要编译的设备选为真机或者 Generic iOS Device，然后执行资源文件归档操作。选择 Xcode 顶部工具栏的 Product 选项的 Archives 执行打包，如图 14-10 所示。

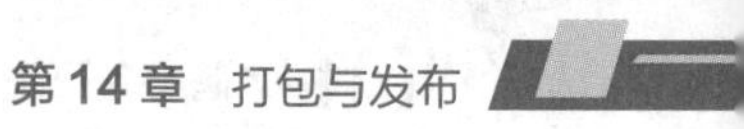

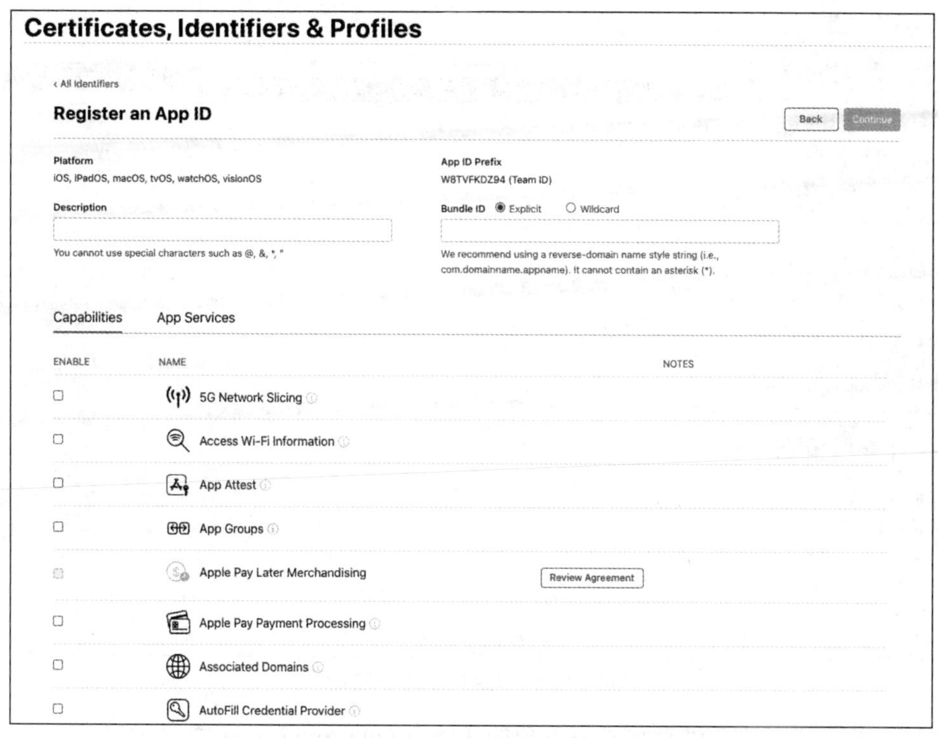

图 14-8　注册 App ID

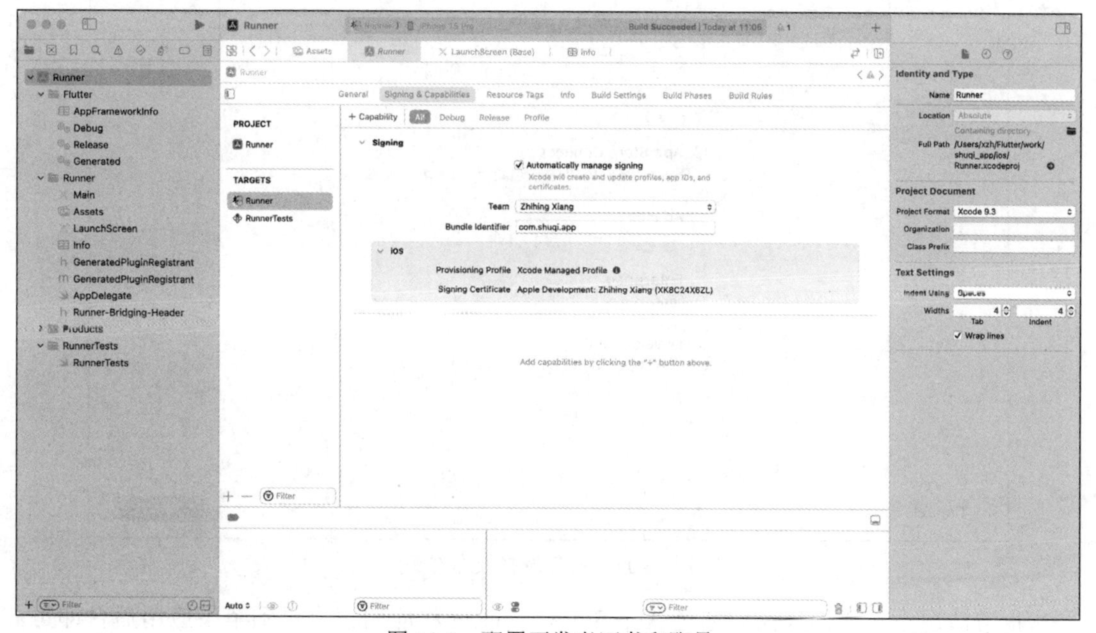

图 14-9　配置开发者证书和账号

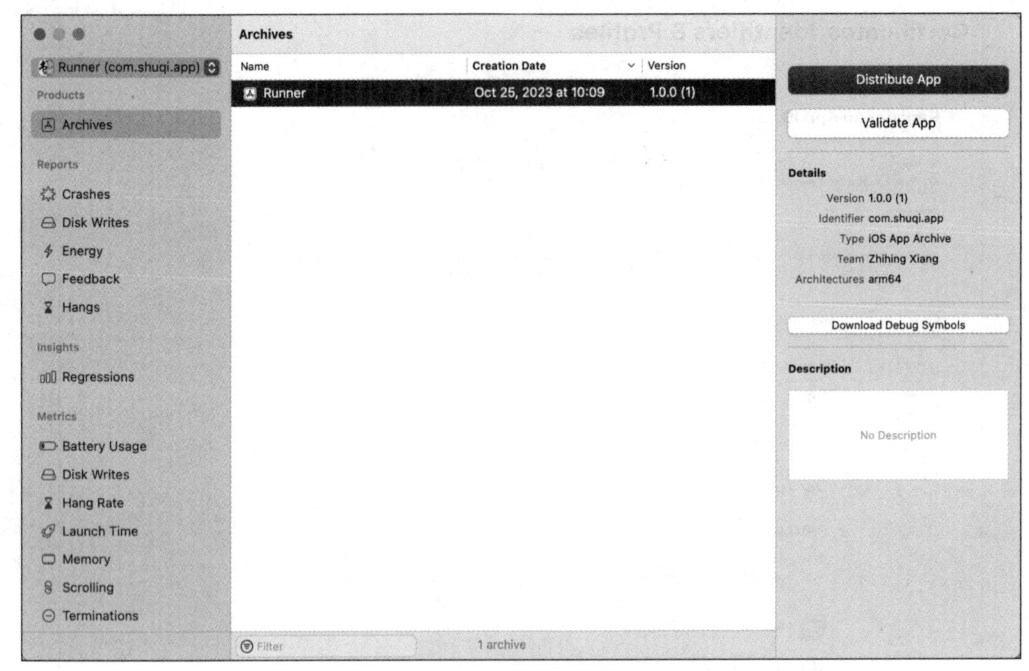

图 14-10 iOS 应用文件归档

选择要打包的版本，然后单击右上角的【Distribute App】按钮执行正式打包。由于需要将应用包上传到 App Store，所以此处选择 App Store Connect，如图 14-11 所示。

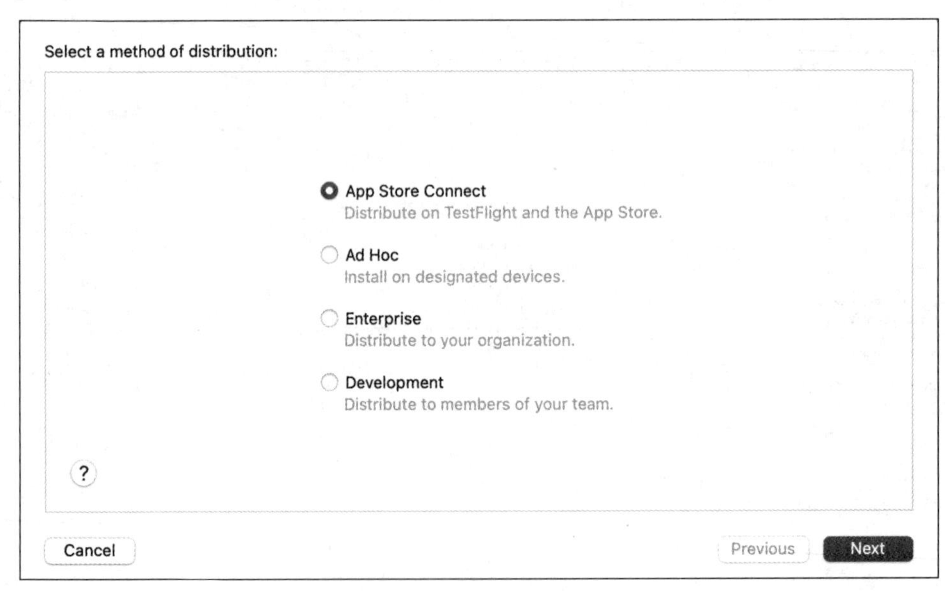

图 14-11 打包选择发布对象

正常情况下，我们只需要通过 App Store Connect 将应用包上传到苹果应用后台即可。如果需要将 ipa 包导出到本地进行本地测试，那么在导出时需要选择 Ad Hoc 选项，然后选

择【Export】选项导出 ipa 包到本地，如图 14-12 所示。

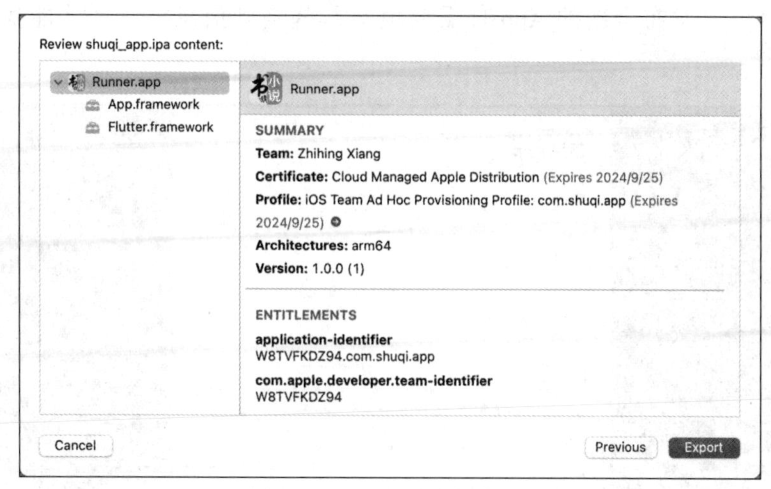

图 14-12　导出 ipa 包到本地

14.3.5　发布 iOS 包

成功生成 iOS 签名包之后，接下来就是向 App Store 提交应用，提交 iOS 应用时可以使用 Transporter 工具来辅助提交。如果还没有安装 Transporter，可以在 App Store 中搜索并安装，并且它是免费的。

提交 iOS 应用签名包之前，需要先使用苹果开发者账号进行登录，登录之后就可以将生成的 iOS 签名包添加到 Transporter 中，然后执行提交，如图 14-13 所示。

图 14-13　使用 Transporter 提交 iOS 签名包

打开苹果开发者中心后台提交审核。提交审核时有两种情况，即发布全新的 App 和升级已有的 App。发布全新的 App 时需要填写一些基础信息，然后才能执行提交，如图 14-14 所示。

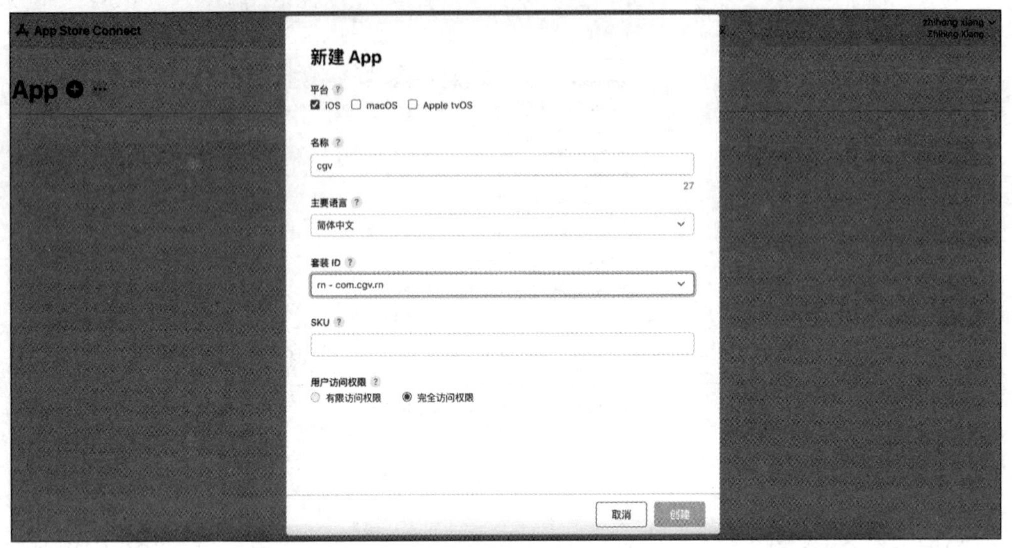

图 14-14　新建 iOS 发布应用

提交成功之后，接下来就是等待苹果后台审核的过程。通常新创建的应用会有 1~3 天的审核周期，如果没有任何问题，将会收到苹果官方审核通过的邮件。如果审核不通过，可以根据返回的提示信息进行修改，然后再重新提交审核即可。